移动应用开发系列教材

微信小程序开发案例教程

（微课版）

王大伟　宋雯斐　陈　令　主　编

杨　永　梁永幸　张　磊　副主编

電子工業出版社

Publishing House of Electronics Industry

北京 · BEIJING

内 容 简 介

本书以学生熟练掌握微信小程序开发为目标，以项目化、任务化的方式组织内容，分为 5 个项目。其中，项目 1 引导学生了解微信小程序的开发环境和开发流程；项目 2 让学生熟悉并掌握微信小程序的框架；项目 3 介绍微信小程序的常用组件；项目 4 介绍微信小程序的常用 API；项目 5 为综合实践案例，可以作为学生的实训项目。

本书选取的案例在贴合实际的同时，力求简单、有趣、易上手，让学生能够迅速地将所学内容转化为实践。本书适合作为高职高专院校计算机应用技术专业的“微信小程序开发”课程的“教、学、做”一体化教材，也适合作为计算机编程爱好者和有关技术人员的参考书籍。

图书在版编目（CIP）数据

微信小程序开发案例教程 ：微课版 / 王大伟，宋雯斐，陈令主编. —北京：电子工业出版社，2024.1

ISBN 978-7-121-47080-6

Ⅰ. ①微… Ⅱ. ①王… ②宋… ③陈… Ⅲ. ①移动终端－应用程序－程序设计－高等职业教育－教材 Ⅳ. ①TN929.53

中国国家版本馆 CIP 数据核字（2024）第 022910 号

责任编辑：杨永毅
印　　刷：大厂回族自治县聚鑫印刷有限责任公司
装　　订：大厂回族自治县聚鑫印刷有限责任公司
出版发行：电子工业出版社
　　　　　北京市海淀区万寿路 173 信箱　　邮编：100036
开　　本：787×1 092　1/16　　印张：18　　字数：484 千字
版　　次：2024 年 1 月第 1 版
印　　次：2024 年12月第 2 次印刷
印　　数：1 000 册　　　　定价：59.00 元

凡所购买电子工业出版社图书有缺损问题，请向购买书店调换。若书店售缺，请与本社发行部联系，联系及邮购电话：（010）88254888，88258888。

质量投诉请发邮件至 zlts@phei.com.cn，盗版侵权举报请发邮件至 dbqq@phei.com.cn。

本书咨询联系方式：（010）88254570，xujj@phei.com.cn。

前　言

一、编写宗旨

“微信小程序开发”课程是计算机应用技术专业的 Web 前端开发和 Web App 开发方向的新兴专业核心课程之一。本课程操作性、实用性强，学生对其十分感兴趣。目前，高职高专院校需要项目化、案例化的教材，能引导学生系统地掌握微信小程序开发的思想和流程，逐步提高职业能力，实现职业技能与岗位需求的无缝连接。

本书围绕学习贯彻党的二十大精神，深入实施科教兴国战略、人才强国战略、创新驱动发展战略。本书中的案例主要围绕信息技术领域的新技术、新产业展开，案例内容积极向上，让学生在学习过程中，充分认识到我国在科技发展中的独立性、自主性、安全性的重要性，激发学生的爱国情怀。

二、本书特点

（1）来自企业的案例和项目任务始终贯穿本书，有助于提高学生的职业能力。

本书中案例的项目任务大部分来自企业项目中一些比较常用的功能模块，并按照项目实施流程顺序组织内容。学生学习的过程也是项目实施的过程，可以帮助学生了解企业真实项目的实施流程，并获得相应的职业经验。

（2）基于项目化、任务化的结构安排，有助于提高学生的学习兴趣。

本书以项目为主线、以任务为单元组织教学内容，在项目 2～项目 4 中设计了任务分析、能力目标、任务实施、学习成果、巩固训练与创新探索等环节，让学生在学习时以任务为导向，在实施任务的过程中掌握知识点和操作技能。

（3）在项目和任务中融入思政元素，有助于提高学生的思想修养和职业素养。

本书在每个项目和任务中自然地融入了思政元素，让学生在项目和任务实施的过程中学习知识技能，潜移默化地提升思想道德修养，提高职业素养，激发爱国情怀。

（4）配套知识点和操作演示微课，助力学生随时随地学习。

本书配备了丰富的知识点微课和技能点操作演示微课，以二维码的形式嵌入纸质教材，融合教材、课堂、教学资源，实现线上、线下有机结合，为翻转课堂和混合课堂改革奠定基础。

（5）其他教学资源丰富，有助于教师的课程设计和课堂组织。

配备授课计划、课程标准、电子教案、电子课件、习题及答案、试卷等相关资源。

三、教学参考学时

本书的教学参考学时为 72 学时。

四、其他

本书由王大伟、宋雯斐、陈令担任主编，杨永、梁永幸、张磊担任副主编，唐军参编。其中浙江工业职业技术学院的宋雯斐负责本书的规划布局和部分审稿工作；杨永负责内容设计与部分审稿工作；王大伟负责编写项目 2、项目 3、项目 4 的内容并录制部分技能点操作演示的微课；陈令负责编写项目 5 的内容并录制了部分操作演示的微课；梁永幸负责编写项目 1

的内容并录制大部分知识点微课。特别感谢浙江工贸职业技术学院的张磊负责协同编写项目5 的部分内容并负责部分审稿工作，浙江省数据管理有限公司的唐军负责提供企业的真实案例并负责部分审稿工作。

为了方便教学，本书配有教学课件及其他相关资源，请有需要的教师登录华信教育资源网（www.hxedu.com.cn）注册后免费下载。如有问题可在网站留言板留言或与电子工业出版社联系（E-mail：hxedu@phei.com.cn）。

由于编者水平有限，书中难免存在一些疏漏和不足之处，欢迎读者提出宝贵意见，可通过邮件与我们联系（wdw@zjipc.com）。

编　者

目 录

项目1

微信小程序入门：开发环境和开发流程

微信小程序，顾名思义，是基于微信平台来运行的小程序，它的开发、发布、运营都与微信息息相关。本项目介绍微信小程序开发环境的搭建、微信小程序账号的注册和管理、微信小程序开发者工具的使用，以及微信小程序项目上线和发布的基本流程等内容。

【教学导航】

知识目标	1. 了解微信小程序的基本概念 2. 掌握微信小程序开发环境的页面和使用 3. 掌握微信小程序账号注册和管理的流程 4. 了解微信小程序项目上线和发布的基本流程
能力目标	1. 掌握微信小程序开发环境的搭建 2. 掌握微信小程序后台管理的基本操作 3. 掌握微信小程序开发者工具的使用 4. 了解和熟悉微信小程序项目上线和发布的流程
素质目标	1. 通过了解我国国产软件的发展、创新和进步，进一步树立学生对国家信息产业的自信心和自豪感，更加积极地投入到这个新兴产业中 2. 通过了解微信小程序无须安装、简单便捷的特性，体会我国传统文化中“大道至简”的道理，引导学生在纷繁芜杂的信息海洋中，删繁就简，坚守本心，不为外物所惑
关键词	微信开发者工具，开发文档，AppID，提交审核，发布

1.1 任务1：微信小程序初探

2017年1月9日，微信小程序正式上线，其较低的开发成本和微信庞大的用户数量优势为许多商家提供了商机。为了让开发者对微信小程序有一个基本的了解，本任务将介绍微信小程序的基本概念和特点，并在1.2节中对开发环境的搭建和开发者工具的使用进行进一步讲解。

扫一扫

微课：微信小程序简介

素质小课堂

微信小程序给用户的第一印象就是简单、无须安装、触手可及、无须卸载，每个微信小程序往往只专注于一点，做好自己分内的事情，不给用户造成干扰。

如今是一个信息爆炸的时代，各种类型的终端信息数不胜数，“低头族”更是已经成为常态。捧起手机看看新闻、刷刷短视频，不知不觉就耗费几个小时。在这样汹涌的信息浪潮的冲击下，我们应当如何自处？也许，微信小程序的“简单”能带给我们启迪。

老子在《道德经》中写道：“致虚极，守静笃。万物并作，吾以观复。夫物芸芸，各复归其根。归根曰静，是谓复命。”我们只有坚守本心，不忘初心，才能在这纷繁芜杂的信息浪潮中，透过事物纷乱浮华的表象，看到它们贫乏无聊的本质，这样才能将注意力集中在对我们的成长和发展有益的信息上。

1.1.1 微信小程序介绍

微信小程序是一种不需要安装即可使用的应用。用户可以通过“扫一扫”或“搜一搜”打开应用，用完关闭即可。微信小程序在微信中运行，它的交互类似手机的原生应用，但是每个应用的体积非常小，具有无须安装、触手可及、无须卸载的特点。微信小程序与原生应用的关系如图 1-1 所示。

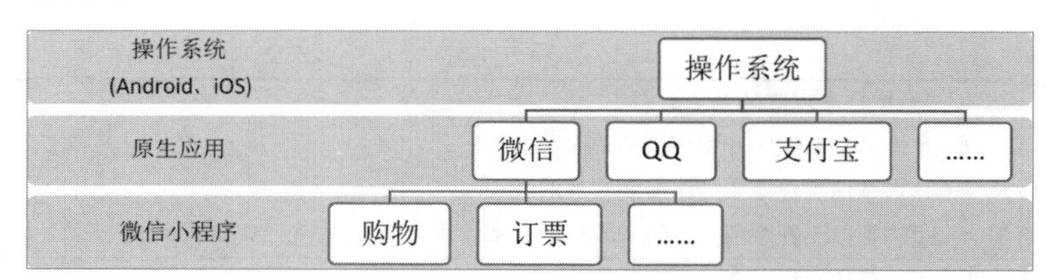

图 1-1　微信小程序与原生应用的关系

由图 1-1 可知，只要用户的手机安装了微信，就可以使用微信小程序。这使得微信小程序可以跨操作系统（Android、iOS）运行，还可以使用微信账号实现一键登录。

按照微信目前的产品定位，它不仅是一个即时通信工具，更是一个综合性的服务平台，用户在微信中就能享受订票、订餐等各种服务。在微信小程序被推出之前，这些服务是通过微信公众平台的服务号来实现的。与微信小程序相比，服务号的功能相对薄弱。

微信小程序一经推出就大受欢迎，与原生应用相比，微信小程序有着天然的优势——微信庞大的用户基数。微信小程序借助微信的用户群，可以更快速地获取用户信息。另外，微信小程序能够通过地理位置让附近的用户搜到，还能够结合公众平台进行推广。由于微信小程序使用方便、操作简单，不少原生应用开发公司也发布了微信小程序版本。

对普通用户而言，微信小程序实现了应用的触手可及，只需要通过扫描二维码、搜索或朋友的分享就可以直接打开微信小程序，加上其优秀的体验，微信小程序使服务提供者的触达能力变得更强。

对开发者而言，微信小程序的框架本身具有快速加载和快速渲染的能力，加之配套的云能力、运维能力和数据汇总能力，使开发者不需要处理琐碎的工作，可以把精力放在具体的业务逻辑开发上。

微信小程序的模式使微信可以开放更多的数据，开发者可以获取用户的一些基本信息，甚至能够获取微信群的一些信息，使微信小程序的开放能力变得更加强大。

1.1.2　微信小程序技术发展史

微信小程序并非凭空冒出来的一个概念。当微信中的 WebView 逐渐成为移动 Web 的一个重要入口时，微信就有相关的 JavaScript 应用程序接口（Application Program Interface，API）了。实际上，微信官方没有对外暴露 API 的调用，此类 API 最初是提供给腾讯公司内部的一些业务使用的，很多外部开发者在发现此类 API 后，就“依葫芦画瓢”地使用了，所以此类 API 逐渐成为了微信中网页的事实标准。例如，调用 WeixinJSBridge 浏览图片，调用方式如下。

```
1   WeixinJSBridge.invoke('imagePreview', {
2     current: 'http://inews.gtimg.com/newsapp_bt/0/1693121381/641',
3     urls: [ // 所有图片的 URL 列表，数组格式
4       'https://img1.gtimg.com/10/1048/104857/10485731.jpg',
5       'https://img1.gtimg.com/10/1048/104857/10485726.jpg',
6       'https://img1.gtimg.com/10/1048/104857/10485729.jpg'
7       ]
8   }, function(res) {
9       console.log(res.err_msg)
10  })
```

2015 年年初，微信发布了一整套网页开发工具包，被称为 JS-SDK，开放了拍摄、录音、语音识别、二维码、地图、支付、分享、卡券等几十个 API。给所有的 Web 开发者打开了一扇全新的“窗户”。使用微信的原生功能，可以完成一些之前做不到或难以做到的事情。同样是调用原生的 API 浏览图片，调用方式如下。

```
1   wx.previewImage({
2     current: 'https://img1.gtimg.com/10/1048/104857/10485726.jpg',
3     urls: [ // 所有图片的 URL 列表，数组格式
4       'https://img1.gtimg.com/10/1048/104857/10485731.jpg',
5       'https://img1.gtimg.com/10/1048/104857/10485726.jpg',
6       'https://img1.gtimg.com/10/1048/104857/10485729.jpg'
7     ],
8     success: function(res) {
9       console.log(res)
10    }
11  })
```

微信小程序的主要开发语言是 JavaScript，微信小程序的开发与普通的网页开发相比有很多相似的地方。对前端开发者而言，从网页开发迁移到微信小程序开发的成本并不高，但二者还是有些许区别的。

网页开发的渲染线程和脚本线程是互斥的，这也是长时间的脚本运行可能会导致网页失

去响应的原因。而在微信小程序中，这两种线程是分开的，分别运行在不同的进程中。网页开发者可以使用各种浏览器暴露出来的文档对象模型（Document Object Model，DOM）API，选中 DOM API 并操作。而如上所述，微信小程序的逻辑层和渲染层也是分开的，逻辑层运行在 JavaScript Core 中，并没有一个完整浏览器对象，因此缺少相关的 DOM API 和 BOM API。这一区别导致了前端开发中常用的一些库如 jQuery、Zepto 等，在微信小程序中无法运行。

网页开发者在开发网页的时候，只需要使用浏览器，并搭配一些辅助工具或编辑器即可。微信小程序的开发则有所不同，需要经过申请微信小程序账号、安装微信小程序开发者工具、配置项目等过程才能完成。

微信小程序发展历程中的主要事件如下。

- 2016 年 1 月 9 日，微信团队首次提出应用号的概念。
- 2016 年 9 月 22 日，微信公众平台对外内测。
- 2016 年 11 月 3 日，微信小程序对外公测。
- 2016 年 12 月 28 日，张小龙在微信公开课中解答外界对微信小程序的几大疑惑，包括没有应用商店、没有推送消息等。
- 2016 年 12 月 30 日，微信公众平台对外发布公告，上线的微信小程序最多可生成 10 000 个带参数的二维码。
- 2017 年 1 月 9 日，微信小程序正式上线。
- 2017 年 3 月 27 日，个人开发者可以申请微信小程序开发和发布。
- 2017 年 4 月 17 日，微信小程序代码包大小限制扩大到 2MB。
- 2017 年 4 月 20 日，腾讯公司发布公众号关联微信小程序的新规则。
- 2017 年 5 月 12 日，腾讯公司发布“小程序数据助手”。
- 2017 年 12 月 28 日，微信更新的 6.6.1 版本开放了小游戏。
- 2018 年 1 月 18 日，微信提供了电子化的侵权投诉渠道。
- 2018 年 1 月 25 日，微信团队在“微信公众平台”发布公告称“从移动应用分享至微信的小程序页面，用户访问时支持打开来源应用”。
- 2018 年 3 月，微信正式宣布微信小程序广告组件启动内测。
- 2018 年 4 月，通过公众号文章可以打开微信小程序、开放微信小程序游戏接口。
- 2018 年 5 月，支持 App 打开微信小程序。
- 2018 年 6 月，微信小程序支持打开微信公众号（关联的公众号）文章。
- 2018 年 7 月，品牌搜索开放，推出品牌官方区和微主页，任务栏出现“我的小程序”入口。
- 2018 年 8 月，微信小程序云开发上线。

1.2 任务 2：搭建开发环境

1.2.1 注册账号

扫一扫

微课：微信小程序的开发环境搭建

首先在微信公众平台官网首页（mp.weixin.qq.com）点击右上角的“立

即注册”按钮，如图 1-2 所示。然后点击“小程序”按钮，在打开的页面底端点击“若无法选择类型请查阅账号类型区别”按钮，可查看不同类型账号的区别和优势。接着填写邮箱和密码，需要填写未注册过公众平台、开放平台、企业号、未绑定个人号的邮箱，就会有一封激活邮件发送到该邮箱。

图 1-2　微信公众平台官网首页

登录该邮箱，查收激活邮件。在点击激活链接后，继续下一步的注册流程。请选择主体类型，完善主体信息和管理员信息。

主体类型有以下几种。个人主体是指 18 岁以上有国内身份信息的微信实名用户；企业主体是指企业、分支机构、企业相关品牌；企业（个体工商户）主体是指个体工商户；政府主体是指国内、各级、各类政府机构、事业单位、具有行政职能的社会组织等，主要覆盖公安机构、党团机构、司法机构、交通机构、旅游机构、工商税务机构、市政机构等；媒体主体是指报纸、杂志、电视、电台、通讯社、其他等；其他组织主体是指不属于政府、媒体、企业或个人的类型。

政府、媒体、其他组织、企业等主体类型的账号，必须通过微信来认证主体身份。在认证完成之前，部分功能不可使用。

完成注册后，可以在微信公众平台官网首页直接登录，微信小程序信息完善和开发可以同步进行。登录微信小程序管理页面，可以补充微信小程序名称信息，上传微信小程序头像，填写微信小程序介绍并选择服务范围。

1.2.2　开发前准备

登录微信公众平台，选择“小程序”→“用户身份”→“开发者”选项，新增绑定开发者。个人主体的微信小程序最多可绑定 5 个开发者和 10 个体验者。未认证企业主体类型的微信小程序最多可绑定 10 个开发者和 20 个体验者；已认证企业主体类型的微信小程序最多可绑定 20 个开发者和 40 个体验者。

选择“设置”→“开发设置”选项，获取 AppID 信息。每个微信小程序对应两个唯一字符串，即 AppID（微信小程序 ID）和 AppSecret（微信小程序密钥），在调用微信的某些 API 时需要用到这两个字符串，要妥善保管，不要泄露，以免被不当使用。

1.2.3 下载开发者工具

为了帮助开发者简单、高效地开发和调试微信小程序，微信在原有的公众号网页调试工具的基础上，推出了全新的微信开发者工具，集成了公众号网页调试和微信小程序调试这两种开发模式。

使用公众号网页调试，开发者可以调试微信网页授权和微信 JS-SDK 详情。使用微信小程序调试，开发者可以完成微信小程序的 API 和页面的开发调试、代码查看和编辑，以及微信小程序的预览和发布等功能。

打开微信官方文档的小程序页面，选择“开发”→“工具”选项，并选择左侧的“下载”选项，打开下载页面。Windows 操作系统仅支持 Windows 7 以上版本。

其中，有三种版本可以选择：稳定版（Stable Build），测试版缺陷收敛后转为稳定版；预发布版（RC Build），包含大的特性，通过内部测试，稳定性尚可；开发版（Nightly Build），日常构建版本，用于对一些小特性进行敏捷上线，开发自测验证，稳定性欠佳。

1.2.4 安装部署

下载安装后，启动页面是一个二维码。在登录页面中，可以使用微信扫码的方式登录开发者工具，开发者工具将使用这个微信账号的信息进行微信小程序的编辑和调试。

登录成功后，可以看到已经存在的微信小程序项目列表和公众号网页项目列表，项目列表页面如图 1-3 所示。在项目列表中可以选择“公众号网页”选项进行调试，进入公众号网页调试模式。

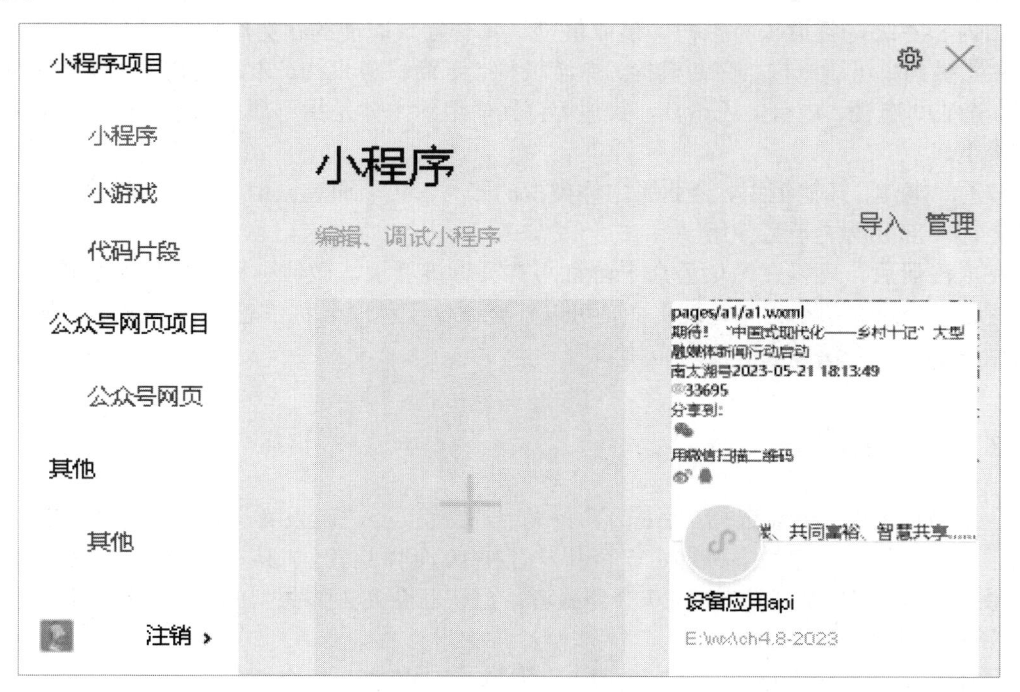

图 1-3 项目列表页面

接下来，就可以开始新建微信小程序项目了。

1.3　任务 3：开发初体验

扫一扫

微课：微信小程序开发初体验

1.3.1　新建项目

在本地创建一个微信小程序项目。需要一个微信小程序的 AppID；如果没有 AppID，则可以申请使用测试账号。登录的微信账号需要有该 AppID 的开发者权限。选择一个空目录，或者选择存在 app.json 文件或 project.config.json 文件的非空目录。当选择空目录时，可以选择是否在该目录下生成一个简单的项目。

微信开发者工具支持同时打开多个项目，每次都会从新窗口打开项目，入口有以下几种。

（1）从项目选择页面打开项目，在项目窗口中选择菜单栏的“项目”→“查看所有项目”选项，打开项目选择页面。

（2）选择菜单栏中的“最近打开项目”选项，从新窗口打开项目。

（3）新建项目。

（4）使用命令行或 HTTP 调用工具打开项目。

1.3.2　开发者工具页面

开发者工具页面，从上到下，从左到右，分别为菜单栏、工具栏、模拟器、目录树、编辑区、调试器六大部分，如图 1-4 所示。

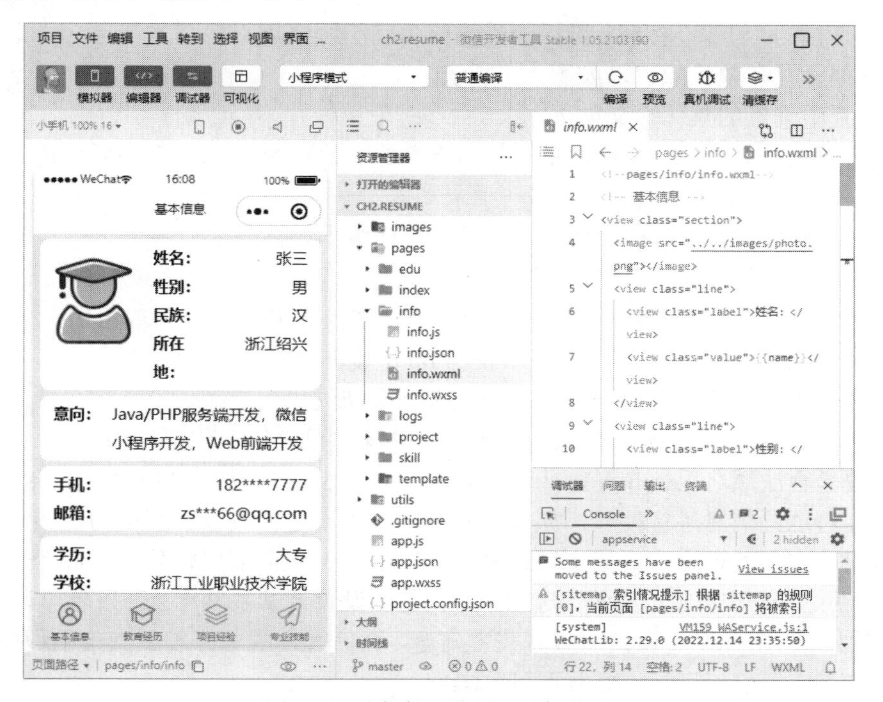

图 1-4　开发者工具页面（部分）

菜单栏包含“项目”“文件”“编辑”“工具”“转到”“选择”“视图”“界面”“设置”“帮助”“微信开发者工具”等菜单，在菜单中可以选择相应的子菜单进行操作。

工具栏包含头像、“模拟器”按钮、“编辑器”按钮、“调试器”按钮、“可视化”按钮、模式选择下拉列表、编译方式选择下拉列表、“编译”按钮、“预览”按钮、“真机调试”按钮、“清缓存”按钮、“切后台”按钮、“版本管理”按钮、“测试号”按钮和“详情”按钮。可以通过点击工具栏上的图标或按钮来调整布局、更改选项及实现相应的操作功能。

模拟器可以模拟微信小程序在微信客户端的表现。微信小程序的代码通过编译后可以在模拟器上直接运行。开发者可以在模拟器左上角的下拉列表中选择不同设备，也可以添加自定义设备来调试微信小程序在不同尺寸设备屏幕上的适配问题。在模拟器底部的状态栏中，可以直观地看到当前运行微信小程序的场景值、页面路径及页面参数。点击模拟器或调试器右上角的按钮，可以使用独立窗口显示模拟器或调试器。

目录树用于直观地展示当前微信小程序的完整目录结构。通过目录树可以直观地查看微信小程序目录和文档之间的关系，可以很方便地在目录和文件之间进行切换，可以对目录和文档进行常规的添加、删除、修改等操作。

编辑区用于代码的编辑，编辑区以标签页的方式可以同时打开多个文档进行编辑，对后缀为 wxml、wxss、js、wxs 的文件都支持语法高亮、代码自动补全、自动缩进排版等功能。如果排版乱了，则可以在编辑区的空白处右击，在弹出的快捷菜单中选择“格式化文档”命令对文档重新进行排版。

调试器可以通过控制台、网络信息、源码分析等工具对微信小程序的功能进行全面调试。

1.3.3 项目设置

点击工具栏的“详情”按钮，可以查看当前微信小程序项目的基本信息，以及对当前微信小程序的本地设置和项目配置，如图 1-5 所示。

项目配置中设置的具体含义如下。

- 域名信息：显示微信小程序的合法域名信息，合法域名可在管理后台进行设置。

本地设置中各项的具体含义如下。

- 调试基础库：选择基础库版本，用于在对应版本的微信客户端上运行。高版本的基础库无法兼容低版本的微信客户端。
- ES6 转 ES5：将 JavaScript 代码的 ES6 语法转换为 ES5 语法。
- 使用 npm 模块：在微信小程序中使用 npm 模块安装第三方包。
- 上传代码时样式自动补全：自动检测并补全缺失样式。
- 上传代码时自动压缩混淆（UglifyJs）：压缩代码，缩小代码体积。
- 不校验合法域名、web-view（业务域名）、TLS 版本以及 HTTPS 证书：在真实环境中会对这些信息进行校验，如果在开发环境中不进行校验，则可勾选该复选框。
- 启用自定义处理命令：指定编译前、预览前、上传前需要预处理的命令。

特别说明之一，在“本地设置”选项卡中，可以设置调试基础库。开发者可以在此选择任意基础库版本，用于开发和调试旧版本兼容问题。微信客户端对开发版微信小程序打开调试，可以查看下发测试基础库的生效时间及版本。

特别说明之二，微信小程序中访问网络需要校验域名和 HTTPS 证书，如果只是在开发者工具中进行功能测试，可以在本地设置中勾选“不校验合法域名、web-view（业务域名）、TLS 版本以及 HTTPS 证书”复选框，开发者工具将不校验安全域名及 TLS 版本，帮助用户在开发过程中更方便地完成调试工作。但如果要正式发布，则需要微信小程序管理员登录微信小程序管理后台，设置 request 合法域名、socket 合法域名、uploadFile 合法域名、downloadFile 合法域名及 web-view（业务域名），这些域名必须是 HTTPS 格式的。设置完成后，可以在“项目配置”选项卡中查看这些域名。

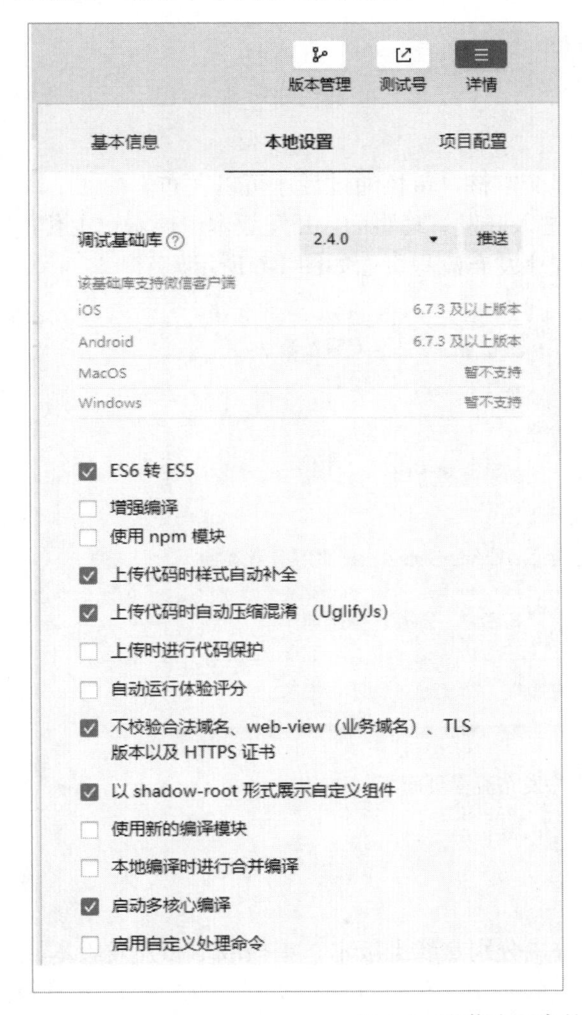

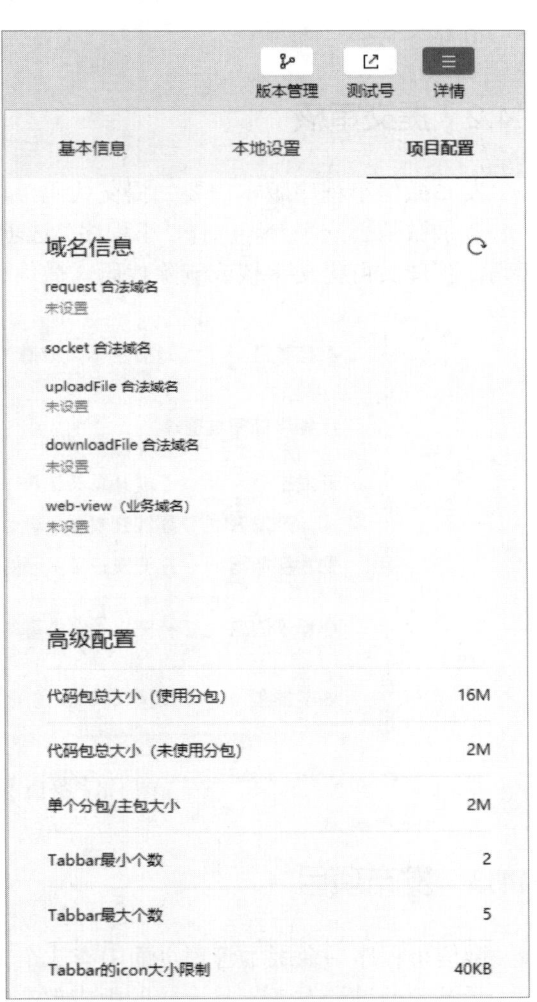

图 1-5　微信小程序的本地设置和项目配置

1.4　任务 4：项目发布上线攻略

扫一扫

微课：微信小程序上线攻略

发布微信小程序需要登录管理后台，通过注册时绑定的微信账号扫码登录。

1.4.1 项目成员设置

登录微信公众平台，选择“小程序”→“用户身份”→“开发者”选项，新增绑定开发者。

- 个人主体的微信小程序最多可绑定 5 个开发者和 10 个体验者。
- 未认证企业主体类型的微信小程序最多可绑定 10 个开发者和 20 个体验者。
- 已认证企业主体类型的微信小程序最多可绑定 20 个开发者和 40 个体验者。

在绑定开发者时，管理员需要先通过微信扫码验证身份，再输入要添加的开发者微信账号，对开发者进行绑定。

1.4.2 提交审核

发布微信小程序版本需要先提交代码，再提交审核，审核通过后才可以发布。

登录微信公众平台，选择“小程序”选项，进入开发管理页面，开发版本中展示已上传的代码，管理员可提交审核或删除代码。微信小程序发布流程页面如图 1-6 所示。

微信认证	政府主体类型请先通过微信认证完成主体真实性确认。 否则将无法发布小程序。
小程序开发与管理	
开发工具	下载开发者工具进行代码的开发和上传
添加开发者	添加开发者，进行代码上传
配置服务器	在开发设置页面查看AppID和AppSecret，配置服务器域名
小程序信息	补充小程序的基本信息，如名称、图标、描述等
版本发布	先提交代码，然后提交审核，审核通过后即可发布

图 1-6 微信小程序发布流程页面

1.4.3 发布项目

微信小程序后台版本管理页面中有 3 个模块，分别是线上版本、审核版本和开发版本。

开发者通过开发者工具上传的版本放在开发版本中，可以选择删除或提交审核。开发版本不能公开，可以作为体验版本邀请体验者进行体验。开发版本可以被删除，不影响线上版本和审核版本中的代码。

只能有一份代码处于审核状态。有审核结果后该代码可以被发布到线上，也可以被直接重新提交审核，覆盖原审核版本。

项目审核通过后可以选择是否发布为线上版本，线上版本即公开版本，可以通过微信的搜索功能查找到，或者通过微信小程序码扫码访问。线上所有用户使用线上版本的代码，该版本的代码在新版本代码发布后会被覆盖。

如果项目未通过审核，会在微信小程序管理后台的通知中心中将审核结果反馈给开发者，详细告知项目未能审核通过的原因。开发者针对问题进行整改后，可以再次上传代码并提交审核。

1.5　学习成果

本项目对微信小程序的开发进行了简单的介绍，同学们需要对以下内容有基本的了解。

（1）微信小程序的定位。

（2）微信小程序开发环境的搭建。

（3）微信小程序项目的管理和设置。

（4）微信小程序开发者工具页面。

（5）微信小程序发布流程。

1.6　巩固训练与创新探索

一、填空题

1．微信小程序运行于________之上。

2．微信公众平台官网首页是____________________________________。

3．每个微信小程序对应两个唯一字符串，________（即微信小程序 ID）和____________（即微信小程序密钥），在调用微信的某些 API 的时候需要用到这两个字符串，要妥善保管，不要泄露，以免被不当使用。

4．开发者工具页面，从上到下，从左到右，分别为菜单栏、工具栏、________、目录树、________、________六大部分。

5．个人主体的微信小程序最多可绑定______个开发者和______个体验者。

二、判断题

1．微信小程序使用完毕后需要卸载。（　　）

2．微信小程序可以通过微信实现跨操作系统（iOS 和 Android）运行。（　　）

3．只要使用 QQ 邮箱，就可以注册微信小程序账号。（　　）

4．在微信开发者工具中，编辑区可以使用格式化文档功能对代码重新排版。（　　）

5．提交代码审核时，可以同时提交多份代码等待审核。（　　）

三、选择题

1．微信小程序和原生 App 的共同点是（　　）。

A．都需要安装

B．都需要卸载

C．都有集中入口

D．都能够和用户交互

2．以下电子邮箱能够注册微信小程序账号的是（　　）。

A．zhangsan9797@qq.com，绑定了微信公众号的电子邮箱

B．zhangsan9797@126.com，注册过微信公众平台的电子邮箱

C．zhangsan9797@163.com，刚注册的新电子邮箱

D．zhangsan9797@localhost，自己电脑上运行的电子邮件服务器

3．下面对于微信小程序发展前景说法中，错误的是（　　）。

A．微信小程序是一个生态体系，将来能够更好地借助扩展插件进行微信小程序的开发

B．微信小程序不断地完善自己，开发能力越来越强，进一步完善了开发接口

C．微信小程序只能个人申请使用

D．微信小程序积累了大量的用户，且用户黏度高

4．微信小程序开发环境搭建，主要就是安装（　　）。

A．Chrome 浏览器

B．微信开发者工具

C．编辑器

D．微信客户端

5．微信小程序是由（　　）提出的，并解决了 App 使用的效率问题。

A．张小龙　　B．雷军

C．马化腾　　D．李彦宏

四、创新探索

1．我校大二年级几位同学在暑期社会实践时，受某企业委托开发企业宣传微信小程序，张同学说："我刚刚注册了一个新邮箱，刚好可以用来注册微信小程序账号。"其他同学纷纷表示赞同，李同学却提出了反对意见。你觉得张同学的做法对吗？请说说理由。如果你认为张同学的做法不对，请说说你认为合适的做法。

2．小李同学暑假回山区老家，村主任想请他帮忙开发一个微信小程序，推广村办企业的产品。小李在自家的旧电脑上下载并安装了最新版的微信开发者工具，却发现开发者工具的很多功能无法正常使用，你觉得问题在哪里，应该如何解决？

1.7　职业技能等级证书标准

在与本项目内容有关的微信小程序开发"1+X"职业技能等级证书标准中，初级和中级微信小程序开发职业技能等级要求节选分别如表 1-1、表 1-2 所示。

表 1-1　微信小程序开发职业技能等级要求（初级）节选

工作领域	工作任务	职业技能要求
3. 微信小程序开发	3.4 微信小程序生命周期管理	3.4.1 能熟悉微信小程序账号申请流程 3.4.2 能熟悉微信小程序的开发者工具下载安装流程 3.4.3 能熟悉微信小程序的开发和编译流程 3.4.4 能熟悉微信小程序版本提交审核流程 3.4.5 能理解全量发布和分阶段发布的概念 3.4.6 能熟悉微信小程序发布流程

表 1-2　微信小程序开发职业技能等级要求（中级）节选

工作领域	工作任务	职业技能要求
3. 微信小程序开发	3.5 微信小程序生命周期管理	3.5.1 能掌握微信小程序数据分析的功能和使用场景 3.5.2 能理解微信小程序运营的常见名词概念，包括用户、入口、添加、分享、活跃、停留 3.5.3 能掌握微信小程序常见数据指标的含义，包括分享次数，累计访问人数，人均停留时间，月活跃用户等 3.5.4 能掌握微信小程序数据助手的使用方法 3.5.5 能掌握常规分析工具的用法，包括概括，访问分析，实时统计，用户画像 3.5.6 能设计出简单的自定义数据分析工具

项目2

个人简历：微信小程序框架

开发一个典型的微信小程序，需要掌握微信小程序框架相关的基础知识。本项目通过制作一个包含多个简单页面的个人简历微信小程序，介绍微信小程序框架和目录结构、微信小程序和页面的生命周期函数、微信小程序页面的初始化数据和数据绑定、微信小程序条件渲染和列表渲染、微信小程序的模板和引用等知识。

【教学导航】

知识目标	1．了解微信小程序的目录结构和生命周期函数 2．掌握微信小程序页面的初始化数据和数据绑定 3．掌握微信小程序的条件渲染和列表渲染 4．了解微信小程序的模板和引用
能力目标	1．掌握微信小程序的页面管理和标签导航操作 2．掌握通过数据绑定动态更新渲染层数据 3．掌握条件渲染、列表渲染的操作 4．掌握模板的定义和引用的操作
素质目标	1．通过微信小程序和页面的生命周期的概念，让学生体会到万物都有自己的生命周期，应当遵循自然规律，珍惜自己的生命，善待他人的生命，携手共创美好明天 2．通过个人简历案例，引导学生对自己的未来进行积极的规划，做一个对未来有准备、对社会有价值的人
关键词	生命周期函数，数据绑定，条件渲染，列表渲染，模板，引用

2.1　任务1：基本信息页面

2.1.1　任务分析

本任务将开发一个用于展示个人基本信息的静态页面，介绍微信小程序的目录结构，使学生了解框架全局文件、工具类文件和框架页面文件的目录与位置关系，掌握微信小程序的注册操作，以及微信小程序的生命周期函数的调用。本书提供了本案例的完整代码，个人基本信息页面如图 2-1 所示。

由图 2-1 可见，页面左侧模拟器中的微信小程序模拟页面的结构非常简单，就是相关信息的基本展示。本任务的重点在于制作页面中间部分的目录树中所展示的微信小程序的基本结构。

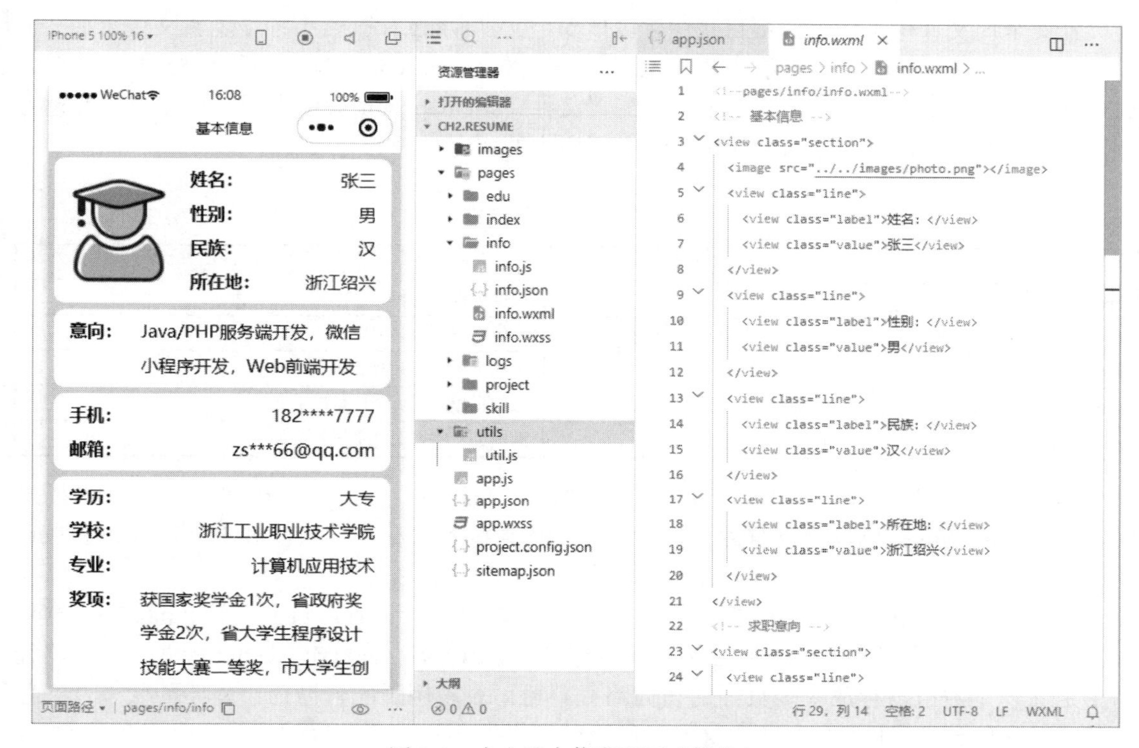

图 2-1　个人基本信息页面（部分）

素质小课堂：

个人简历是毕业生在求职时必备的一份材料，把自己的个人基本信息、专业技能、优势所在、求职意向等情况展示给用人单位，给用人单位留下第一印象。

如何才能使自己的个人简历脱颖而出，给人眼前一亮的感觉呢？形式上的创新当然是一种选择，但关键还是要有实质的内容，一份形式朴素但内容丰富的简历和一份内容贫瘠但外观华丽的简历，哪份简历会被用人单位选中可想而知。

《礼记·中庸》有言：“凡事预则立，不预则废。”我们要提前做好准备，积极规划自己的人生道路，思考在毕业求职时的简历上，可以写上哪些证书，哪些技能，哪些项目经历，哪些荣誉奖项。机会总是留给有准备的人，不妨从现在开始，把我们的个人简历丰富起来。

2.1.2　微信小程序的框架和目录结构

扫一扫

微课：微信小程序框架和目录结构

微信团队将微信小程序提供的框架命名为“MINA”。MINA 框架通过封装微信客户端提供的文件系统、网络通信、任务管理、数据安全等基础功能，对上层提供一整套 JavaScript API，让开发者能够方便地使用微信客户端提供的各种基础功能，快速构建应用。微信小程序开发框架的目标是通过简单、高效的方式让开发者可以在微信中开发具有原生 App 的服务。整个微信小程序的框架结构可以分为两部分：逻辑层（App Service）和视图层（View）。微信小程序的目录结构可以分为三部分：框架全局文件、工具类文件和框架页面文件。

1．框架全局文件

框架全局文件位于项目的根目录中，包括 5 个文件：app.js 微信小程序逻辑文件（定义全局数据及函数）、app.json 微信小程序公共配置文件、app.wxss 微信小程序公共样式表、project.config.json 微信小程序项目个性化配置文件、sitemap.json 微信小程序页面索引配置文件，如表 2-1 所示。框架全局文件对微信小程序中的所有页面都有效。

表 2-1 框架全局文件

文件	是否必填	说明
app.js	是	微信小程序逻辑文件
app.json	是	微信小程序公共配置文件
app.wxss	否	微信小程序公共样式表
project.config.json	是	微信小程序项目个性化配置文件
sitemap.json	否	微信小程序页面索引配置文件

app.js 微信小程序逻辑文件用于定义全局数据和函数，它可以指定微信小程序的生命周期函数。生命周期函数可以被理解为微信小程序的内置函数，在不同阶段和不同场景下会被自动调用。

app.json 微信小程序公共配置文件可以对 5 个功能进行设置：页面路径（pages）、窗口（window）表现、标签（tabBar）导航、网络超时（networkTimeout）、debug 模式。页面路径用于定义一个数组，存放多个页面的访问路径。窗口表现用于配置微信小程序的状态栏、导航条、标题和窗口背景色等属性。标签导航用于在微信小程序页面底端生成一个标签导航条，方便页面跳转。网络超时用于配置网络请求、文件上传下载的最长时间。debug 模式用于调试开发程序。

app.wxss 微信小程序公共样式表与串联样式表（Cascading Style Sheets，CSS）的使用方法相同，用于对全局所有页面的页面样式进行设置。如果页面重新定义了选择器的表现样式，则会覆盖所有页面的样式，使用页面自己的样式。

project.config.json 微信小程序项目个性化配置文件用于记录开发者对开发者工具的个性化配置，如页面颜色、编译配置等。当重装开发者工具软件时，或者将微信小程序的项目移动到另一台电脑上并打开时，开发者工具会自动恢复当前项目的个性化配置，这可以给开发者带来很大便利。

sitemap.json 微信小程序页面索引配置文件是微信小程序在 2019 年 03 月 29 日推出的新功能，默认收录所有微信小程序的页面内容，用于微信搜索场景，这意味着开发者的微信小程序的曝光将变多。目前在搜索微信小程序时可以根据微信小程序的名称和简介，以后还可以根据微信小程序的内容进行搜索，这就更像网页的功能了。

2．工具类文件

工具类文件位于微信小程序框架目录下的 utils 文件夹中，用于存放工具包的 JS 函数。例如，可以存放一些日期格式化的函数、时间格式化的函数等。定义好这些函数后，要通过 module.exports 文件将这些已定义的函数名称注册，在其他页面才可以使用。

3．框架页面文件

微信小程序的框架页面文件有 5 个，后缀分别为 wxml（页面结构文件）、wxss（页面样式表文件）、js（页面逻辑文件）、json（页面配置文件）、wxs（页面小程序脚本文件）。例如，index 页面包含 index.wxml、index.wxss、index.js、index.json、index.wxs 这 5 个文件，如表 2-2 所示。

表 2-2　框架页面文件（以 index 页面为例）

文件	是否必填	说明
index.wxml	是	页面结构文件
index.wxss	否	页面样式表文件
index.js	是	页面逻辑文件
index.json	否	页面配置文件
index.wxs	否	页面小程序脚本文件

微信小程序的框架页面文件，都放置在 pages 文件夹中，且每个页面都有一个独立的文件夹，用于放置各自的 5 个文件。

2.1.3　微信小程序注册和生命周期函数

扫一扫

微课：微信小程序的生命周期

app.js 文件不仅可以定义全局函数和数据，还可以注册微信小程序。App(Object object)函数用于注册微信小程序，接收一个 object 参数用于指定微信小程序的生命周期回调等。App()函数必须在 app.js 文件中调用，且只能调用一次，否则会出现无法预期的后果。

程序的生命周期是指程序启动到程序结束的全过程。从软件的角度来看，生命周期是指从程序创建到开始、暂停、唤起、停止、卸载的过程，强调的是一个时间段。与 vue、react 框架一样，微信小程序框架也存在生命周期，其实质也是一些可以在特定时期执行的函数，微信小程序生命周期包含以下 3 部分。

- 应用级别的生命周期。
- 页面级别的生命周期。
- 组件级别的生命周期。

其中，页面级别的生命周期范围较小，应用级别的生命周期范围较大。应用级别的生命周期必须在 app.js 文件中调用，特指微信小程序启动、运行、卸载的过程。微信小程序生命周期函数 App(Object object)中 object 参数的属性如表 2-3 所示。

表 2-3　微信小程序生命周期函数的属性

属性	类型	必填	说明
onLaunch	function	否	监听微信小程序初始化
onShow	function	否	监听微信小程序启动或切入前台
onHide	function	否	监听微信小程序切后台
onError	function	否	错误监听函数
onPageNotFound	function	否	页面不存在监听函数
其他	any	否	开发者可以添加任意的函数或数据到 object 参数中，可以用 this 访问

onLaunch(Object object)函数在微信小程序初始化完成时触发，全局只触发一次。参数也可以使用 wx.getLaunchOptionsSync()获取。

onShow(Object object)函数在微信小程序启动时触发，或者在从后台进入前台显示时触发。也可以使用 wx.onAppShow()绑定监听。

onHide()函数在微信小程序从前台进入后台时触发。也可以使用 wx.onAppHide()绑定监听。

onError(String error)函数在微信小程序发生脚本错误或 API 调用报错时触发。也可以使用 wx.onError()绑定监听。

onPageNotFound(Object object)函数从微信开发者工具的调试基础库 1.9.90 版本开始支持，针对使用低于此版本的基础库的用户，需要在代码中进行兼容处理。在微信小程序要打开的页面不存在时触发。也可以使用 wx.onPageNotFound()绑定监听。

扫一扫

微课：构建基本信息页面

2.1.4 【任务实施】构建基本信息页面

新建一个微信小程序项目，将其命名为“ch2.resume”，设置项目保存的目录，输入申请到的 AppID，或者使用测试号，如图 2-2 所示。

新建项目　导入项目

项目名称　ch2.resume

目录　D:\wx\app\ch2.resume

AppID　wxe80e69838a17ab92

若无 AppID 可 注册

或使用 测试号

开发模式　小程序

语言　JavaScript

图 2-2　新建项目

新建项目后，会自动生成两个页面：index 页面和 logs 页面，页面路径分别为/pages/index/index 和 pages/logs/logs，打开 app.json 文件，编辑 pages 区域代码，在 index 页面的路径代码前面，增加 pages/info/info、pages/edu/edu、pages/project/project、pages/skill/skill 页面的路径代码。

注意，尽管可以通过在目录树的节点上右击，在弹出的快捷菜单中选择“新建目录”或“新建页面”命令，但一般不建议这样操作，这样操作的步骤比较烦琐，而且容易误操作。

```
1  {
2    "pages": [
3      "pages/info/info",
4      "pages/edu/edu",
5      "pages/project/project",
```

```
6      "pages/skill/skill",
7      "pages/index/index",
8      "pages/logs/logs"
9    ],
10   "window": {
11     "backgroundTextStyle": "light",
12     "navigationBarBackgroundColor": "#fff",
13     "navigationBarTitleText": "个人简历",
14     "navigationBarTextStyle": "black"
15   },
16   "sitemapLocation": "sitemap.json"
17 }
```

在上述代码中，第 3 至 6 行定义了 4 个新的页面。第 10 至 15 行是新建微信小程序时默认生成的代码，用于设置微信小程序的外观。第 16 行定义了微信小程序索引配置文件的路径。

保存 app.json 文件，pages 文件夹下就会出现 info、edu、project、skill 这 4 个文件夹。接下来在 info 页面中进行编码。展开 pages\info 文件夹，打开 info.wxml 文件，编辑页面结构文件的内容，代码如下。

```
1  <!--pages/info/info.wxml-->
2  <!-- 基本信息 -->
3  <view class="section">
4    <image src="../../images/photo.png"></image>
5    <view class="line">
6      <view class="label">姓名：</view>
7      <view class="value">张三</view>
8    </view>
9    <view class="line">
10     <view class="label">性别：</view>
11     <view class="value">男</view>
12   </view>
13   <view class="line">
14     <view class="label">民族：</view>
15     <view class="value">汉</view>
16   </view>
17   <view class="line">
18     <view class="label">所在地：</view>
19     <view class="value">浙江绍兴</view>
20   </view>
21 </view>
22 <!-- 求职意向 -->
23 <view class="section">
24   <view class="line">
25     <view class="label">意向：</view>
```

```
26      <view class="value w500">Java/PHP 服务端开发，微信小程序开发，Web 前端开发
</view>
27    </view>
28  </view>
29  <!-- 联系方式 -->
30  <view class="section">
31    <view class="line">
32      <view class="label">手机：</view>
33      <view class="value">182****7777</view>
34    </view>
35    <view class="line">
36      <view class="label">邮箱：</view>
37      <view class="value">zs***66@qq.com</view>
38    </view>
39  </view>
40  <!-- 专业信息 -->
41  <view class="section">
42    <view class="line">
43      <view class="label">学历：</view>
44      <view class="value">大专</view>
45    </view>
46    <view class="line">
47      <view class="label">学校：</view>
48      <view class="value">浙江工业职业技术学院</view>
49    </view>
50    <view class="line">
51      <view class="label">专业：</view>
52      <view class="value">计算机应用技术</view>
53    </view>
54    <view class="line">
55      <view class="label">奖项：</view>
56      <view class="value w500">获国家奖学金 1 次，省政府奖学金 2 次，省大学生程序设计技
能大赛二等奖，市大学生创新创业大赛一等奖</view>
57    </view>
58  </view>
```

在上述代码中，可以发现 WXML 的语法和 HTML 很相似，只是标签有所不同。view 标签用法类似 HTML 的 div 块模式标签，text 标签用法类似 HTML 的 span 行内模式标签，image 标签用法类似 HTML 的 img 图像标签。其中，第 4 行代码使用 image 标签引入一个图像。

view 标签可以像 HTML 一样通过 id 和 class 属性来指定 wxss 文件的选择器，其中第 3、23、30、41 行代码分别定义了 class 类名为“section”的 view 组件，每个 section 模块中包含一个或多个 class 类名为“line”的行，每行又包含了一个 class 类名为“label”的 view 组件用于展示标签，以及一个 class 类名为“value”的 view 组件用于展示标签对应的内容。

在 info.wxss 文件中编辑页面的样式表，代码如下。

```
1   /* pages/info/info.wxss */
2   /* 页面样式 */
3   page{
4     width: 750rpx;
5     background-color: #ddd;
6   }
7   /* 区块 */
8   .section{
9     width: 700rpx;
10    background-color: #fff;
11    margin: 15rpx 15rpx 0 15rpx;
12    padding: 10rpx;
13    border-radius: 25rpx;
14    overflow: hidden;
15  }
16  .section image{
17    width: 256rpx;
18    height: 256rpx;
19    margin-top: 25rpx;
20    float: left;
21  }
22  .line{
23    height: 75rpx;
24    line-height: 75rpx;
25  }
26  .label{
27    width: 150rpx;
28    padding-left: 25rpx;
29    float: left;
30    font-weight: bold;
31  }
32  .value{
33    float: right;
34    padding-right: 25rpx;
35  }
36  .w500{
37    width: 500rpx;
38  }
```

在上述代码中，可以看出 wxss 文件的语法和 CSS 基本是一致的，可以直接使用元素选择器，例如，第 3 行代码使用 page 元素对整个页面的样式进行设置。也可以使用类选择器，例如，第 8 行代码使用.section 类名对 wxml 文件中所有 class 属性为 section 的元素设置样式。也可以使用选择器组合，例如，第 16 行代码使用.section image 类名加上元素的后代选择器对所有类名为“section”元素内部的 image 元素设置样式。

其他选择器如兄弟选择器、子代选择器、结构化伪类、before/after 伪元素等 CSS3 选择器，在 wxss 文件中基本都可以正常使用。

对属性的设置也是一样的。例如，第 4 行代码设置宽度为 750rpx，第 5 行代码设置背景色为 #ddd，第 11 行和第 12 行代码设置内、外边距，第 13 行代码设置边框圆角，第 20 行代码设置靠左浮动等。

接下来，打开 info.json 文件，编辑页面配置信息，代码如下。

```
1  {
2    "navigationBarTitleText": "基本信息",
3    "usingComponents": {}
4  }
```

其中，第 2 行代码设置微信小程序页面顶端的标题文字，第 3 行代码是在新建页面时开发者工具自动生成的数据，用于引入自定义组件。在其他页面中设置标题文字的方法与此相同，在后面的项目和任务中不再赘述。

打开 app.js 文件，可以看到其内容就是一个 App()函数，用于注册微信小程序。App()函数的内部就是微信小程序的生命周期函数。

```
1   App({
2     /**
3      * 当微信小程序初始化完成时，会触发 onLaunch()函数（全局只触发一次）
4      */
5     onLaunch: function () {
6     },
7     /**
8      * 当微信小程序启动时，或者从后台进入前台显示时，会触发 onShow()函数
9      */
10    onShow: function (options) {
11    },
12    /**
13     * 当微信小程序从前台进入后台时，会触发 onHide()函数
14     */
15    onHide: function () {
16    },
17    /**
18     * 当微信小程序发生脚本错误时，会触发 onError()函数并显示错误信息
19     */
20    onError: function (msg) {
21    }
22  })
```

在上述代码中，最外层的 App()函数用于注册整个微信小程序，其内部就是微信小程序的生命周期函数。此处没有对生命周期函数操作，因此每个函数的函数体内都是空的。如果有任何操作需要在微信小程序的某个生命周期内完成，则只需要将功能代码写入相应的生命周期函数内部。

（1）App()函数必须在 App.js 文件中注册，且只能出现一次。

（2）不要在 App()函数内调用 getApp()函数，可以使用 this。

（3）不要在调用 onLaunch()函数的时候调用 getCurrentPage()函数，此时当前页面（page）还没有生成。

（4）通过调用 getApp()函数获取实例后，不要私自调用生命周期函数。

2.2　任务 2：动态生成个人信息

2.2.1　任务分析

本任务将对 2.1 节中的个人基本信息的静态页面进行修改、升级，通过修改、升级，介绍微信小程序数据绑定的基本操作，使学生了解微信小程序页面程序的操作及微信小程序的页面生命周期函数，掌握页面的初始化数据的操作。本书提供了本案例的完整代码，个人基本信息页面升级版如图 2-3 所示。

由图 2-3 可见，页面左侧模拟器中的微信小程序模拟页面结构与图 2-1 相比没有变化，而右侧编辑区中的代码稍有变化，展示的数据不再直接以文本的方式写在 wxml 文件中，而是以变量的方式，这种方式被称为数据绑定。本节重点介绍代码变化部分所展示的数据绑定操作。

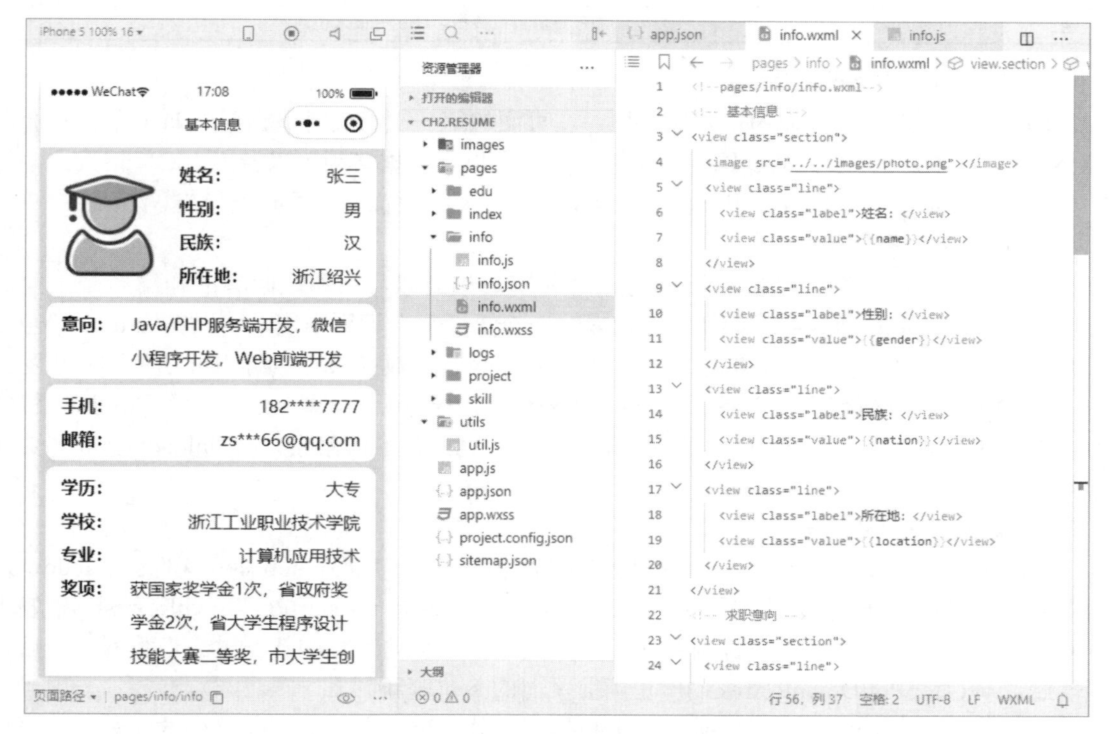

图 2-3　个人基本信息页面升级版（部分）

2.2.2 注册页面和页面生命周期函数

在每个页面文件夹中，都有一个当前页面对应的 js 文件。例如，index 页面文件夹对应的就是 index.js 文件。这个文件里的 Page()函数用于注册页面，它可以接收一个 object 参数。在这个 object 参数中，可以指定页面的初始化数据、页面生命周期函数、页面事件处理函数等当前页面的业务逻辑处理，Page()函数的 object 参数如表 2-4 所示。页面级别的生命周期特指在微信小程序中，每个页面加载→渲染→卸载的过程存在于每个页面 js 文件中的注册函数 Page()的参数中，Page()函数的 object 参数如表 2-4 所示，执行顺序为 onLoad()函数→onShow()函数→onReady()函数→onHide()函数。

表 2-4　Page()函数的 object 参数

属性	类型	说明
data	Object	页面的初始化数据
onLoad	function	页面生命周期函数：用于监听页面加载
onReady	function	页面生命周期函数：用于监听页面初次渲染完成
onShow	function	页面生命周期函数：用于监听页面显示
onHide	function	页面生命周期函数：用于监听页面隐藏
onUnload	function	页面生命周期函数：用于监听页面卸载
onPullDownRefresh	function	页面事件处理函数：用于监听下拉页面顶部刷新事件
onReachBottom	function	页面事件处理函数：用于监听上拉触底事件
onShareAppMessage	function	页面事件处理函数：用于监听点击右上角的“分享”按钮的事件
onPageScroll	function	页面事件处理函数：用于监听页面滚动触发事件
onTabItemTap	function	页面事件处理函数：用于监听 tab 页面中点击 tab 时触发
其他	any	开发者添加任意函数或数据，使用 this 来访问

1．页面的初始化数据

data 区域的数据为页面的初始化数据，在页面的第一次渲染时被调用。data 数据将会以 JSON 格式（参见 2.4 节）从逻辑层传至渲染层，所以其数据必须可以转成 JSON 格式：字符串、数字、布尔值、对象或数组。渲染层可以通过 wxml 页面对数据进行绑定。

2．页面生命周期函数

页面生命周期函数和微信小程序的生命周期函数类似，只不过两者的作用范围不同。onLoad(Object query)函数在页面加载时触发。一个页面只会调用一次，可以在 onLoad()函数的参数中获取打开当前页面路径中的参数。onShow()函数在页面显示/切入前台时触发。onReady()函数在页面初次渲染完成时触发。一个页面只会调用一次，表示页面已经准备妥当，可以和视图层进行交互。onHide()函数在页面隐藏 / 切入后台时触发。onUnload()函数在页面卸载时触发。

3．页面事件处理函数

onPullDownRefresh()函数用于监听用户下拉刷新事件，需要在 app.json 文件的 window 选项中或页面配置中开启 enablePullDownRefresh()。可以通过 wx.startPullDownRefresh()触发下拉刷新，调用该函数后触发下拉刷新动画，效果与用户手动下拉刷新一致。当数据刷新后，可以通过 wx.stopPullDownRefresh()停止当前页面的下拉刷新。

onReachBottom()函数用于监听用户上拉触底事件，可以在 app.json 文件的 window 选项中或页面配置中设置触发距离 onReachBottomDistance()。在触发距离内滑动期间，本事件只会被触发一次。

onPageScroll(Object object)函数用于监听用户滑动页面事件。只有在需要时才在 page 中定义此方法，不要定义空方法，以减少不必要的事件触发对渲染层—逻辑层通信的影响。请避免在 onPageScroll()函数中过于频繁地执行 setData()设值函数等会引起逻辑层—渲染层通信的操作，尤其每次传输大量数据，都会影响通信耗时。

onShareAppMessage(Object object)函数用于监听用户点击页面内“分享”按钮（button 组件 open-type="share"）或右上角菜单“分享”按钮的行为，并自定义转发内容。只有定义了此事件处理函数，右上角菜单才会显示“转发”按钮。此事件处理函数需要返回一个对象（Object）类型的 object 参数，用于自定义转发内容，返回值说明如表 2-5 所示。

表 2-5　onShareAppMessage()函数的 object 参数的返回值说明

字段	说明	默认值
title	转发标题	当前微信小程序名称
path	转发路径	当前页面 path，必须是以“/”为开头的完整路径
imageUrl	自定义图片路径，可以是本地文件路径、代码包文件路径或网络图片路径。支持 PNG 及 JPG 格式。显示图片长宽比是 5∶4	使用默认截图

onResize(Object object)函数从基础库 2.4.0 版本开始支持，低版本需要进行兼容处理。在微信小程序屏幕旋转时触发。

onTabItemTap(Object object)函数从基础库 1.9.0 版本开始支持，低版本需要进行兼容处理，在点击 tab 时触发。

2.2.3　数据绑定基本用法

扫一扫

微课：微信小程序的数据绑定

一般在开发微信小程序时，wxml 文件负责页面的构架和展示，如果将要展示的数据直接写在 wxml 文件中，后期就无法对其进行设置和交互。微信小程序的开发思路是把数据写在 js 文件中，通过在 wxml 文件中绑定数据操作来获取数据。

js 文件中的 Page()函数的 data 区域存放的是页面的初始化数据，即在页面的第一次渲染时被调用的数据。数据以“key: value”即“键值对”的方式存放，这也是通用的 JSON 格式。例如，如下代码中的“name: "Jackson"”。

```
1  Page({
2    //页面的初始化数据
3    data: {
4  name: "Jackson",
5  myid: "info",
6  myclass: "item",
7    },
```

wmxl 文件通过 Mustache 语法（即双大括号“{{}}”的数据绑定格式）将 js 文件中的数

据键值对里的键名括起来，就可以在页面渲染时将其对应的值显示出来。例如，“{{name}}”可以作用于wxml文件中内容、组件属性、控制属性、关键字的绑定。

```
1  <view id="{{myid}}">
2    <view class="{{myclass}}">姓名：{{name}}</view>
3  </view>
```

数据绑定还可以用于各种运算。此任务中介绍的是数据绑定的最基本用法，本书后续项目中会详细介绍数据绑定的更多内容。

扫一扫

微课：升级基本信息页面

2.2.4 【任务实施】升级基本信息页面

在2.1节创建的ch2.resume项目中打开pages/info/info.js文件，编辑Page()函数的data区域，设置页面的初始化数据，代码如下。

```
1  // pages/info/info.js
2  Page({
3    /**
4     * 页面的初始化数据
5     */
6    data: {
7      name:'张三',
8      gender:'男',
9      nation:'汉',
10     location:'浙江绍兴',
11     job:'Java/PHP 服务端开发，微信小程序开发，Web 前端开发',
12     phone:'182****7777',
13     email:'zs***66@qq.com',
14     edu:'大专',
15     school:'浙江工业职业技术学院',
16     field:'计算机应用技术',
17     prize:'获国家奖学金 1 次，省政府奖学金 2 次，省大学生程序设计技能大赛二等奖，市大学
生创新创业大赛一等奖'
18   },
19 })
```

其中，第6至18行代码定义页面的初始化数据。

在js文件中定义页面的初始化数据后，就可以在wxml文件中绑定数据。打开/pages/info/info.wxml文件，编辑class类名为“value”的view组件中的内容，将原来直接以文本方式书写的个人信息改为数据绑定的格式，代码如下。

```
1  <!--pages/info/info.wxml-->
2  <!-- 基本信息 -->
3  <view class="section">
4    <image src="../../images/photo.png"></image>
5    <view class="line">
```

```
6      <view class="label">姓名：</view>
7      <view class="value">{{name}}</view>
8    </view>
9    <view class="line">
10     <view class="label">性别：</view>
11     <view class="value">{{gender}}</view>
12   </view>
13   <view class="line">
14     <view class="label">民族：</view>
15     <view class="value">{{nation}}</view>
16   </view>
17   <view class="line">
18     <view class="label">所在地：</view>
19     <view class="value">{{location}}</view>
20   </view>
21 </view>
22 <!-- 求职意向 -->
23 <view class="section">
24   <view class="line">
25     <view class="label">意向：</view>
26     <view class="value w500">{{job}}</view>
27   </view>
28 </view>
29 <!-- 联系方式 -->
30 <view class="section">
31   <view class="line">
32     <view class="label">手机：</view>
33     <view class="value">{{phone}}</view>
34   </view>
35   <view class="line">
36     <view class="label">邮箱：</view>
37     <view class="value">{{email}}</view>
38   </view>
39 </view>
40 <!-- 专业信息 -->
41 <view class="section">
42   <view class="line">
43     <view class="label">学历：</view>
44     <view class="value">{{edu}}</view>
45   </view>
46   <view class="line">
47     <view class="label">学校：</view>
48     <view class="value">{{school}}</view>
49   </view>
```

```
    <view class="line">
      <view class="label">专业：</view>
      <view class="value">{{field}}</view>
    </view>
    <view class="line">
      <view class="label">奖项：</view>
      <view class="value w500">{{prize}}</view>
    </view>
</view>
```

在上述代码中，class 类名为“value”的 view 组件的内容都被改为使用双大括号“{{}}”的数据绑定格式，其中每个双大括号“{{}}”中的内容，都是 js 文件 Page()函数 data 对象中的页面初始化数据的变量名，即键值对中的键名。保存文件，重新编译微信小程序，可以得到如图 2-3 所示的页面。

由图 2-3 可见，页面最终展示的内容就是 js 文件中页面的初始化数据中键值对中的值。这样，就完成了从逻辑层到渲染层的数据绑定。

2.3　任务 3：教育经历页面

2.3.1　任务分析

本任务将建立个人简历中的教育经历页面，并且为了方便对多个页面的访问，建立标签导航。通过学习微信小程序的配置文件 app.json 中的标签导航设置，学生可以掌握自定义函数的基本用法、setData()设值函数的用法，以及 wx:if 条件渲染的基本操作。本书提供了本案例的完整代码，教育经历页面如图 2-4 所示。

由图 2-4 可见，标签导航的外观与大多数原生 App 底端都具备的标签导航栏十分相似，微信小程序通过设置 app.json 文件中的配置选项可以很方便地实现标签导航。

图 2-4　教育经历页面（部分）

2.3.2　数据绑定中的运算

wxml 文件除了可以将 js 文件中的 data 数据绑定到标签之间作为内容进行展示，还可以将其作为组件属性、控制属性、关键字进行绑定，数据绑定选项如表 2-6 所示。另外，还可以在双大括号“{{}}”内进行简单运算，如表 2-7 所示。

表 2-6　数据绑定选项

绑定选项	示例
组件属性	<view id="item-{{id}}"> … </view>
控制属性	<view wx:if="{{condition}}"> … </view>
关键字	<checkbox checked="{{false}}"> … </checkbox> 注意不能直接写成 checked="false"，计算结果是字符串，转成 boolean 类型后代表真值（True）

表 2-7　双大括号内的简单运算

运算类型	示例
三元运算	<view hidden="{{flag?true:false}}"> Hide </view>
数学运算	<view>{{a+b}}+{{c}}</view> 如果 a=1、b=2、c=3，则显示为“3+3”
逻辑判断	<view wx:if="{{length>=5}}"> … </view>
字符串运算	<view>{{"Hello" + name}}</view>
数据路径运算	<view>{{object.key}} {{array[0]}}</view> “.”运算符用于获取对象的属性，“[]”运算符用于获取数组下标

由表 2-6 可知，数据绑定操作可以在 wxml 文件的任何地方，包括标签之间、标签内部、设置选项、判断条件等位置。任何想要自定义设置数据的位置都可以使用双大括号“{{}}”进行数据绑定。由表 2-7 可知，用于数据绑定的双大括号“{{}}”内部也可以进行基本的运算，这样就大大增加了数据绑定的灵活性。

2.3.3　tabBar 导航

扫一扫

微课：微信小程序 tabBar 导航的配置

如果微信小程序是一个多 tab 应用（客户端窗口的底部或顶部有 tab 栏可用于切换页面），则可以通过 tabBar 导航的配置项设置 tab 的表现，以及当 tab 切换时显示的对应页面。标签导航功能是通过在 app.json 文件中增加 tabBar 对象来实现的。tabBar 对象中包含一个 list 数组元素，其中的每个元素就是 tabBar 导航上的一个按钮。tabBar 对象的属性如表 2-8 所示。

表 2-8　tabBar 对象的属性

属性	类型	必填	默认值	说明
color	HexColor	是		tab 的文字默认颜色，仅支持十六进制颜色
selectedColor	HexColor	是		tab 的文字选中时的颜色，仅支持十六进制颜色
backgroundColor	HexColor	是		tab 的背景色，仅支持十六进制颜色
borderStyle	String	否	black	tabBar 对象上边框的颜色，仅支持 black / white

续表

属性	类型	必填	默认值	说明
list	array	是		tab 的列表，详见 list 属性说明，最少配置 2 个 tab、最多配置 5 个 tab
position	String	否	bottom	tabBar 的位置，仅支持 bottom / top

其中 list 接收一个数组，最少配置 2 个 tab、最多配置 5 个 tab。tab 按数组的顺序排序，每个 list 数组元素都是一个对象，其属性如表 2-9 所示。

表 2-9　list 数组元素的属性

属　　性	类　　型	必　　填	说明
pagePath	String	是	页面路径，必须在 Pages()中先定义
text	String	是	tab 上按钮文字
iconPath	String	否	图片路径，icon 大小限制为 40KB，建议尺寸为 81px×81px，不支持网络图片，当 tabBar 对象的 position 属性为 top 时，不显示 icon
selectedIconPath	String	否	被选中时的图片路径，其余与 iconPath 相同

2.3.4　自定义函数

扫一扫

微课：微信小程序的自定义函数

关于自定义函数，按应用场景可以分 4 种情况。

（1）在当前页面的 js 文件中直接定义和使用，这种情况需要注意的是应该先在 Page({...})函数外部定义，再在相关的生命周期函数中使用。

（2）在 app.js 文件中定义，在页面 js 文件中使用。这种函数被称为全局函数。请注意，在使用 app.js 文件中定义的方法或属性时，必须先获取全局变量 var app = getApp()，否则不可以调用函数。

（3）在自定义的工具类中定义。util 文件夹被称为工具包，所以当定义的函数有工具，或者具有格式化等功能时，就可以先放在这里定义，再在页面 js 文件中使用。在 util.js 文件中定义的方法，需要通过 module.exports={'对外方法名':'本地方法名'}将其公开，否则被调用时不能被识别。同时，在页面 js 文件中使用时，需要先通过 require("路径/util.js")函数导入 util.js 文件，再进行调用。

（4）函数绑定事件。在页面的 js 文件的 Page()函数中，可以添加自定义函数，来实现自己想要的各种功能，自定义函数可以通过 bindtap、bindchange、bindfocus 等属性绑定到 wxml 文件的各组件上，来实现点击、改变、获取焦点等操作的事件响应。微信小程序中的事件传递参数比较特殊，不能在绑定事件的同时为事件处理函数传递参数，逻辑层一般通过 event.target.dataset.参数名获取具体参数的值。

2.3.5　设值函数 setData()

使用数据绑定显示在 wxml 文件渲染层的内容，可以通过在自定义函数中调用 setData()设值函数对其值进行设置。setData()设值函数修改的是 js 文件中 data 数据的内容，要对 data 数据进行更改，只能通过 setData()设值函数修改，不能直接赋值。

```
1   Page({
2     data: {
3       name: "Old Name",
4       other: "Other Data"
5     },
6   changeName: function(){
7       this.setData({
8         name: "New Name"
9       })
10    },
```

setData()设值函数是微信小程序开发中使用最频繁的接口，也是最容易引发性能问题的接口。在介绍常见的错误用法前，先简单介绍setData()设值函数背后的工作原理。

目前，微信小程序的视图层使用WebView作为渲染载体，而逻辑层使用独立的JavaScript Core作为运行环境。从框架上来看，WebView和JavaScript Core都是独立的模块，并不具备数据直接共享的通道。当前，视图层和逻辑层的数据传输，实际是通过提供的evaluateJavascript实现的。即用户传输的数据，需要先将其转换为字符串形式进行传递，同时把转换后的数据内容拼接成一份JavaScript脚本，再通过执行JavaScript脚本的形式传递到视图层和逻辑层的独立环境中。而evaluateJavaScript的执行会受很多方面的影响，数据到达视图层并不是实时的。

常见setData()设值函数的操作错误如下。

（1）频繁地调用setData()设值函数。在一些案例里，部分微信小程序会非常频繁（毫秒级）地调用setData()设值函数，这会导致以下两个后果。

Android用户在滑动时会感到页面卡顿，操作反馈延迟严重。这是因为JavaScript线程一直在编译执行渲染，未能及时将用户操作的事件传递到逻辑层，逻辑层也无法及时将操作处理结果传递到视图层。

渲染出现延时情况。由于WebView的JavaScript线程一直处于忙碌状态，逻辑层到页面层的通信耗时增加，当视图层收到数据消息时距离数据消息发出时间已经过去了几百毫秒，渲染的结果并不实时。

（2）每次调用setData()设值函数都会传递大量新数据。由setData()设值函数的底层实现可知，数据传输实际是一次执行evaluateJavaScript脚本过程。当数据量过大时会增加脚本的编译执行时间，占用WebView线程。

（3）后台态页面调用setData()设值函数。当页面进入后台态（用户不可见）时，不应该继续调用setData()设值函数，用户无法感受后台态页面的渲染，另外后台态页面调用setData()设值函数也会占用前台页面的执行线程。

扫一扫

微课：微信小程序条件渲染

2.3.6　条件渲染

1．wx:if、wx:elif和wx:else

在框架中，使用wx:if=""来判断是否需要渲染该条件块，代码如下。

```
1   <view wx:if="{{condition}}"> true </view>
```

也可以使用 wx:elif 和 wx:else 来添加一个 else 块，代码如下。

```
1  <view wx:if="{{length > 5}}"> 1 </view>
2  <view wx:elif="{{length > 2}}"> 2 </view>
3  <view wx:else> 3 </view>
```

2．block wx:if

由于 wx:if 是一个控制属性，需要将它添加到一个标签上。如果要一次性判断多个组件标签，可以使用一个 block 标签将多个组件包装起来，并使用 wx:if 来控制属性。

```
1  <block wx:if="{{true}}">
2    <view> view1 </view>
3    <view> view2 </view>
4  </block>
```

请注意，block 标签并不是一个组件，它仅是一个包装元素，不会在页面中进行任何渲染，只接收控制属性。

3．wx:if 与 hidden 对比

因为 wx:if 中的模板也可能包含数据绑定，所以当切换 wx:if 的条件值时，框架将进行局部渲染的过程，这样就可以确保条件块在条件值切换时被销毁或重新渲染。

同时 wx:if 也是惰性的，如果初始渲染条件为 False，则框架什么也不做；当初始渲染条件第一次为 Ture 时，才开始局部渲染。相比之下，hidden 就简单得多，hidden 始终会被渲染，只简单地控制显示与隐藏。

一般来说，wx:if 有更高的切换消耗，而 hidden 有更高的初始渲染消耗。因此，如果在需要频繁切换条件值的情景下，则使用 hidden 较好；如果在运行时条件值不频繁切换，则使用 wx:if 较好。

扫一扫

微课：构建标签导航

2.3.7 【任务实施】构建标签导航

打开 app.json 文件，编辑 tabBar 内容，设置其属性和 list 数组元素。

```
1   {
2     "pages": [
3       "pages/info/info",
4       "pages/edu/edu",
5       "pages/project/project",
6       "pages/skill/skill",
7       "pages/index/index",
8       "pages/logs/logs"
9     ],
10    "tabBar": {
11      "color": "#8a8a8a",
12      "selectedColor": "#1296db",
13      "backgroundColor": "#e0f0ff",
14      "list": [{
```

```
15        "pagePath": "pages/info/info",
16        "text": "基本信息",
17        "iconPath": "images/icon/info-0.png",
18        "selectedIconPath": "images/icon/info-1.png"
19      },{
20        "pagePath": "pages/edu/edu",
21        "text": "教育经历",
22        "iconPath": "images/icon/edu-0.png",
23        "selectedIconPath": "images/icon/edu-1.png"
24      },{
25        "pagePath": "pages/project/project",
26        "text": "项目经验",
27        "iconPath": "images/icon/project-0.png",
28        "selectedIconPath": "images/icon/project-1.png"
29      },{
30        "pagePath": "pages/skill/skill",
31        "text": "专业技能",
32        "iconPath": "images/icon/skill-0.png",
33        "selectedIconPath": "images/icon/skill-1.png"
34      }]
35    },
36    "window": {
37      "backgroundTextStyle": "light",
38      "navigationBarBackgroundColor": "#fff",
39      "navigationBarTitleText": "Weixin",
40      "navigationBarTextStyle": "black"
41    },
42    "style": "v2",
43    "sitemapLocation": "sitemap.json",
44    "lazyCodeLoading": "requiredComponents"
45  }
```

在上述代码中，第 2 至 9 行代码定义页面路径列表。第 10 至 34 行代码定义 tabBar，其中第 11 至 13 行代码定义 tabBar 的外观属性，color 属性用于指定默认的图标文本颜色，selectedColor 属性用于指定选中的图标文本颜色，backgroundColor 属性用于指定图标区域的背景色。第 14 至 33 行代码是 tabBar 上的 tab 图标列表，当前项目中生成了 4 个图标，每个图标使用 4 行代码进行定义。例如，第 15 至 18 行代码定义“基本信息”图标，这 4 行语句分别表示图标绑定的页面路径、图标下方的说明文字、图标的图片路径、被选中时的图片路径。当前项目的图片保存在 images/icon 目录中。第 36 至 41 行代码设置微信小程序窗口的外观。第 43 行代码设置微信小程序索引文件的路径。

扫一扫

微课：构建教育经历页面

2.3.8 【任务实施】构建教育经历页面

打开/pages/edu/edu.js 文件，编写如下代码，定义 data 数据。

```
1   // pages/edu/edu.js
2   Page({
3     /**
4      * 页面的初始化数据
5      */
6     data: {
7       isCard:true,
8       showOut:true,
9       viewName:'卡片视图',
10      typeName:'所有经历',
11      edus:[{
12        type:'学校',
13        level:'小学',
14        begin:'2007.09',
15        end:'2013.06',
16        org:'绍兴市树人小学',
17        content:'就读'
18      },{
19        type:'学校',
20        level:'初中',
21        begin:'2013.09',
22        end:'2016.06',
23        org:'绍兴市元培中学',
24        content:'就读'
25      },{
26        type:'学校',
27        level:'高中',
28        begin:'2016.09',
29        end:'2019.06',
30        org:'绍兴市阳明中学',
31        content:'就读'
32      },{
33        type:'学校',
34        level:'大学',
35        begin:'2019.09',
36        end:'2022.06',
37        org:'浙江工业职业技术学院',
38        content:'就读于计算机应用技术专业，学习 Java/PHP 程序设计、数据库技术、移动前端
    开发、前端 UI 设计、办公软件高级应用等课程'
39      },{
40        type:'培训机构',
```

```
41        level:'高中',
42        begin:'2019.07',
43        end:'2019.08',
44        org:'绍兴市***信息技术培训中心',
45        content:'参加网页设计与制作暑期短训课程，主要学习 HTML 和 CSS 的基本内容。'
46      },{
47        type:'培训机构',
48        level:'大学',
49        begin:'2021.07',
50        end:'2021.08',
51        org:'杭州***培训公司',
52        content:'参加 Web 前端开发提高班，主要学习 ECharts、Bootstrap 等工具在实际项目
    中的使用。'
53      }]
54    },
```

其中，第 7 行代码定义页面显示方式，用于控制卡片视图和列表视图的切换。第 8 行代码定义页面显示范围，用于控制是否显示校外的教育经历。第 9 行和第 10 行代码定义初始的菜单文字。第 11 至 53 行代码以对象数组的方式分别定义教育经历每个阶段的详细信息，包括 type（类型）、type（层次）、begin 和 end（起止时间）、org（培训机构）、content（内容）等。

打开/pages/edu/edu.wxml 文件，编写如下代码，对内容进行展示。

```
1   <!--pages/edu/edu.wxml-->
2   <view class="menu">
3     <view bindtap="swview">{{viewName}}</view>
4     <view bindtap="swtype">{{typeName}}</view>
5   </view>
6   <view class="{{isCard?'card':'list'}}">
7     <view>{{edus[0].type}}</view>
8     <view>{{edus[0].level}}</view>
9     <view>{{edus[0].begin}}</view>
10    <view>{{edus[0].end}}</view>
11    <view>{{edus[0].org}}</view>
12    <view wx:if="{{!isCard}}">{{edus[0].content}}</view>
13  </view>
14  <view class="{{isCard?'card':'list'}}">
15    <view>{{edus[1].type}}</view>
16    <view>{{edus[1].level}}</view>
17    <view>{{edus[1].begin}}</view>
18    <view>{{edus[1].end}}</view>
19    <view>{{edus[1].org}}</view>
20    <view wx:if="{{!isCard}}">{{edus[1].content}}</view>
21  </view>
22  <view class="{{isCard?'card':'list'}}">
23    <view>{{edus[2].type}}</view>
```

```
24      <view>{{edus[2].level}}</view>
25      <view>{{edus[2].begin}}</view>
26      <view>{{edus[2].end}}</view>
27      <view>{{edus[2].org}}</view>
28      <view wx:if="{{!isCard}}">{{edus[2].content}}</view>
29    </view>
30    <view class="{{isCard?'card':'list'}}">
31      <view>{{edus[3].type}}</view>
32      <view>{{edus[3].level}}</view>
33      <view>{{edus[3].begin}}</view>
34      <view>{{edus[3].end}}</view>
35      <view>{{edus[3].org}}</view>
36      <view wx:if="{{!isCard}}">{{edus[3].content}}</view>
37    </view>
38    <view class="{{isCard?'card':'list'}}" wx:if="{{showOut}}">
39      <view>{{edus[4].type}}</view>
40      <view>{{edus[4].level}}</view>
41      <view>{{edus[4].begin}}</view>
42      <view>{{edus[4].end}}</view>
43      <view>{{edus[4].org}}</view>
44      <view wx:if="{{!isCard}}">{{edus[4].content}}</view>
45    </view>
46    <view class="{{isCard?'card':'list'}}" wx:if="{{showOut}}">
47      <view>{{edus[5].type}}</view>
48      <view>{{edus[5].level}}</view>
49      <view>{{edus[5].begin}}</view>
50      <view>{{edus[5].end}}</view>
51      <view>{{edus[5].org}}</view>
52      <view wx:if="{{!isCard}}">{{edus[5].content}}</view>
53    </view>
```

其中，第 3 行和第 4 行代码用于指定两个菜单项，使用 bindtap 属性绑定了当菜单被点击时事件的处理函数，以数据绑定的方式动态设置菜单项的文字。

第 6 至 53 行代码以数据绑定的方式显示 js 文件 data 对象中的页面初始化数据，注意对象数组的内容的写法。其中，第 6、14、22、30、38、46 行代码使用数据绑定中的三元运算符，用于根据 isCard 变量的值动态设置 class 属性的值为 card 或 list。第 12、20、28、36、44、52 行代码使用 wx:if 条件渲染，用于判断当显示模式为卡片视图，即 isCard 变量值为 True 时，不显示 content 中的内容。第 38 行和第 46 行代码使用 wx:if 条件渲染，用于判断当显示范围为校内教育，即 showOut 变量值为 False 时，不显示这两个模块的内容。

由代码可见，此案例中有大量的重复代码，一旦需要进行调整和修改，就会非常麻烦，2.4 节将会对这个问题进行改进。

打开/pages/edu/edu.wxss 文件，编写样式表，对页面外观进行设置。在卡片视图和列表视图模式下，分别对每个列表项及列表项中各字段的样式进行设置，具体代码参见本书附带的源码，其中使用了 CSS3 的一些新特性，如边框圆角、2D 转换、结构化伪类、伪元素等。

2.3.9 【任务实施】实现按钮逻辑功能

在 pages/edu/edu.wxml 文件中，通过设置菜单项的 view 组件的 bindtap 属性，绑定了两个事件处理函数，这两个函数需要在 pages/edu/edu.js 文件中编写具体代码，以实现其功能。打开 pages/edu/edu.js 文件，在 Page()函数中增加新的自定义函数，代码如下。注意，新增函数的函数体结束的大括号后不要忘记加上逗号，与后面的函数或属性隔开。

```
1   // pages/edu/edu.js
2   Page({
3     data: { //data 区域数据同前，此处省略
4       //……
5     },
6     /**
7      * 切换视图
8      */
9     swview: function (options) {
10      var isCard = this.data.isCard
11      var viewName = this.data.viewName
12      isCard = !isCard
13      viewName = viewName == '卡片视图'?'列表视图':'卡片视图'
14      this.setData({
15        isCard:isCard,
16        viewName:viewName
17      })
18    },
19    /**
20     * 切换教育类型
21     */
22    swtype: function (options) {
23      var showOut = this.data.showOut
24      var typeName = this.data.typeName
25      showOut = !showOut
26      typeName = typeName == '所有经历'?'学校教育':'所有经历'
27      this.setData({
28        showOut:showOut,
29        typeName:typeName
30      })
31    },
32    /**
33     * 生命周期函数用于监听页面加载
34     */
```

```
35    onLoad: function (options) {
36    },
37
```

其中，第 3 至 5 行代码是页面的初始化数据，与前面介绍的代码相同，此处省略。第 28 至 32 行代码为页面的生命周期函数，此处只是节选，第 33 行后面的代码中还有很多的生命周期函数及事件处理函数。

第 6 至 18 行代码中的函数用于实现切换视图的功能，可以在卡片视图和列表视图之间进行切换。通过修改当前页面中的 isCard 变量，并判断 isCard 变量的值，设置对应的菜单项的文字内容，即 viewName 变量的值。最后通过 setData()设值函数将 isCard 和 viewName 的值更新。

第 19 至 31 行代码的作用类似上面代码的操作，通过逻辑判断，重设 showOut 页面和 typeName 属性的值，从而切换校外培训的两条记录的展示。

保存文件重新编译后，页面如图 2-4 所示，在用户点击（触摸）页面顶端菜单区域的两个菜单项 “卡片视图 / 列表视图”和“所有经历 / 学校教育”时能够正常响应并切换。

2.4 任务 4：项目经验页面

2.4.1 任务分析

本任务将建立个人简历中的项目经验页面，介绍微信小程序的 wx:for 列表渲染的基本操作，以及 JSON 数据交换格式的基础知识和基本用法。本书提供了本案例项目的完整代码，项目经验页面如图 2-5 所示。

图 2-5　项目经验页面（部分）

由图 2-5 可见，每个项目经验的展示内容和展示格式都是固定的，如果将每个项目经验的展示代码都写一遍，会产生大量的重复代码，与 2.3 节中教育经历页面的 wxml 文件代码一样。本节将介绍 wx:for 列表渲染，并使用类似循环语句的方式，实现一组同类型多个数据的重复渲染。

2.4.2　JSON 数据

扫一扫

微课：微信小程序的 JSON 数据

JSON 是指 JavaScript 对象表示法（JavaScript Object Notation），是一种轻量级的基于文本的开放标准，用于设置可读的数据交换。JSON 格式最初由 Douglas Crockford 提出，使用 RFC 4627 描述。JSON 的官方网络媒体类型是 application/json。JSON 格式的文件扩展名为“.json”。

1．JSON 使用范围

- 用于编写 JavaScript 应用程序，包括浏览器扩展和网站。
- 用于通过网络连接序列化和传输结构化数据。
- 用于在服务器和 Web 应用程序之间传输数据。
- 用于为 Web 服务和 API 提供公用数据。
- 用于现代编程语言。

2．JSON 特点

- JSON 容易阅读和书写。
- 它是一种轻量级的基于文本的交换格式。
- 与语言无关。

3．JSON 的语法

JSON 的语法可以被视为 JavaScript 语法的一个子集，包括以下内容。

- 数据使用键值对表示。
- 每个键名后面跟着一个冒号“:”。
- 使用大括号“{}”保存对象，对象中多个键值对使用逗号“,”分隔。
- 使用方括号“[]”保存数组，数组值使用“,”（逗号）分隔。
- 数据之间使用逗号“,”分隔。

4．JSON 数据类型

JSON 作为 JavaScript 的一个子集，支持的数据类型与 JavaScript 类似，有数字、字符串、布尔值、对象、数组、空值，如表 2-10 所示。

表 2-10　JSON 数据类型

类型名称	类型	说明
数字	number	JavaScript 中的整型或浮点型格式
字符串	String	双引号包裹的 UTF-8 字符和反斜杠转义字符
布尔值	boolean	True 或 False
对象	Object	在“{}”中书写无序的 key: value
数组	array	在“[]”中书写的有序的 JSON 数据类型 value 序列
空值	null	空

微信小程序的配置文件和页面配置文件都是 JSON 文件格式的，另外，微信小程序的 js 文件中的初始化数据 data，一般也使用 JSON 格式来书写。

2.4.3 列表渲染

1. wx:for

在组件中可以使用 wx:for 控制属性绑定一个数组，即可以使用数组中的各项数据重复渲染该组件。默认数组的当前项下标变量名默认为 index，数组当前项的变量名默认为 item，代码如下。

```
1   <!--在 wxml 文件中-->
2   <view wx:for="{{array}}">
3     {{index}}: {{item.message}}
4   </view>
5
6   //在 js 文件中
7   Page({
8     data: {
9       array: [{
10        message: 'foo',
11      }, {
12        message: 'bar'
13      }]
14    }
15  })
```

上述代码来自两个文件，为方便排版放在一起。其中，第 6 至 15 行代码在 js 文件的页面初始化数据 data 中定义了一个 array 数组，数组的元素是两个对象，每个对象对应一个属性。第 2 至 4 行代码在 wxml 文件中使用 wx:for 绑定 array 数组，并通过绑定依次渲染数组中的每个元素，在每次渲染时，当前数组的下标默认使用 index 变量来进行访问，当前数组元素默认使用 item 变量来进行访问。

如果不使用默认的 index 和 item 变量，则可以使用 wx:for-item 指定数组当前元素的变量名，使用 wx:for-index 指定数组当前下标的变量名，代码如下。

```
1   <view wx:for="{{array}}" wx:for-index="i" wx:for-item="n">
2     {{i}}: {{n.message}}
3   </view>
```

wx:for 的用法与编程语言中的 for 循环语句类似。wx:for 可以嵌套，如下代码可以渲染出一个九九乘法表（需要结合样式表进行排版布局）。

```
1   <view wx:for="{{[1, 2, 3, 4, 5, 6, 7, 8, 9]}}" wx:for-item="i">
2     <view wx:for="{{[1, 2, 3, 4, 5, 6, 7, 8, 9]}}" wx:for-item="j">
3       <view wx:if="{{i <= j}}">
4         {{i}} * {{j}} = {{i * j}}
```

```
5        </view>
6      </view>
7    </view>
```

2．block wx:for

block wx:for 与 block wx:if 的用法类似，也可以用在 block 标签上，用于渲染一个包含多节点的结构块，代码如下。

```
1    <block wx:for="{{[1, 2, 3]}}">
2      <view> {{index}}: </view>
3      <view> {{item}} </view>
4    </block>
```

3．wx:key

如果在列表中项目的位置动态改变，或者有新的项目添加到列表中，并且希望列表中的项目保持自己的特征和状态（如 input 中的输入内容、switch 的选中状态），则需要使用 wx:key 来指定列表中项目的唯一标识符。

wx:key 的值有如下两种形式。

- 字符串，代表在 for 循环的 array 中 item 的某个属性，该属性的值是列表中唯一的字符串或数字，且不能动态改变。
- 保留关键字*this，代表在 for 循环中的 item，这种形式需要 item 本身是一个唯一的字符串或数字。

当数据改变触发渲染层重新渲染时，会校正带有 key 的组件，框架会确保它们被重新排序，而不是重新创建，以确保组件保持自身的状态，并且提高列表渲染时的效率。

如果不提供 wx:key，则提示一个警告；如果明确知道该列表是静态的，或者不需要关注其顺序，则可以选择忽略。

4．注意事项

如果在书写代码时粗心大意，绑定数组名时忘记加双大括号“{{}}”，wx:for 的值则不再是数组，而是数组名字符串。当 wx:for 的值为字符串时，会将字符串解析成字符串数组，代码如下。

```
1    <view wx:for="array">
2      {{item}}
3    </view>
```

等同于：

```
1    <view wx:for="{{['a','r','r','a','y']}}">
2      {{item}}
3    </view>
```

另外，双大括号与其外面的引号之间不要有空格。如果双大括号与引号之间有空格，空格将被解析成字符串，代码如下。

```
1    <view wx:for="{{[1,2,3]}} ">
2      {{item}}
3    </view>
```

等同于：

```
<view wx:for="{{[1,2,3] + ' '}}" >
  {{item}}
</view>
```

2.4.4 【任务实施】构建项目经验页面

扫一扫

微课：构建项目经验页面

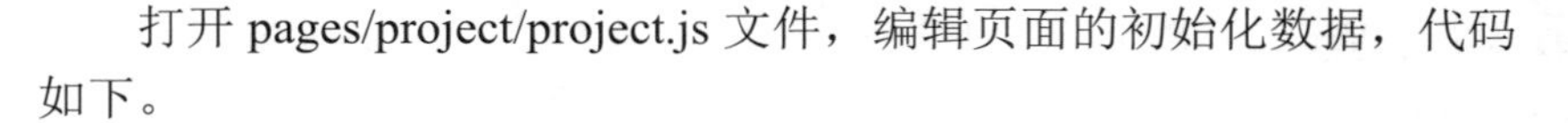

打开 pages/project/project.js 文件，编辑页面的初始化数据，代码如下。

```
// pages/project/project.js
Page({
  /**
   * 页面的初始化数据
   */
  data: {
    projects:[{
      time:'2018.7-2018.8',
      title:'静态个人主页项目',
      content:'使用 HTML 和 CSS 制作静态页面，综合运用 HTML 元素和 CSS 样式设置，和对网站目录结构的综合管理。',
      group:'独立完成'
    },{
      time:'2020.4-2020.7',
      title:'Java 在线考试系统',
      content:'综合运用 Java I/O 流、集合类、GUI 等知识技能，实现一个基于 Java 的图形界面的考试系统。',
      group:'独立完成'
    },{
      time:'2020.10-2021.2',
      title:'校园爱心伞项目',
      content:'后台使用 PHP+MySQL，前端使用微信小程序，实现一个校园爱心雨伞借用分享平台。',
      group:'合作完成，负责微信小程序开发'
    },{
      time:'2021.11-2021.12',
      title:'基于 PHP 的爱心助农网上商城',
      content:'基于 XAMPP、ThinkPHP 框架，实现一个功能完整的在线商城。',
      group:'独立完成'
    },{
      time:'2021.12-2022.5',
      title:'基于 Spring Boot 的“幸福苑”智慧小区平台',
      content:'基于 Spring Boot 框架、MySQL 数据库、微信小程序，实现一个智慧小区的管理平台，毕业设计课题。',
```

```
31          group:'合作完成，负责数据库和后台的开发'
32        }]
33      },
```

上述代码基本按照 JSON 的语法书写，只是 key:value 中的 key 没有加双引号。其中，第 7 至 33 行代码定义数组 projects，数组的元素是对象，每个对象包含 4 个 key:value，分别定义了 time（时间）、title（项目名称）、content（项目内容）、group（项目团队），即每个对象有 4 个属性。

打开 pages/project/project.wxml 文件，编写渲染层代码，代码如下。

```
1   <!--pages/project/project.wxml-->
2   <view wx:for="{{projects}}" wx:key="*this" class="item">
3     <view class="time">{{item.time}}</view>
4     <view class="title">{{item.title}}</view>
5     <view class="content">{{item.content}}</view>
6     <view class="group">{{item.group}}</view>
7   </view>
```

其中，第 2 行代码使用 wx:for 绑定数组 projects，指定 wx:key 属性为*this 以防出现警告，并设置样式类名 class 属性为 item 以便在样式表中使用。第 3 至 6 行代码分别使用默认的表示当前元素的变量 item 来调用数组中每个对象的 4 个属性。

打开 pages/project/project.wxss 文件，编写代码，设置渲染层样式。具体代码参考本书附带的源码，其中使用 CSS3 标准的::before 伪元素、CSS3 动画，这些 CSS3 的代码在 wxss 文件中是能够被正常渲染的。

2.5　任务 5：专业技能页面

2.5.1　任务分析

本任务将建立个人简历中的专业技能页面，介绍微信小程序的模板和引用操作。本书提供了本案例的完整代码，专业技能页面如图 2-6 所示。

图 2-6　专业技能页面

由图 2-6 可见，每个专业技能展示内容的格式都是固定的，因此可以先定义好一组展示内容的格式，将其作为一个模板，再套用到其他具有相同格式的模块上去。

2.5.2　微信小程序模板

扫一扫

微课：微信小程序模板

WXML 提供模板（template）功能，对于一些共用的、复用的代码，可以先在模板中定义代码片段，再在不同的位置调用这些代码，以达到

“一次编写，多次直接使用”的效果。

例如，在购物类的微信小程序展示商品的页面中，每件商品的展示方式都是相同的，此时就可以将一件商品的展示代码定义为模板，通过调用该模板就能展示所有商品了。

1．定义模板

在 wxml 文件中，使用 template 标签定义代码片段，使用 name 属性设置模板的名字，代码如下。

```
1  <template name="msgItem">
2    <view>
3      <text> {{index}}: {{msg}} </text>
4      <text> Time: {{time}} </text>
5    </view>
6  </template>
```

其中，第 1 行和第 6 行代码表明这一段代码片段是一个名为“msgItem”的模板。第 2 至 5 行代码给出了几个元素的一种展示布局。

2．使用模板

在 wxml 文件中，使用 template 标签的 is 属性，声明需要使用的模板，并传入模板需要的 data 数据，代码如下。

```
1  <template is="msgItem" data="{{...item}}"/>
```

对应的 js 文件的 data 数据代码如下。

```
1  Page({
2    data: {
3      item: {
4        index: 0,
5        msg: 'this is a template',
6        time: '2015-09-15'
7      }
8    }
9  })
```

template 标签的 is 属性可以使用三元运算语法，来动态地决定具体需要渲染的模板，代码如下。

```
1  <template name="odd">
2    <view> odd </view>
3  </template>
4  <template name="even">
5    <view> even </view>
6  </template>
7
8  <block wx:for="{{[1, 2, 3, 4, 5]}}">
9    <template is="{{item % 2 == 0 ? 'even' : 'odd'}}"/>
10 </block>
```

其中，第 1 至 6 行代码分别定义名为“odd”和“even”的两个模板。第 8 行代码定义一个列表渲染，在数组[1,2,3,4,5]中依次调用每个元素。第 9 行代码通过一个三元运算符来调用不同的模板。

3．模板的作用域

模板拥有自己的作用域，只能作用于 data 传入的数据，以及模板定义文件中定义的 wxs（微信小程序脚本语言）模块。

2.5.3　引用模板和页面

template 模板定义和调用语句可以放在同一个 wxml 文件中，也可以放在不同的文件中。为了方便在多个页面中调用模板，一般会将模板放在单独的页面中。在其他页面中调用模板时，则需要使用引用功能先将模板文件引用到当前页面中。

WXML 提供两种文件引用方式：import 和 include。两者的区别在于：import 引用的是模板文件，include 引用的是除 template 模板区域外的整个文件。

1．import 引用

import 可以在当前文件中使用被引用的目标文件中定义的 template 模板。例如，在/pages/template/template.wxml 文件中定义一个名为“item”的 template 模板，代码如下。

```
1  <!-- /pages/template/template.wxml -->
2  <template name="item">
3    <text>{{text}}</text>
4  </template>
```

在/pages/index/index.wxml 文件中引用 template.wxml 文件，可以使用 item 模板，代码如下。

```
1  <import src="../template/template.wxml"/>
2  <template is="item" data="{{text: 'forbar'}}"/>
```

import 有作用域的概念，即 import 只会作用于目标文件中定义的 template 模板，而不会作用于目标文件 import 的 template 模板。

例如，C import B，B import A，即在 C 模板中可以使用 B 模板定义的 template 模板，在 B 模板中可以使用 A 模板定义的 template 模板，但是 C 模板不能使用 A 模板定义的 template 模板，代码如下。

```
1  <!-- a.wxml -->
2  <template name="A">
3    <text> A template </text>
4  </template>
```

在 b.wxml 文件中引用 a.wxml 文件，能够正常使用 A 模板，代码如下。

```
1  <!-- b.wxml -->
2  <import src="a.wxml"/>
3  <template name="B">
```

```
4    <text> B template </text>
5  </template>
```

在 c.wxml 文件中引用 b.wxml 文件，能够正常使用 B 模板，但是无法使用 A 模板，因为 A 模板并不是直接写在 b.wxml 文件中的，代码如下。

```
1  <!-- c.wxml -->
2  <import src="b.wxml"/>
3  <template is="A"/>  <!-- 出错，因为在 b.wxml 文件中没有 A 模板 -->
4  <template is="B"/>
```

2．include 引用

include 可以将目标文件除<template/>模板代码和<wxs/>微信小程序脚本语言代码外的整个代码引入，相当于直接把目标文件中的代码复制到 include 位置，代码如下。

```
1  <!-- index.wxml -->
2  <include src="header.wxml"/>
3  <view> body </view>
4  <include src="footer.wxml"/>
```

在 header.wxml 文件中编写如下代码。

```
1  <!-- header.wxml -->
2  <view> header </view>
```

在 footer.wxml 文件中编写如下代码。

```
1  <!-- footer.wxml -->
2  <view> footer </view>
```

最终效果是在 index.wxml 文件中依次显示 header、body、footer。

2.5.4 【任务实施】构建模板文件的定义模板

扫一扫

微课：使用模板构建专业技能页面

在 pages 目录中，新建 template 目录；在 template 目录中，新建 template.wxml 文件，编辑/pages/template/template.wxml 文件，编写如下模板代码。

```
1  <template name="skill">
2    <view class="type">{{type}}</view>
3    <view class="list">
4      <view wx:for="{{details}}" class="detail">{{item}}</view>
5    </view>
6  </template>
```

其中，第 1 行代码声明一个名为“skill”的模板。第 2 至 6 行代码定义该模板对应的对象的属性、渲染布局，以及指定相应的样式表选择器，以便在 wxss 文件中定义其样式。

在模板中一般只指定 wxml 文件的布局，不直接定义外观样式。例如，在 index.wxml 文件中使用 template.wxml 文件里的模板，对页面外观进行控制，wxss 文件中的代码可以写在 index.wxss 文件里。如果写在 template.wxss 文件中，则除了需要在 index.wxml 文件中使用 import 语句引用模板，还需要在 index.wxss 文件中使用 import 语句引用 template.wxss 文件。

2.5.5 【任务实施】调用模板构建专业技能页面

打开/pages/skill/skill.js 文件，编写如下代码定义页面的初始化数据。

```
1   // pages/skill/skill.js
2   Page({
3     /**
4      * 页面的初始化数据
5      */
6     data: {
7       skills:[{
8         type:'后端技能',
9         details:[
10          'Java 基础扎实',
11          '熟悉 PHP 语言',
12          '熟悉 SpringBoot、ThinkPHP 等后端框架',
13          '熟悉 MySQL、Redis 等数据库开发技术',
14          '使用过 Git 进行版本管理',
15          '熟练使用 Eclipse、VSCode 等开发工具'
16        ]
17      },{
18        type:'前端技能',
19        details:[
20          '熟悉 HTML5/CSS3/JavaScript/jQuery 等前端技术',
21          '熟练使用 VUE、微信小程序等前端框架进行项目开发',
22          '熟练使用 VSCode、HBuilderX 等开发工具',
23          '使用过 uni-app 前端框架',
24          '使用过 BootStrap、ECharts 等前端工具包'
25        ]
26      },{
27        type:'外语技能',
28        details:[
29          '大学英语四级',
30          '有一定的日语功底',
31          '自学过法语，能进行简单的日常对话'
32        ]
```

```
33      }]
34    },
```

上述代码中，定义了一个 skills 数组，数组的每个元素都是用来表示一组技能的对象，对象的两个属性分别对应模板中绑定的两个属性，其中一个属性是具体技能的数组，因此在模板中使用 wx:for 列表渲染对数组的内容进行渲染。

打开/pages/skill/skill.wxml 文件，编写如下代码调用模板进行布局。

```
1   <!--pages/skill/skill.wxml-->
2   <import src='../template/template'></import>
3
4   <view wx:for="{{skills}}" class="section">
5     <template is="skill" data="{{...item}}"></template>
6   </view>
```

其中，第 2 行代码使用 import 语句引用 template/template.wxml 模板文件。第 4 行代码使用 wx:for 列表渲染对 skills 数组中的每个元素进行列表渲染。第 5 行代码使用 template 模板的 is 属性指定模板名为“skill”，并指定数据源为 skills 数组列表中的每个对象。在{{...item}}中前面 3 个点为 ES6 语法的扩展运算符，可以将对象或数组解构并赋值。如果直接使用{{item}}，则需要在引用模板的数据时加上对象名，如{{item.type}}；如果使用{{...item}}，则在模板中可以直接使用{{type}}。

打开/pages/skill/skill.wxss 文件，编写代码，对样式进行设置。具体代码可以参考本书附带的源码，分别设置模板中每个组成部分的宽度、背景色、内外边距、边框、字体等属性，其中使用::before、::after 伪元素为页面中的元素添加一些装饰效果，语法和 CSS3 基本相同，此处不再赘述。

2.6 学习成果

本项目通过实现一个简单的个人简历微信小程序，系统地介绍了微信小程序的框架，涉及的内容较多，同学们需要重点掌握如下内容。

（1）了解微信小程序的目录结构，理解框架全局文件、工具类文件、框架页面文件的使用方法。

（2）学会配置窗口导航栏及底部导航标签。

（3）了解微信小程序注册程序的应用，以及生命周期函数的意义和使用方法。

（4）掌握微信小程序注册页面的使用方法，包括页面的初始化数据、生命周期函数、页面相关事件处理函数和 setData()设值函数的使用方法。

（5）掌握微信小程序绑定数据的操作。

（6）掌握微信小程序条件渲染和列表渲染的使用方法。

（7）掌握微信小程序模板的定义和引用操作。

2.7　巩固训练与创新探索

一、填空题

1．微信小程序的公共样式表文件为____________。

2．微信小程序的____________生命周期函数用于监听微信小程序的初始化，一旦初始化完成就会触发该函数，且在微信小程序执行过程中只会触发一次。

3．设值函数____________用于将数据从逻辑层发送到视图层，同时改变对应的 this.data 的值。

4．在列表渲染中，数组当前项的下标变量名默认为____________，数组当前项的变量名默认为____________。

5．WXML 提供两种文件引用方式，其中____________用于引用除 template 模板外的整个 wxml 文件。

二、判断题

1．微信小程序中的 JavaScript 和 HTML 中的一样，都可以进行 DOM 操作。（　　）

2．数据绑定可以动态设置 wxml 文件中的样式类名，以及 class 属性的值。（　　）

3．页面生命周期函数 onHide()用于监听页面的隐藏事件。（　　）

4．可以通过在 app.json 文件中删除 pages 数组里的项来直接删除页面。（　　）

5．wx:if 条件渲染只能判断单个条件，不能判断多个条件。（　　）

三、选择题

1．以下不属于微信小程序框架全局文件的是（　　）。

A．app.js　　B．app.wxss　　C．app.json　　D．app.properties

2．页面 js 文件的 data 对象中定义了 data:{year:2022}，在 wxml 文件中下列代码渲染结果为“2023”的是（　　）。

A．{{year}}　　B．{{year + ‘1’}}　　C．{{year + 1}}　　D．{{‘year’ + 1}}

3．以下不属于页面生命周期函数的是（　　）。

A．onLoad()　　B．onReady()　　C．onShow()　　D．onPlay()

4．在页面 js 文件的 data 对象中定义了 data:{stu:{name:"张三",score:75}}，下列代码的渲染结果为“及格”的是（　　）。

A．<view wx:if="{{score>60}}">及格</view>

B．<view wx:if="{{score>=60}}">及格</view>

C．<view wx:if="{{stu.score>=60}}">及格</view>

D．<view wx:if="{{stu.score<60}}">不及格</view>

5．关于 setData()设值函数的说法，不正确的是（　　）。

A．setData()设值函数用于将数据从逻辑层发送到视图层

B．setData()设值函数会改变对应的 this.data 的值

C．setData()设值函数的参数是一个对象，以 key:value 的形式将 this.data 中 key 对应的值改成 value 的值

D．setData()设值函数一次只能修改一个 key 的值

四、创新探索

1．我校毕业班的几位同学发起了共享雨伞的项目，使用了微信小程序的平台。请帮他们实现以下功能：通过 app.json 文件新建 4 个页面——index（首页）、buildings（教学楼）、comments（评论）、mine（我的），并将它们添加到 tabBar 导航栏中，在 iconfont 网站上选用适当的图标，设置默认图标和文字的颜色为深灰色，被选中的图标和文字颜色为绿色。

2．在上一题的 buildings 页面中，如果需要展示共享点编号、教学楼名称、共享点位置、共享雨伞数量等信息，则可以使用列表渲染。请使用列表渲染在 buildings 页面上展示如下信息：GX01，2～3 号教学楼，一楼过道，30 把；GX02，4～5 号教学楼，一楼东侧入口，40 把；GX03，3～4 号实训楼，一楼西侧大厅，40 把；GX04，行政楼，一楼大厅，10 把。

2.8 职业技能等级证书标准

在与本项目内容有关的微信小程序开发“1+X”职业技能等级证书标准中，初级和中级微信小程序开发职业技能等级要求节选分别如表 2-11、表 2-12 所示。

表 2-11　微信小程序开发职业技能等级要求（初级）节选

工作领域	工作任务	职业技能要求
3. 微信小程序开发	3.1 微信小程序目录结构管理	3.1.1 能了解微信小程序的概念、技术发展 3.1.2 能理解微信小程序和普通网页开发的区别 3.1.3 能理解微信小程序 JSON 配置的功能 3.1.4 能掌握微信小程序 JSON 配置中全局配置、工具配置、页面配置的功能 3.1.5 能掌握微信小程序 WXML 模板的功能 3.1.6 能掌握 WXML 与 HTML 的区别 3.1.7 能掌握微信小程序 WXSS 样式的功能 3.1.8 能掌握微信小程序 JavaScript 逻辑交互的功能
	3.2 微信小程序宿主环境管理	3.2.1 能了解微信小程序的运行环境 3.2.2 能理解微信小程序中渲染层、逻辑层的概念 3.2.3 能理解微信小程序中程序、页面的概念 3.2.4 能理解微信小程序中组件的概念 3.2.5 能熟悉微信小程序中 API 的概念
	3.3 微信小程序开发	3.3.1 能掌握微信小程序的开发框架 3.3.2 能掌握逻辑层和视图层的概念 3.3.3 能理解数据绑定、事件的概念 3.3.4 能熟悉 WXML 语法 3.3.5 能熟悉 WXS 语法 3.3.6 能编写简单的微信小程序 3.3.7 能调试简单的微信小程序 3.3.8 能基本读懂微信小程序代码

表2-12 微信小程序开发职业技能等级要求（中级）节选

工作领域	工作任务	职业技能要求
3. 微信小程序开发	3.1 微信小程序目录结构管理	3.1.1 能掌握微信小程序全局配置 app.json 文件中 page、window 等配置项的作用 3.1.2 能熟练阅读和编辑 page、window、tabbar 等常见字段 3.1.3 能熟练阅读和编辑工具配置 project.config.json 文件 3.1.4 能熟练阅读和编辑页面配置 page.json 文件 3.1.5 能掌握微信小程序自定义组件的概念、组件开发、组件间通信及组件生命周期管理

项目 3

微信小程序的常用组件

微信小程序为开发者提供了大量的组件，可以使用这些组件构建各种类型的微信小程序页面。与 HTML/CSS 开发相比，微信小程序组件的使用方法更加简单。本项目将通过实现一个功能比较简单的工具箱小程序，来介绍微信小程序常用组件和表单组件的基本用法，以及一些简单的 JavaScript 编程，从而使学生了解微信小程序开发的基本思路。

【教学导航】

知识目标	1．了解微信小程序的组件的概念 2．掌握视图容器组件 view、movable-view、scroll-view 的常用属性 3．掌握基础内容组件 icon、progress、text、rich-text 的常用属性 4．掌握页面导航组件 navigator 的常用属性和页面路由管理 5．了解 map 和 cover-view 组件的常用属性 6．熟悉 form 和 checkbox 组件的常用属性 7．熟悉 Flex 布局方式、rpx 尺寸单位和 WXSS 新特性
能力目标	1．掌握微信小程序组件的基本用法 2．掌握使用视图容器组件和 Flex 布局方式对页面设计布局 3．掌握使用基础内容组件展示更丰富的页面内容 4．掌握 WXSS 新特性的用法 5．掌握表单的设计和数据提交、处理的基本操作 6．熟悉页面导航、地图和画布组件的基本操作
素质目标	1．通过变量、函数、属性等标识符命名规则的约定，以及代码在书写时缩进、换行、注释等书写规则的约定，让学生体会并认识到代码规范的重要性，更进一步认识到标准在现代文明中的意义和重要性 2．通过编写休闲游戏相关的任务代码，引导学生思考工作和休闲之间的关系，应当张弛有度，一味地高强度工作将“弦绷得太紧”，人会垮掉；一味地放松、耽于享乐会无所作为。要正确处理工作和休闲之间的关系
关键词	组件，表单，WXSS，Flex 布局，视图容器，页面导航

3.1　任务 1：计算器

3.1.1　任务分析

本任务将通过开发一个简易的计算器页面，介绍 view 组件和 Flex 布局的基本用法。本书提供了本案例的完整代码，计算器页面如图 3-1 所示。

由图 3-1 可见，计算器页面由显示区域和按钮区域两部分组成，按钮区域又可以分为功能按钮、数字按钮和运算符按钮。所有按钮都可以使用 view 组件来实现，可以使用 bindtap 属性来绑定按钮的事件处理函数。使用 Flex 布局方式可以方便、快捷地得到规整且适应性强的页面布局。

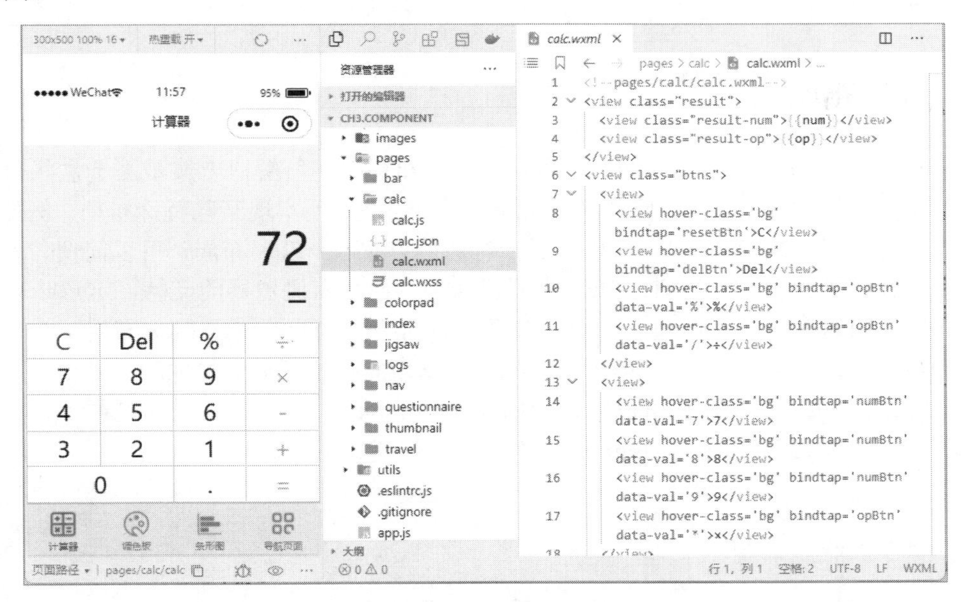

图 3-1　计算器页面

素质小课堂：

微信小程序可以成为工作、学习的小帮手，也可以成为休闲、娱乐的小伙伴。工作和休闲的关系，也是人们长期关心和探讨的问题。有人认为，休闲就是浪费时间，应该把休闲的时间也用于工作，从而为社会创造更多的价值。

科学研究表明，长时间连续地工作，大脑会疲劳，人的工作效率会下降，注意力会降低。适当的休闲能让人的生理、心理得到放松，让大脑得到休息，使人能够以更好的状态投入更高效的工作中去。

《礼记・杂记下》云："一张一弛，文武之道也。"在忙碌的学习和工作之余，不妨培养一些有益身心的兴趣，阅读书籍、欣赏音乐、演奏乐器、体育锻炼，都是不错的选择。休闲是人生万里长征中的驿站，万里航行的港湾。我们要把每次休息，当作下一步工作的动力，为下一步的冲刺做好补充与准备。

3.1.2 view 组件

微课：微信小程序 view 组件

view 组件是微信小程序中最基础的组件，它是一种视图容器组件，与 HTML 里的 div 标签功能类似，用于页面的布局。微信小程序有 3 种 view 组件，分别是 view、scroll-view 和 swiper，后两种组件将在后续的案例中详细讲解。

view 组件的常用属性如表 3-1 所示。

表 3-1 view 组件的常用属性

属性	类型	默认值	说明
hover	boolean	False	是否启用点击态
hover-class	String	none	被按下时的样式。当 hover-class = "none" 时，没有点击态效果
hover-start-time	number	50	被按住后出现点击态的时间，单位为 ms
hover-stay-time	number	400	被松开后点击态的保留时间，单位为 ms

3.1.3 Flex 布局

网页布局（Layout）是 CSS 的一个重点应用。布局的传统解决方案是基于盒状模型的，依赖于“display 属性 +position 属性 +float 属性”，但不方便实现某些特殊布局。例如，垂直居中就不容易实现。2009 年，W3C 提出了一种新的方案——Flex 布局，可以简便、完整、响应式地实现各种页面布局。目前，Flex 布局已经得到了所有浏览器的支持，这意味着现在能够很安全地使用这项功能。在微信小程序的页面布局中，也能够使用 Flex 布局。

Flex 是 Flexible Box 的缩写，即弹性布局，可以为盒状模型提供最大的灵活性，可以指定任何一个容器为 Flex 布局，也可以指定行内元素为 Flex 布局。注意，在设置 Flex 布局后，子元素的 float、clear 和 vertical-align 属性将失效，代码如下。

```
1  .box{
2      display: flex;
3  }
4  .red{
5      display: inline-flex;
6  }
```

采用 Flex 布局的元素被称为 Flex 容器（Flex container），简称容器。容器的所有子元素自动成为容器成员，被称为 Flex 项目（Flex item），简称项目。容器默认存在两条轴：水平的主轴（main axis）和垂直的交叉轴（cross axis）。主轴的开始位置（与边框的交叉点）被称为 main start，结束位置被称为 main end；交叉轴的开始位置被称为 cross start，结束位置被称为 cross end。项目默认沿主轴排列。单个项目占据的主轴空间被称为 main size，占据的交叉轴空间被称为 cross size，如图 3-2 所示。

Flex 容器的常用属性有 6 个，如表 3-2 所示。

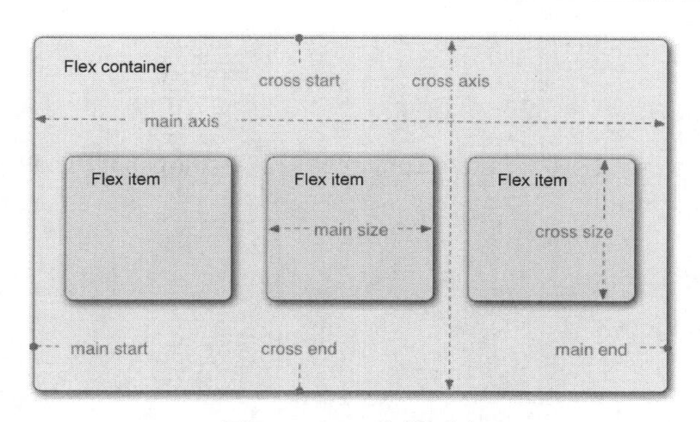

图 3-2　Flex 容器示意

表 3-2　Flex 容器的常用属性

属性	说明
flex-direction	用于定义主轴的方向（即容器中项目的排列方向），可用值有 row（默认）、row-reverse、column、column-reverse
flex-wrap	用于定义当一条轴排不下项目时的换行方式，可用值有 nowrap（默认）、wrap、wrap-reverse
flex-flow	flex-direction 和 flex-wrap 属性的简写形式，默认值为 row nowrap
justify-content	用于定义项目在主轴上的对齐方式，可用值有 flex-start（默认）、flex-end、center、space-between、space-around
align-items	用于定义项目在交叉轴上的对齐方式，可用值有 flex-start（默认）、flex-end、center、baseline、stretch
align-content	用于定义项目在多条轴上的对齐方式。如果容器只有一根轴线，则该属性不起作用。可用值有 flex-start（默认）、flex-end、center、space-between、space-around、stretch

Flex 项目的常用属性有 6 个，如表 3-3 所示。

表 3-3　Flex 项目的常用属性

属性	说明
order	用于定义项目的排列顺序，数值越小的项目越靠前，默认为 0
flex-grow	用于定义项目的放大比例，默认为 0，即存在剩余空间不放大
flex-shrink	用于定义项目的缩小比例，默认为 1，即当空间不足时该项目将缩小
flex-basis	用于定义在分配多余空间之前，项目占据的主轴空间（main size）。浏览器根据这个属性计算主轴是否有多余空间。默认值为 auto，即项目本来的大小
flex	flex 属性是 flex-grow、flex-shrink 和 flex-basis 的简写，默认值为 0 1 auto。后两个属性可选
align-self	允许单个项目与其他项目的对齐方式不同，可以覆盖容器的 align-items 属性。默认值为 auto，用于表示继承父元素的 align-items 属性

3.1.4　自定义数据

在组件节点中可以附加一些自定义数据。这样，在事件中可以获取这些自定义的节点数据，用于事件的逻辑处理。在 WXML 中，这些自定义数据以“data-”开头，多个单词由连字符“-”连接。在这种写法中，连字符“-”会被转换为驼峰写法；大写字符会被自动转换为小写字符。例如：

- data-element-type，最终会呈现为 event.currentTarget.dataset.elementType。
- data-elementType，最终会呈现为 event.currentTarget.dataset.elementtype。

代码如下。

```
<!--在 wxml 文件中的代码-->
<view data-alpha-beta="1" data-alphaBeta="2" bindtap="bindViewTap">
 DataSet Test
</view>

/**在 js 文件中的代码*/
Page({
  bindViewTap:function(event){
    event.currentTarget.dataset.alphaBeta === 1 //连字符“-”会转换为驼峰写法
    event.currentTarget.dataset.alphabeta === 2 // 大写字符会转换为小写字符
  }
})
```

3.1.5 【任务实施】构建计算器页面

扫一扫

微课：实现计算器功能

创建一个新项目，打开 app.json 文件，创建 calc、colorpad、bar、nav、jigsaw、travel、questionnaire、thumbnail 共 8 个页面的路径代码，设置 tabBar 导航页面为 calc、colorpad、bar、nav 这 4 个页面，并选择合适的按钮创建标签导航，代码如下。

```
{
  "pages": [
    "pages/calc/calc",
    "pages/colorpad/colorpad",
    "pages/bar/bar",
    "pages/nav/nav",
    "pages/jigsaw/jigsaw",
    "pages/travel/travel",
    "pages/questionnaire/questionnaire",
    "pages/thumbnail/thumbnail",
    "pages/index/index",
    "pages/logs/logs"
  ],
  "window": {
    "backgroundTextStyle": "light",
    "navigationBarBackgroundColor": "#fff",
    "navigationBarTitleText": "Weixin",
    "navigationBarTextStyle": "black"
  },
  "tabBar": {
    "color": "#8a8a8a",
    "selectedColor": "#1296db",
```

```
23      "backgroundColor": "#e0f0ff",
24      "list": [{
25        "pagePath": "pages/calc/calc",
26        "text": "计算器",
27        "iconPath": "images/tabbar/calc-0.png",
28        "selectedIconPath": "images/tabbar/calc-1.png"
29      },{
30        "pagePath": "pages/colorpad/colorpad",
31        "text": "调色板",
32        "iconPath": "images/tabbar/palette-0.png",
33        "selectedIconPath": "images/tabbar/palette-1.png"
34      },{
35        "pagePath": "pages/bar/bar",
36        "text": "条形图",
37        "iconPath": "images/tabbar/bar-0.png",
38        "selectedIconPath": "images/tabbar/bar-1.png"
39      },{
40        "pagePath": "pages/nav/nav",
41        "text": "导航页面",
42        "iconPath": "images/tabbar/nav-0.png",
43        "selectedIconPath": "images/tabbar/nav-1.png"
44      }]
45    },
46    "style": "v2",
47    "sitemapLocation": "sitemap.json",
48    "lazyCodeLoading": "requiredComponents"
49  }
```

当前任务即计算器页面在 calc 页面中的实现。编辑页面的 calc.json 文件可以配置导航栏的标题和颜色，代码如下。

```
1  {
2    "navigationBarBackgroundColor": "#fff",
3    "navigationBarTitleText": "计算器",
4    "navigationBarTextStyle": "black"
5  }
```

1．总体布局

在 calc.wxml 文件中，编写显示区域和按钮区域的外层代码，代码如下。

```
1  <view class="result"></view>
2  <view class="btns"></view>
```

在 calc.wxss 文件中，使用 Flex 布局编写页面总体布局的样式，代码如下。

```
1  page{
2    display: flex;
```

```
3    flex-direction: column;
4    height: 100%;
5  }
6  .result{
7    flex:1;
8    background: #f0f9ff;
9  }
10 .btns{
11   flex:1;
12 }
```

其中，第 2 行代码在 page（整体页面）容器中使用 Flex 布局。第 3 行代码设置 Flex 容器中项目的排列方向。第 4 行代码设置容器的高度为整个屏幕的高度，并在第 7 行和第 11 行代码中设置项目的 flex 属性值为 1，因为 flex 属性是 flex-grow、flex-shrink 和 flex-basis 的简写，所以实际上是设置了 flex-grow 属性为 1，flex-shrink 和 flex-basis 分别使用默认值 1 和 auto，实现结果区域和按钮区域 2 个 view 组件对整个页面高度的等分。

2．详细布局

在 calc.wxml 文件中编写按钮区域的代码，代码如下。其中，hover-class 属性表示当前组件作为按钮被按下时的外观样式，data-val 表示以 dataset 自定义数据的方式将当前按钮绑定的值传输给逻辑层的 JavaScript 代码。

```
1  <view class="btns">
2    <view>
3      <view hover-class='bg' bindtap='resetBtn'>C</view>
4      <view hover-class='bg' bindtap='delBtn'>Del</view>
5      <view hover-class='bg' bindtap='opBtn' data-val='%'>%</view>
6      <view hover-class='bg' bindtap='opBtn' data-val='/'>÷</view>
7    </view>
8    <view>
9      <view hover-class='bg' bindtap='numBtn' data-val='7'>7</view>
10     <view hover-class='bg' bindtap='numBtn' data-val='8'>8</view>
11     <view hover-class='bg' bindtap='numBtn' data-val='9'>9</view>
12     <view hover-class='bg' bindtap='opBtn' data-val='*'>×</view>
13   </view>
14   <view>
15     <view hover-class='bg' bindtap='numBtn' data-val='4'>4</view>
16     <view hover-class='bg' bindtap='numBtn' data-val='5'>5</view>
17     <view hover-class='bg' bindtap='numBtn' data-val='6'>6</view>
18     <view hover-class='bg' bindtap='opBtn' data-val='-'>-</view>
19   </view>
20   <view>
21     <view hover-class='bg' bindtap='numBtn' data-val='3'>3</view>
22     <view hover-class='bg' bindtap='numBtn' data-val='2'>2</view>
23     <view hover-class='bg' bindtap='numBtn' data-val='1'>1</view>
```

```
24      <view hover-class='bg' bindtap='opBtn' data-val='+'>+</view>
25    </view>
26    <view>
27      <view hover-class='bg' bindtap='numBtn' data-val='0'>0</view>
28      <view hover-class='bg' bindtap='dotBtn' data-val='.'>.</view>
29      <view hover-class='bg' bindtap='opBtn' data-val='='>=</view>
30    </view>
31  </view>
```

在 calc.wxss 文件中编写按钮区域的样式，具体代码参考本书附带的源码。在代码中使用 Flex 布局，实现了在按钮区域容器中的所有按钮自动平分宽度和高度。注意，按钮区域（view）在整个页面中是 Flex 容器中的项目，而按钮区域则是包含了所有按钮项目的容器。

另外，由于计算器页面中按钮的前 4 行有 4 条右边框线（border-right），而第 5 行（即按钮“0”所在的行）只有 3 条右边框线，这会导致边框线无法上下对齐，出现错位。因此需要设置“box-sizing: border-box;”使边框作为元素宽度、高度的一部分。

接下来在 calc.wxml 文件中编写结果区域的代码，代码如下。

```
1  <view class="result">
2    <view class="result-num">{{num}}</view>
3    <view class="result-op">{{op}}</view>
4  </view>
```

在 calc.js 文件的 data 中定义 num 和 op 的初始化数据，代码如下。

```
1    data: {
2      num:'0',
3      op:''
4    },
```

保存以上代码并运行，页面效果如图 3-1 所示。

3.1.6 【任务实施】实现计算功能

在本任务中设计的计算器的功能很简单，就是实现两个操作数和一个运算符，因此其逻辑代码也很简单，重点是要区分好当前的状态，即当前是显示输入数字的状态，还是显示运算结果的状态。在 calc.js 文件中编写代码，实现数字按钮和运算符按钮的事件处理函数，代码如下。

```
1    result:null,
2    isClear:false,
3    numBtn:function(e){
4      var num = e.target.dataset.val
5      if(this.data.num === '0' || this.isClear){
6        this.setData({num:num})
7        this.isClear = false
8      }else{
9        this.setData({num:this.data.num+num})
```

```
10        }
11      },
12      opBtn:function(e){
13        var op = this.data.op
14        var num = Number(this.data.num)
15        this.setData({op:e.target.dataset.val})
16        if(this.isClear){
17          return
18        }
19        this.isClear = true
20        if(this.result === null){
21          this.result = num
22          return
23        }
24        if(op === '+'){
25          this.result = this.result + num
26        } else if (op === '-') {
27          this.result = this.result - num
28        } else if (op === '*') {
29          this.result = this.result * num
30        } else if (op === '/') {
31          this.result = this.result / num
32        } else if (op === '%') {
33          this.result = this.result % num
34        }
35        this.setData({num: this.result+''})
36      },
```

在上述代码中，result 用于保存运算结果；isClear 用于区分在输入数字的状态下，是继续显示当前数字还是替换当前数字。其中，第 16 至 18 行代码用于避免重复运算。

在 calc.js 文件中编写小数点“.”按钮、退格“DEL”按钮和重设“C”按钮的事件处理函数，代码如下。

```
1       dotBtn:function(){
2         if(this.isClear){
3           this.setData({num: '0.'})
4           this.isClear=false
5           return
6         }
7         if(this.data.num.indexOf('.')>=0){
8           return
9         }
10        this.setData({num: this.data.num+'.'})
11      },
12      delBtn:function(){
```

```
13      var num=this.data.num.substr(0,this.data.num.length - 1)
14      this.setData({num: num===''?'0':num})
15    },
16    resetBtn:function(){
17      this.result=null
18      this.isClear=false
19      this.setData({ num:'0', op:'' })
20    },
```

保存以上代码并运行，测试计算器能否实现计算功能。

3.2 任务 2：调色板

3.2.1 任务分析

本任务将通过开发一个简易的调色板页面，介绍 slider 组件的基本用法和 Web 前端开发中 RGB 颜色值的使用，使学生了解 switch 组件的用法。本书提供了本案例的完整代码，调色板页面如图 3-3 所示。

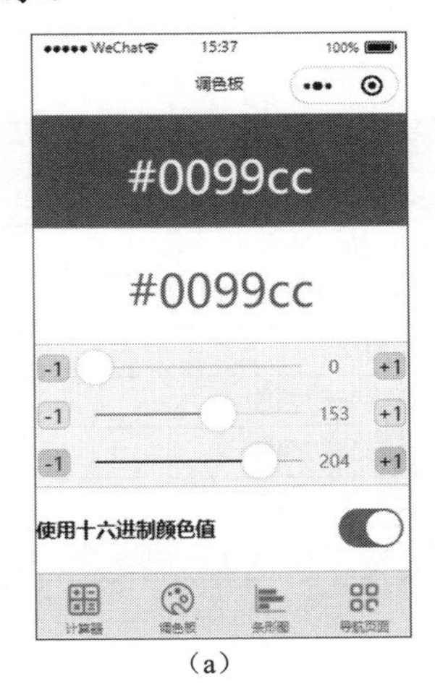

（a）

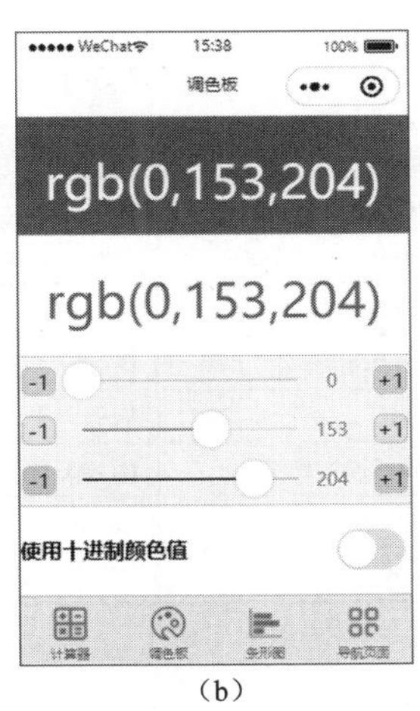

（b）

图 3-3　调色板页面

由图 3-3 可见，调色板页面由上、下两个区域组成，为了更方便地描述这两个区域，将其分别命名为“outer”和“inner”。

在调色板页面结构中，outer 区域用于显示调配好的 RGB 颜色，分别以背景色和前景色的方式展示，并显示出当前 RGB 颜色的代码（默认为十六进制的表示方式）。

inner 区域用于调整 RGB 颜色的 R（Red，红色）、G（Green，绿色）、B（Blue，蓝色）颜色分量，使用 slider 组件大致定位，并使用“+1”和“-1”按钮对数值进行微调。另外，使用一个 switch 组件切换颜色值的显示方式。

在此页面中，依然使用 Flex 布局方式对页面进行布局，由于 Flex 布局方式灵活且功能强大，在一般情况下，微信小程序的页面布局都会用到 Flex 布局方式。

3.2.2 RGB 颜色表示法

在 Web 前端开发中，一般使用 RGB 颜色表示法表示颜色值，其中 R、G、B 分别是 Red（红色）、Green（绿色）、Blue（蓝色）的首字母。红色、绿色、蓝色被称为三原色，在各种显示屏幕上被广泛应用。调节亮度并搭配这 3 种颜色的颜色值，可以表示出其他颜色。

在 Web 前端开发中，颜色值最多能表示 16 777 216 种颜色，可以使用 256 位红色、绿色、蓝色的颜色值（0～255），以及 00～ff 的十六进制数字来表示，一般不区分大小写。例如，#ff0000 表示纯红色，#ffff00 表示纯黄色，#000000 表示黑色，#ffffff 表示白色等。

有时也会使用三位十六进制数字来表示颜色值，当这 3 种颜色值都是“叠字”时，可以将每种颜色值省略为一位。例如，以上 4 种颜色可以分别表示为#f00、#ff0、#000、#fff。

可以使用十进制来表示 RGB 颜色，用法为 rgb(r,g,b)。例如，以上 4 种颜色可以分别表示为 rgb(255,0,0)、rgb(255,255,0)、rgb(0,0,0)、rgb(255,255,255)。

3.2.3 slider 组件

扫一扫

微课：微信小程序常用组件 1

slider（滑动选择器）组件经常用来控制声音的大小、屏幕的亮度等场景，它可以用于设置滑动步长，设置最大 / 最小值，以及设置显示当前值。slider 组件的常用属性如表 3-4 所示。

表 3-4　slider 组件的常用属性

属性	类型	默认值	说明
min	number	0	最小值
max	number	100	最大值
step	number	1	步长，取值必须大于 0，并且可以被(max−min)整除
value	number	0	当前值
color	color	#e9e9e9	背景条的颜色
selected-color	color	#1aad19	已选择的颜色
show-value	boolean	False	是否显示当前值
bindchange	eventHandle		完成一次拖动后触发的事件，event.detail = {value:value}

3.2.4 switch 组件

switch（开关选择器）组件有两个状态：打开或关闭。在很多场景中都会用到这个组件，一般在设置页面时用得最多，通过 switch 组件来设置各种选项的打开 / 关闭状态十分方便，编写代码也很简单。switch 组件的常用属性如表 3-5 所示。

表 3-5　switch 组件的常用属性

属性	类型	默认值	说明
checked	boolean	False	是否被选中
type	String	switch	switch 和 checkbox 组件的样式

续表

属性	类型	默认值	说明
color	color		组件的颜色
bindchange	eventHandle		完成一次拖动后触发的事件，event.detail = {value:value}

3.2.5 【任务实施】构建调色板页面

扫一扫

微课：实现调色板功能

调色板页面在 3.1.5 节中的 colorpad 页面中实现。编辑页面的 colorpad.json 文件可以设置导航栏的标题和颜色，代码如下。

```
1  {
2    "navigationBarBackgroundColor": "#fff",
3    "navigationBarTitleText": "调色板",
4    "navigationBarTextStyle": "black"
5  }
```

1．总体布局

在 colorpad.wxml 文件中，编写显示区域和按钮区域的外层代码，代码如下。

```
1  <view class="outer"></view>
2  <view class="inner"></view>
```

在 colorpad.wxss 文件中使用 Flex 布局方式，编写页面总体布局的样式，代码如下。

```
1   page{
2     display: flex;
3     flex-direction: column;
4     height: 100%;
5   }
6   .outer{
7     flex:1;
8   }
9   .inner{
10    flex:1;
11  }
```

上述代码通过 Flex 布局方式来实现 outer 和 inner 两个区域的等分。

2．详细布局

在 colorpad.wxml 文件中编写颜色展示区域（即 outer 区域）的代码，代码如下。

```
1  <view class="outer">
2    <view style="color:{{bgcolor}};background:{{color}};">
3      {{color}}
4    </view>
5    <view style="color:{{color}};background:{{bgcolor}};">
6      {{color}}
7    </view>
8  </view>
```

在上述代码中，将 outer 区域分为上下两部分，通过数据绑定，使用调色板生成的颜色作为上面部分的背景色及下面部分的前景色，并将颜色值的十六进制或十进制代码分别显示在这两个部分中。其中，第 2 行和第 5 行代码中的 bgcolor 是通过计算获取的对比度较大的颜色值。

在 colorpad.wxss 文件中编写颜色展示区域的外观代码，代码如下。

```
1   .outer{
2     flex:1;
3     display: flex;
4     flex-direction: column;
5     border-bottom: 1rpx solid #ccc;
6   }
7   .outer > view{
8     flex:1;
9     text-align: center;
10    padding-top:20pt;
11    font-size: 28pt;
12  }
```

其中，第 3 行和第 4 行代码设置颜色展示区域中的 Flex 布局方式为垂直方向分布。第 7 至 12 行代码设置 outer 区域的上、下两部分等分颜色展示区域，并设置颜色展示区域的下边框、文本对齐方式、字体大小、内边距等。

接下来在 colorpad.wxml 文件中编写颜色控制区域（即 inner 区域）的代码，代码如下。

```
1   <view class="inner">
2     <view class="red-ctrl">
3       <view hover-class='bg' bindtap='numBtn' data-val='r-1'>-1</view>
4       <slider min='0' max='255' step='1' bindchange='sliderChange'
    value='{{red}}' data-val='r' show-value='true' color='#f00' />
5       <view hover-class='bg' bindtap='numBtn' data-val='r+1'>+1</view>
6     </view>
7     <view class="green-ctrl">
8       <view hover-class='bg' bindtap='numBtn' data-val='g-1'>-1</view>
9       <slider min='0' max='255' step='1' bindchange='sliderChange'
    value='{{green}}' data-val='g' show-value='true' color='#0f0' />
10      <view hover-class='bg' bindtap='numBtn' data-val='g+1'>+1</view>
11    </view>
12    <view class="blue-ctrl">
13      <view hover-class='bg' bindtap='numBtn' data-val='b-1'>-1</view>
14      <slider min='0' max='255' step='1' bindchange='sliderChange'
    value='{{blue}}' data-val='b' show-value='true' color='#00f' />
15      <view hover-class='bg' bindtap='numBtn' data-val='b+1'>+1</view>
16    </view>
17    <view>
18      <label>{{hexLabel}}</label>
```

```
19      <switch type='switch' checked bindchange='switchChange' />
20    </view>
21  </view>
```

在上述代码中，分别为红色、绿色、蓝色放置了一个 slider 组件和两个作为按钮的 view 组件。slider 组件用于在 0～255 之间随意滑动取值；两个按钮则用于绑定自定义函数，对颜色值进行细微的调整。第 19 行代码提供一个 switch 组件，指定自定义函数切换颜色值的表示方式。

接下来在 colorpad.wxss 文件中编写颜色控制区域的外观代码，具体代码参见本书附带的源码。在代码中，通过 Flex 布局方式对 view 组件、slider 组件、标签、switch 组件的位置进行设置，使红色、绿色、蓝色颜色分量的控制条分别放置在一行中，每行中的 view 组件被尽量缩小，放置在 slider 组件的两端，标签和 switch 组件则放置在 slider 组件的最下端。

保存以上代码并运行，页面效果如图 3-3 所示。

3.2.6 【任务实施】实现调色板功能

本任务中设计的调色板的功能很简单，先分别设置三原色的颜色分量，再将其组合成一种颜色值。重点在于如何判定颜色的深浅，以及如何在十进制格式和十六进制格式之间转换颜色值。

首先，在 colorpad.js 中编写代码，定义绑定的初始化数据及全局变量，代码如下。

```
1   // pages/colorpad/colorpad.js
2   Page({
3     data: {
4       color:"#000000",       //前景色
5       bgcolor:"#ffffff",     //背景色
6       red:'0',
7       green:'0',
8       blue:'0',
9       hexLabel:"使用十六进制格式的颜色值"
10    },
11    isHex:true,              //十六进制格式的颜色值开关
```

在上述代码中，data 初始化数据区域定义了几个变量，分别是 color（前景色）、bgcolor（背景色）、三原色的颜色分量，以及配合 switch 组件使用的 label 标签的文字内容。第 11 行代码定义一个 boolean 类型变量，用于判断当前显示的颜色值是十进制格式的还是十六进制格式的。

然后，设置将十进制格式颜色值转换为十六进制格式颜色值的自定义函数 toHex()，以及设置前景色、背景色的自定义函数 setColor()，代码如下。

```
1     toHex:function(num){
2       var str = ""
3       if(num<16){
4         str = "0"+num.toString(16)
5       }else{
```

```
6          str = num.toString(16)
7        }
8        return str
9      },
10     setColor:function(){
11       var rr = this.data.red     //获取前景色为红色的颜色分量
12       var gg = this.data.green   //获取前景色为绿色的颜色分量
13       var bb = this.data.blue    //获取前景色为蓝色的颜色分量
14       var dark =(Number(rr)+Number(gg)+Number(bb))<383//判断前景色亮度
15       var str= ""
16   if(this.isHex){
17   //若十六进制格式的颜色值开关打开，则将前景色的颜色值转换为#rrggbb 的十六进制格式
18         str = "#" + this.toHex(Number(rr)) + this.toHex(Number(gg)) +
     this.toHex(Number(bb))
19         this.setData({color:str})
20       }else{ //若十六进制格式的颜色值开关关闭，则将前景色的颜色值转换为 rgb(r,g,b)的十
21   进制格式
22         str= "rgb("+rr+","+gg+","+bb+")"
23         this.setData({color:str})
24       }
25       if(dark){ //根据前景色亮度设置背景色为黑色或白色
26         this.setData({bgcolor:"#ffffff"})
27       }else{
28         this.setData({bgcolor:"#000000"})
29       }
     },
```

其中，第 1 至 9 行代码将 0～255 的十进制数字转换为两位十六进制数字，不满两位的，左边补 0。第 10 至 29 行代码设置前景色和背景色，其中第 18 行代码将前景色的颜色值转换为十六进制格式，第 21 行代码把前景色的颜色值转换为十进制格式。

为了使背景色和前景色的对比更加鲜明，第 14 行代码判断前景色亮度。红色、绿色、蓝色 3 种颜色的最大值都是 255，三者之和为 765，三者之和的一半为 383，在此处判断颜色值三者之和大于 383 的颜色为较浅的颜色，反之则为较深的颜色。第 24 至 28 行代码根据前景色设置背景色，当前景色为较深的颜色时，将背景色设置为白色（#ffffff），反之则设置为黑色（#000000）。

再编写 slider 组件的事件监听函数 sliderChange()，代码如下。

```
1     sliderChange: function (e) {
2       var rgb = e.target.dataset.val
3       if (rgb === 'r') {
4         this.setData({ red: e.detail.value })
5         this.setColor()
6       } else if (rgb === 'g') {
7         this.setData({ green: e.detail.value })
8         this.setColor()
```

```
9      } else if (rgb === 'b') {
10       this.setData({ blue: e.detail.value })
11       this.setColor()
12     }
13   },
```

其中，第 2 行代码获取 colorpad.wxml 文件中通过 data-val 属性设置的 dataset 数据，用于判断哪个组件触发了时间响应。第 3 至 12 行代码用于判断哪个颜色值的 slider 组件被更改，并修改数值，通过 setData()设值函数设置相应的颜色值。

接着，编写 6 个颜色值的微调按钮的事件监听函数 numBtn()，代码如下。

```
1    numBtn:function(e){
2      var step = e.target.dataset.val
3      if(step === 'r-1'){
4        if (this.data.red <= 1) {
5          this.setData({ red: 0 })
6        } else {
7          this.setData({ red: this.data.red - 1 })
8        }
9      } else if (step === 'r+1') {
10       if (this.data.red >= 254) {
11         this.setData({ red: 255 })
12       } else {
13         this.setData({ red: Number(this.data.red) + 1 })
14       }
15     } else if (step === 'g-1') {
16       if (this.data.green <= 1) {
17         this.setData({ green: 0 })
18       } else {
19         this.setData({ green: this.data.green - 1 })
20       }
21     } else if (step === 'g+1') {
22       if (this.data.green >= 254) {
23         this.setData({ green: 255 })
24       } else {
25         this.setData({ green: Number(this.data.green) + 1 })
26       }
27     }else if (step === 'b-1') {
28       if (this.data.blue <= 1) {
29         this.setData({ blue: 0 })
30       } else {
31         this.setData({ blue: this.data.blue - 1 })
32       }
33     } else if (step === 'b+1') {
34       if (this.data.blue >= 254) {
```

```
35            this.setData({ blue: 255 })
36          } else {
37            this.setData({ blue: Number(this.data.blue) + 1 })
38          }
39        }
40        this.setColor()
41      },
```

其中，第 2 行代码获取 colorpad.wxml 文件中通过 data-val 属性设置的 dataset 数据，用于判断哪个按钮触发了时间响应。第 3 至 39 行代码实现颜色值增加 1 或减少 1 的微调操作。当某颜色的值已经为 0 时，按下“-1”按钮则该颜色的值仍为 0；当某颜色的值已经为 255 时，按下“+1”按钮则该颜色的值仍为 255；在其他情况下，按下按钮则正常加 1 或减 1。第 40 行代码调用自定义的颜色设置函数将更改后的颜色值更新到前景色 color 属性中。

最后，编写 switch 组件的时间监听函数 switchChange()，代码如下。

```
1     switchChange:function(e){
2       if(e.detail.value){
3         this.isHex = true
4         this.setColor()
5         this.setData({hexLabel:"使用十六进制格式的颜色值"})
6       }else{
7         this.isHex = false
8         this.setColor()
9         this.setData({ hexLabel: "使用十进制格式的颜色值" })
10      }
11    },
```

其中，第 2 行代码用于判断 switch 组件的状态。第 3 行和第 7 行代码先根据 switch 组件的状态设置全局变量 isHex 的值，再调用自定义的颜色设置函数 setColor()，根据当前 isHex 变量的值重新输出对应格式的颜色值。第 5 行和第 9 行代码设置标签上显示的文字，使其与当前的 switch 组件的状态保持一致。

保存文件并运行，页面如图 3-3 所示，其中 slider 组件、switch 组件，以及使用 view 组件 bindtap 属性的按钮都能正常工作。

3.3　任务 3：动态条形图

3.3.1　任务分析

本任务将通过开发一个简易的动态条形图小游戏的页面，介绍 process 组件的基本用法。本书提供了本案例的完整代码，动态条形图页面如图 3-4 所示。

由图 3-4 可见，页面底端有 1 个 switch 组件和 3 个按钮。上面的大部分屏幕空间排列着 12 个进度条。点击页面底端的按钮，上方进度条的颜色和长度会发生相应变化。

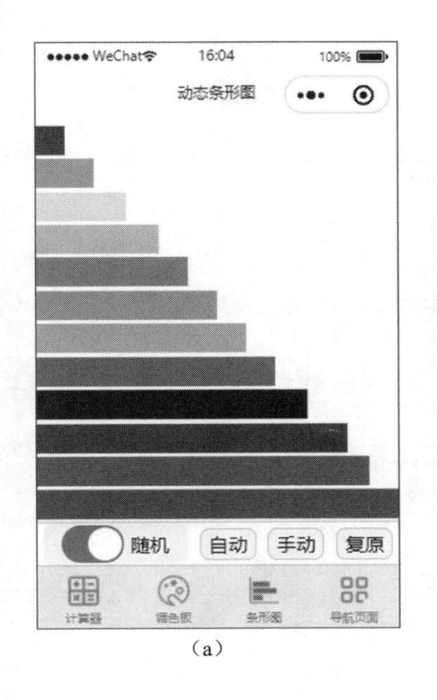

（a）

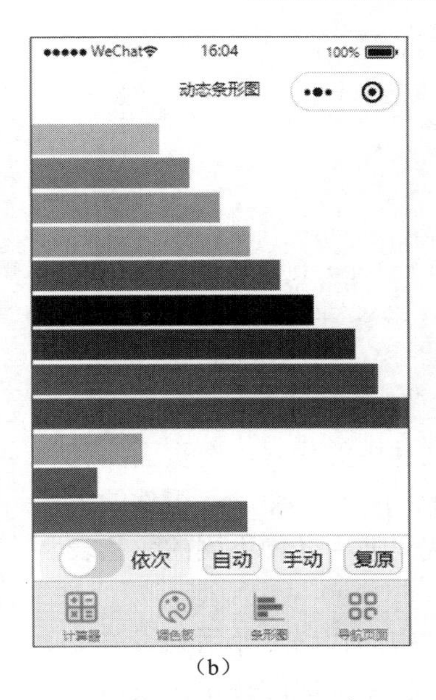

（b）

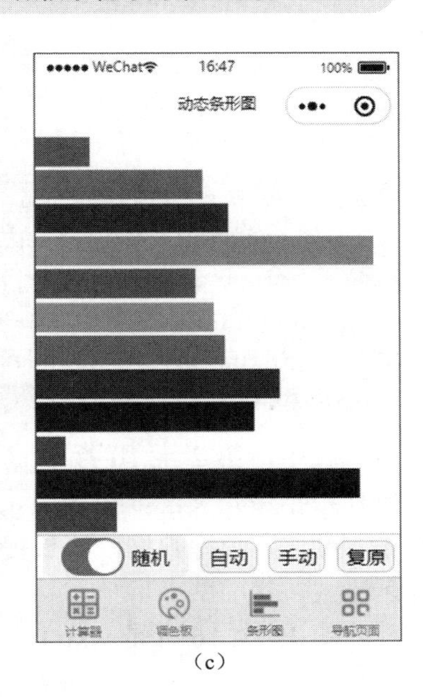

（c）

图 3-4　动态条形图页面

3.3.2　icon 组件

扫一扫

微课：微信小程序常用组件 2

微信小程序提供了丰富的图标组件，icon（图标）组件，可用于不同的场景，有成功、警告、提示、取消、下载等不同含义。

icon 组件有 3 个属性：图标的类型（type）、图标的大小（size）和图标的颜色（color），如表 3-6 所示。

表 3-6　icon 组件的属性

属性	类型	默认值	说明
type	String		图标的类型，有效值有 success、success_no_circle、info、warn、waiting、cancel、download、search、clear 等
size	number	23	图标的大小，单位为 px
color	color		图标的颜色，同 CSS 的 color

如下代码展示了 icon 组件的使用方法。

```
1  //js 文件中的代码
2    data: {
3      iconSize: [50, 50, 50, 70, 70, 70, 90, 90, 90],
4      iconColor: [
5        '#ff0000', '#f90', '#09f', 'rgb(0,255,255)', 'rgb(0,192,255)',
   'rgb(192,192,192)', 'green', 'blue', 'purple'
6      ],
7      iconType: [
8        'success', 'success_no_circle', 'info', 'warn', 'waiting', 'cancel',
   'download', 'search', 'clear'
```

```
9        ]
10     },
11
12   <!-- wxml 文件中的代码 -->
13   <block wx:for="{{iconSize}}">
14     <icon size="{{item}}" color="{{iconColor[index]}}"
     type="{{iconType[index]}}"></icon>
15     <view wx:if="{{index%3==2}}"></view>
16   </block>
```

其中，第 2 至 10 行是 js 文件中的代码，在页面的初始化数据中定义了 3 个数组，分别用于存放 icon 组件的大小、颜色、类型数据。第 5 行代码使用几种不同的颜色表示方式。

第 13 至 16 行是 wxml 文件中的代码，使用列表渲染在页面上展示了 9 个 icon 组件，使用页面的初始化数据中 3 个数组的数值对这些 icon 组件进行属性设置。第 15 行代码使用条件渲染在每 3 个图标的后面加上一个换行符。icon 组件的显示效果如图 3-5 所示。

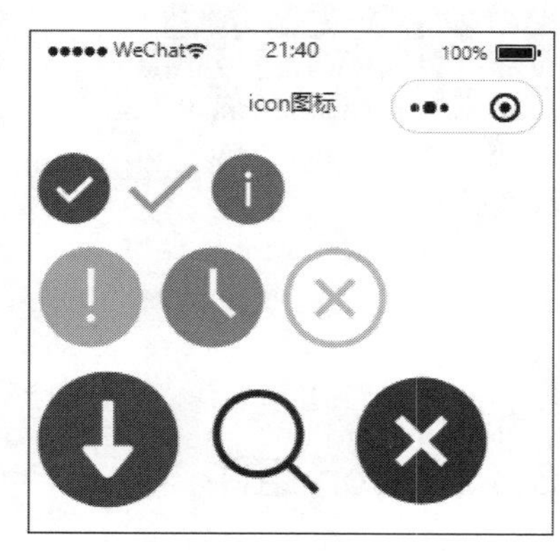

图 3-5　icon 组件的显示效果

3.3.3　progress 组件

微信小程序提供了 progress（进度条）组件，progress 组件能有效提升用户体验度。例如，在播放视频时，可以通过进度条查看完整视频的长度、当前播放的进度；在问卷调查时，可以通过进度条查看一共有多少页面或题目，以及目前答题的进度，使用户能够按照进度合理地安排答题时间。

progress 组件的常用属性如表 3-7 所示。

表 3-7　progress 组件的常用属性

属性	类型	默认值	说明
percent	float	无	进度条百分比，有效值为 0～100
show-info	boolean	False	是否在进度条右侧显示百分比
stroke-width	number	6	进度条的线宽，单位为 px
activeColor	color	#09bb07	进度条已选部分的颜色
backgroundColor	color	#ebebeb	进度条未选部分的颜色
active	boolean	False	是否显示从左到右的动画

3.3.4　text 组件

text 组件用于显示文本，text 组件内只支持 text 组件的嵌套，除 text 节点外的其他节点都无法被长按选中。

text 组件支持转义符“\”，如换行“\n”、空格“\t”等。另外，text 组件属于 inline，即内联元素，可以有多个并列的 text 标签，其内容都在一行内。相对应地，view 组件属于 block，即块元素，每个 view 标签的内容会单独占据一行。

text 组件的常用属性如表 3-8 所示。

表 3-8　text 组件的常用属性

属性	类型	默认值	说明
selectable	boolean	False	判断文本是否可选
space	String		显示连续空格
decode	boolean	Fasle	判断是否解码

其中，space 属性的合法值有 ensp（中文字符的空格的一半大小）、emsp（中文字符的空格大小）、nbsp（根据字体设置的空格大小）。decode 属性的合法值有“ ”“<”“>”“&”“'”“ ”“ ”等转义字符。

3.3.5　rich-text 组件

rich-text（富文本）组件可以在 wxml 页面中显示一些富文本内容，如受信任的 HTML 标签的元素内容。

rich-text 组件有节点列表属性，支持 2 种节点：元素节点和文本节点，可以使用 type 区分。元素节点的构成如表 3-9 所示。

表 3-9　元素节点的构成

属性	类型	作用	说明
name	String	标签名	支持部分受信任的 HTML 标签
attrs	Object	属性	支持部分受信任的属性，不支持 ID
children	array	子节点	结构与 nodes 节点一致

文本节点的内容为 String 类型的字符串，支持受信任的 HTML 标签。如下代码展示了文本节点和元素节点的用法。

```
1  <!--rich-text.wxml-->
2  <view class="page-body">
3    <view class="page-section">
4      <view class="page-section-title">传入 html 字符串</view>
5      <view class="rich-text-wrp">
6        <rich-text nodes="{{text}}"></rich-text>
7      </view>
8    </view>
9    <view class="page-section">
10    <view class="page-section-title">传入 nodes 节点列表</view>
11     <view class="rich-text-wrp">
12       <rich-text nodes="{{nodes}}"></rich-text>
13     </view>
```

```
14    </view>
15  </view>
```

在 js 文件中定义文本节点和元素节点的详细内容，代码如下。

```
1   //rich-text.js
2   Page({
3     data: {
4       text: '<div class="div_class" style="line-height: 60px; color:
5   red;">Hello World!</div>',
6       nodes: [{
7         name: 'div',
8         attrs: {
9           class: 'div_class',
10          style: 'line-height: 60px; color: red;'
11        },
12        children: [{
13          type: 'text',
14          text: 'Hello World!'
15        }]
16      }]
17    },
```

此处省略 wxss 文件中的代码，运行代码，rich-text 组件的显示效果如图 3-6 所示。

图 3-6　rich-text 组件的显示效果

由图 3-6 可见，rich-text 组件可以把 HTML 节点解析出来，按照 HTML 的语法将其内容展示在微信小程序页面上。rich-text 组件的作用就是把后端返回的 HTML 语句显示在微信小程序页面上，如果没有通过 rich-text 组件的解析，则只能以字符串的方式将整句 HTML 代码罗列出来。

扫一扫

微课：实现动态条形图功能

3.3.6 【任务实施】构建动态条形图页面

打开/pages/bar/bar.js 文件，编写页面的初始化数据代码如下。

```
1  // pages/bar/bar.js
2  Page({
3    data: {
4      randMode:"随机",
5      isRand:true,
6      percent:[8,16,25,34,42,50,58,66,75,86,92,100],
7      color:["#f00","#f90","#ff0","#9f0","#0f0",
   "#0f9","#0ff","#09f","#00f","#90f","#f0f","#f09"]
8    },
```

其中，第 6 行和第 7 行代码分别定义可以包含 12 个元素的 2 个数组，以及可以存放 12 个 process 组件的 2 个属性值。接下来，打开/pages/bar/bar.wxml 文件，编写页面展示的代码如下。

```
1  <!--pages/bar/bar.wxml-->
2  <view class="outer">
3    <block wx:for="{{percent}}">
4      <progress percent="{{item}}" activeColor="{{color[index]}}"
   backgroundColor='#fff' stroke-width='25' />
5    </block>
6  </view>
7  <view class="inner">
8    <view>
9      <switch checked='true' bindchange='setRand' />
10     <view>{{randMode}}</view>
11   </view>
12   <view bindtap='autoWave'>自动</view>
13   <view bindtap='manualWave'>手动</view>
14   <view bindtap='resetWave'>复原</view>
15 </view>
```

其中，第 3 至 5 行代码使用 wx:for 列表渲染依次输出了 12 个 process 组件，其 percent 属性和 activeColor 属性分别由 js 文件 data 数据中的两个数组元素赋值，设置每个 process 组件的宽度为 25px。第 9 行代码中的 switch 组件用于设置动画模式是随机的还是顺序的。第 12 至 14 行代码定义 3 个按钮，分别绑定 3 个响应 tap 事件的自定义函数。

接下来，打开/pages/bar/bar.wxss 文件，编写样式代码，具体代码参见本书附带的源码。其中，依然使用 Flex 布局方式对页面进行布局。保存文件并运行，页面如图 3-4 所示。

3.3.7 【任务实施】实现动态条形图功能

首先，打开/pages/bar/bar.js 文件，定义全局变量 timer 和 isTimer，以及用于临时存放 process 组件的 percent、activeColor 属性的数组 p 和 c，代码如下。

```
1  // pages/bar/bar.js
2  var timer
3  var isTimer = false
```

```
4    Page({
5      data: {
6        randMode:"随机",
7        isRand:true,
8        percent:[8,16,25,34,42,50,58,66,75,86,92,100],
9        color:["#f00","#f90","#ff0","#9f0","#0f0","#0f9",
     "#0ff","#09f","#00f","#90f","#f0f","#f09"]
10     },
11     p: [8, 16, 25, 34, 42, 50, 58, 66, 75, 86, 92, 100],
12     c: ["#f00", "#f90", "#ff0", "#9f0", "#0f0", "#0f9",
     "#0ff", "#09f", "#00f", "#90f", "#f0f", "#f09"],
```

其中，第 2 至 3 行代码定义两个全局变量。第 11 至 12 行代码定义两个数组，分别用于存放临时 percent 和 color 变量。

然后，编写用于生成随机颜色的函数，以及绑定在 switch 组件上的设置随机 / 顺序模式的函数，代码如下。

```
1        randColor:function(){
2        var r = Math.floor(Math.random() * 255)
3        var g = Math.floor(Math.random() * 255)
4        var b = Math.floor(Math.random() * 255)
5        var str = "rgb("+r+","+g+","+b+")"
6        return str
7      },
8      setRand:function(e){
9        if(e.detail.value){
10         this.setData({isRand:true})
11         this.setData({randMode:"随机"})
12       }else{
13         this.setData({ isRand: false  })
14         this.setData({ randMode: "依次" })
15       }
16     },
```

其中，第 2 至 4 行代码分别生成 0～255 的随机数。第 5 行代码将 3 个随机数组合成使用 rgb()函数表示的颜色值。第 9 至 15 行代码根据 switch 组件被点击后的当前值，设置 isRand 变量的值及 switch 标签的显示内容。

编写随机变化条形图和顺序变化条形图的生成函数，代码如下。

```
1      randWave:function(){
2        for(var i = 0;i<12;i++){
3          var rnd = Math.floor(Math.random()*101)
4          this.p[i] = rnd
5          this.c[i] = this.randColor()
6        }
7        this.setData({percent:this.p})
```

```
8       this.setData({color:this.c})
9     },
10    stepWave: function () {
11      for (var i = 0; i < 11; i++) {
12        this.p[i] = this.p[i+1]
13        this.c[i] = this.c[i+1]
14      }
15      this.p[11] = Math.floor(Math.random() * 101)
16      this.c[11] = this.randColor()
17      this.setData({ percent: this.p })
18      this.setData({ color: this.c })
19    },
```

其中，第2至6行代码随机生成了12个0～100的数字及12个颜色值，并且将其保存在p和c两个数组中。第7至8行代码调用setData()设值函数把p、c数组的值传给data数据区域的percent和color数组。这样就实现了对每个process组件属性的随机设置。第11至14行代码把p、c数组的元素依次前移一位。第15至16行代码将生成的两个随机值传给p、c两个数组的最后一个元素。第17至18行代码调用setData()设值函数把p、c数组的值传给data数据区域的percent和color数组。这样就实现了对12个process组件属性的依次设置。

接着，编写3个按钮的事件响应函数的代码如下。

```
1     manualWave:function(){
2       clearTimeout(timer)
3       if(this.data.isRand){
4         this.randWave()
5       }else{
6         this.stepWave()
7       }
8     },
9     autoWave:function(){
10      clearTimeout(timer)
11      if (this.data.isRand) {
12        this.randWave()
13      } else {
14        this.stepWave()
15      }
16      timer = setTimeout(this.autoWave,300)
17    },
18    resetWave:function(){
19      clearTimeout(timer)
20      var p = [8, 16, 25, 34, 42, 50, 58, 66, 75, 86, 92, 100]
21  var c = ["#f00", "#f90", "#ff0", "#9f0", "#0f0", "#0f9",
    "#0ff", "#09f", "#00f", "#90f", "#f0f", "#f09"]
22      this.setData({percent:p})
23      this.setData({color:c})
```

```
24        this.p = p
25        this.c = c
26    },
```

其中，第 2 行代码用于停止 timer 计时器当前的工作，即在切换到手动模式时要将自动模式关掉。第 3 至 7 行代码通过 isRand 变量的值来判断是调用随机波形的生成函数，还是调用顺序波形的生成函数。

第 9 行代码用于停止 timer 计时器当前的工作，由于将在第 16 行代码的当前函数中定义 timer 计时器，因此为了防止多次定义，在函数刚开始时先清除 timer 计时器。第 16 行代码定义一个 timer 计时器，每隔 300ms 自动执行 autoWave()函数。

因为要复原整个页面，所以在第 19 行代码中清除 timer 计时器。第 20 至 21 行代码定义初始化的数据。第 22 至 25 行代码分别将初始化的数据通过设值函数及赋值语句赋值传给相应的变量，完成整个数据的重置。

保存文件并运行，页面如图 3-4 所示。

3.4 任务 4：导航页面

3.4.1 任务分析

本任务将通过一个简单的导航页面的案例，介绍 navigate 组件的基本用法。本书提供了本案例的完整代码，导航页面及导航结果如图 3-7 所示。

由图 3-7（a）可见，导航页面上提供了多个用于跳转到其他页面的按钮，不同跳转方式的按钮外观样式不同。有的页面在跳转之后可以返回跳转前的页面，由图 3-7（b）可见，页面左上角有返回按钮；有的页面在跳转之后无法返回前一页，由图 3-7（c）可见，页面左上角没有返回按钮，只有返回首页按钮。在微信小程序中，实现页面跳转有两种方式，一种是使用 navigate 组件，另一种是使用页面跳转相关的 API。

如果要掌握微信小程序的页面导航操作，则需要先了解微信小程序的页面路由管理。接下来介绍页面路由管理。

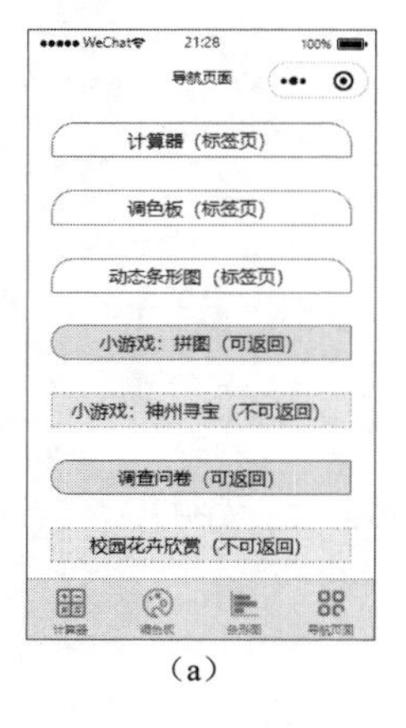

（a）

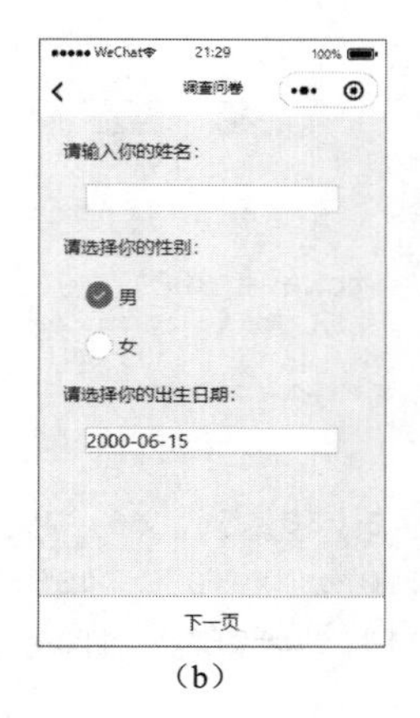

（b）

（c）

图 3-7　导航页面及导航结果（部分）

3.4.2　navigator 组件

扫一扫

微课：微信小程序 navigator 组件

navigator（页面链接）组件可以跳转到微信小程序的其他页面，通过 open-type 属性来决定不同的跳转方式。navigator 组件的常用属性如表 3-10 所示。

表 3-10　navigator 组件的常用属性

属性	类型	默认值	说明
url	String		当前微信小程序内的跳转链接
open-type	String	navigate	跳转方式
delta	number	1	当 open-type 为 navigateBack 时有效，用于表示回退的层数
hover-class	String	navigator-hover	被点击时的样式类名，当 hover-class="none"时，没有点击态效果
hover-start-time	number	50	被按住后出现点击态的时间，单位为 ms
hover-stay-time	number	600	手指松开后点击态的保留时间，单位为 ms

其中，open-type 属性的有效值如表 3-11 所示。

表 3-11　open-type 属性的有效值

值	说明
navigate	保留当前页面，可返回，对应 wx.navigateTo()的功能
redirect	关闭当前页面，不可返回，对应 wx.redirectTo()的功能
switchTab	跳转到标签页面，对应 wx.switchTab()的功能
reLaunch	关闭所有页面，跳转到任意页面，不可返回，对应 wx.reLaunch()的功能
navigateBack	返回路由前页面，对应 wx.navigateBack()的功能

示例代码如下。

```
1   <navigator url="/page/navigate/navigate?title=navigate"
    hover-class="navigator-hover">跳转到新页面</navigator>
2   <navigator url="../../redirect/redirect?title=redirect"
    open-type="redirect" hover-class="other-navigator-hover">
    在当前页面打开</navigator>
3   <navigator url="/page/index/index" open-type="switchTab"
    hover-class="other-navigator-hover">切换 Tab</navigator>
4   <navigator target="/page/index/index" open-type="reLaunch"
    hover-class="other-navigator-hover">切换到主页</navigator>
```

微信小程序提供了页面链接相关的 API，可以在 js 文件中调用这些 API 来实现页面的链接功能，如表 3-11 所示，页面链接 API 功能与 navigate 组件的 open-type 属性值基本上是一一对应的。

常用的页面链接相关的 API 有 wx.navigateTo()、wx.redirectTo()、wx.switchTab()、wx.reLaunch()和 wx.navigateBack()，其中前 4 个 API 的参数列表基本相同，如表 3-12 所示。

表 3-12　页面链接 API 的参数列表

属性	类型	必填	说明
url	String	是	需要跳转的 tabBar 页面的路径（需在 app.json 的 tabBar 字段定义的页面），路径后不能带参数。
success	function	否	接口调用成功的回调函数
fail	function	否	接口调用失败的回调函数
complete	function	否	接口调用结束的回调函数（无论调用成功、失败都会执行）

wx.navigateBack()的参数列表略有不同，如表 3-13 所示。

表 3-13　wx.navigateBack()的参数列表

属性	类型	默认值	说明
delta	number	1	向前返回的页面数，如果 delta 的属性值大于现有需要返回的页面数，则返回到首页
success	function		接口调用成功的回调函数
fail	function		接口调用失败的回调函数
complete	function		接口调用结束的回调函数（无论调用成功、失败都会执行）

示例代码如下。

```
1  //保留当前页面
2  wx.navigateTo({
3    url: 'test?id=1',
4    success: function(res) {
5      // 接口调用成功执行的代码，可选
6    },
7    fail: function(res) {
8      // 接口调用失败执行的代码，可选
9    },
10   complete: function(res) {
11     // 接口调用完成后执行的代码，可选
12   }
13 })
14 //返回跳转历史中的页面
15 wx.navigateBack({
16   delta: 2,
17   success: function(res) {
18     // 接口调用成功执行的代码，可选
19   },
20   fail: function(res) {
21     // 接口调用失败执行的代码，可选
22   },
23   complete: function(res) {
24     // 接口调用完成后执行的代码，可选
25   }
26 })
```

3.4.3 页面路由管理

在微信小程序中，所有的页面路由（即页面之间的前进、后退等路径关系）都由框架进行管理，框架以“栈”的形式维护了当前的所有页面。“栈”作为一种数据结构，是一种只能在一端进行插入和删除操作的特殊线性表。它按照“先进后出”的原则存储数据，先进入的数据被压入栈底，最后进入的数据在栈顶，需要读数据的时候从栈顶开始读出数据（最后一个数据被第一个读出来）。

当路由切换时，页面栈的表现如表 3-14 所示。

表 3-14 路由切换时页面栈的表现

路由方式	页面栈的表现
初始化	新页面入栈
打开新页面	新页面入栈
页面重定向	当前页面出栈，新页面入栈
页面返回	页面不断出栈，直到目标返回页
Tab 切换	页面全部出栈，只留下新的 Tab 页面
重加载	页面全部出栈，只留下新的页面

路由的触发方式及页面生命周期函数如表 3-15 所示。

表 3-15 路由的触发方式及页面生命周期函数

路由方式	触发时机	路由前页面	路由后页面
初始化	微信小程序打开的第一个页面		onLoad()、onShow()
打开新页面	调用 wx.navigateTo() <navigator open-type="navigateTo"/>	onHide()	onLoad()、onShow()
页面重定向	调用 wx.redirectTo() <navigator open-type="redirectTo"/>	onUnload()	onLoad()、onShow()
页面返回	调用 wx.navigateBack() <navigator open-type="navigateBack"> 用户按左上角的返回按钮	onUnload()	onShow()
Tab 切换	调用 wx.switchTab() <navigator open-type="switchTab"/> 用户切换 Tab	各种情况请见表 3-16	
重加载	调用 wx.reLaunch() <navigator open-type="reLaunch" />	onUnload()	onLoad()、onShow()

Tab 切换对应的页面生命周期（例如，A、B 页面为 tabBar 页面，C 页面是从 A 页面打开的页面，D 页面是从 C 页面打开的页面）如表 3-16 所示。

表 3-16 Tab 切换对应的页面生命周期函数

当前页面	路由后页面	触发的页面生命周期函数（按顺序）
A	A	Nothing happend
A	B	A.onHide()、B.onLoad()、B.onShow()
A	B（再次打开）	A.onHide()、B.onShow()

续表

当前页面	路由后页面	触发的页面生命周期函数（按顺序）
C	A	C.onUnload()、A.onShow()
C	B	C.onUnload()、B.onLoad()、B.onShow()
D	B	D.onUnload()、C.onUnload()、B.onLoad()、B.onShow()
D(从转发进入)	A	D.onUnload()、A.onLoad()、A.onShow()
D(从转发进入)	B	D.onUnload()、B.onLoad()、B.onShow()

（1）调用 wx.navigateTo()、wx.redirectTo()只能打开非 tabBar 页面。

（2）调用 wx.switchTab()只能打开 tabBar 页面。

（3）调用 wx.reLaunch()可以打开任意页面。

（4）页面底部的 tabBar 由页面决定。

（5）调用页面路由的参数可以在目标页面的 onLoad()中获取。

3.4.4 【任务实施】构建导航页面

扫一扫

微课：实现导航页面功能

打开/pages/nav/nav.wxml 文件，编写导航页面代码如下。

```
1   <!--pages/nav/nav.wxml-->
2   <view class="itemtab">
3     <navigator open-type='switchTab' url="../calc/calc">计算器（标签页面）
    </navigator>
4   </view>
5   <view class="itemtab">
6     <navigator open-type='switchTab' url="../colorpad/colorpad">调色板（标签页面）
    </navigator>
7   </view>
8   <view class="itemtab">
9     <text bindtap="toTab">动态条形图（标签页面）</text>
10  </view>
11  <view class="itemnav">
12    <text bindtap="toNav">小游戏：拼图（可返回）</text>
13  </view>
14  <view class="itemred">
15    <navigator open-type='redirect' url="../travel/travel">小游戏：神州寻宝（不可
    返回）</navigator>
16  </view>
17  <view class="itemnav">
18    <navigator open-type='navigate' url="../questionnaire/question naire">调查问
    卷（可返回）</navigator>
19  </view>
20  <view class="itemred">
```

```
21    <navigator open-type='reLaunch' url="../thumbnail/thumbnail">校园花卉欣赏（不可返回）</navigator>
22  </view>
```

其中，第 3、6 行代码使用 navigator 组件链接到标签页面。第 9 行代码调用事件监测函数链接到标签页面。第 12 行代码调用事件监测函数，在不关闭当前页面的情况下，链接到其他页面。第 15 行代码使用 navigator 组件关闭当前页面，并链接到其他页面。第 18 行代码使用 navigator 组件，在不关闭当前页面的情况下，链接到其他页面。第 21 行代码使用 navigator 组件重新启动微信小程序并打开新的页面。

第 2、5、8、11、14、17、20 行代码分别根据链接类型设置不同的 class。其中，设置链接到标签页面的 class 为 itemtab；在不关闭当前页面的情况下，设置链接到其他页面的 class 为 itemnav；在关闭当前页面的情况下，设置链接到其他页面的 class 为 itemred。

打开/pages/nav/nav.js 文件，编写 wxml 页面中的事件响应代码如下。

```
1   // pages/nav/nav.js
2   Page({
3     data: {
4     },
5     toTab:function(){
6       wx.switchTab({
7         url: '../bar/bar',
8         success:function(res){
9           console.log(res)
10        },
11        fail:function(){},
12        complete:function(){}
13      })
14    },
15    toNav: function () {
16      wx.navigateTo({
17        url: '../jigsaw/jigsaw',
18        success: function (res) {
19          console.log(res)
20        },
21        fail: function () {},
22        complete: function () {}
23      })
24    },
```

其中，第 7 行和第 17 行代码使用 url 参数设置要链接到的目标页面的 URL。第 8 至 10 行代码定义链接成功后返回的操作。success、fail、complete 这 3 个代码块不是必需的，按需要进行调用，不需要的话可以忽略。关于 API 的使用，将在下一项目中详细地说明。

打开/pages/nav/nav.wxss 页面文件对页面样式进行简单设置。

保存页面并运行，页面效果如图 3-7 所示。

3.5 任务 5：拼图

3.5.1 任务分析

本任务将通过开发一个简易的拼图小游戏页面案例，介绍 movable-view 组件的基本用法和微信小程序开发中各种长度单位的使用方法。本书提供了本案例的完整代码，拼图小游戏页面如图 3-8 所示。

由图 3-8 可见，页面的上半部分是拼图操作区域，中间部分是游戏规则介绍区域，下半部分是按钮区域。拼图功能主要通过微信小程序的 movable-view 组件实现。判断拼图的图案是否被移动到指定位置，判断其位置、大小等信息，需要用到不同的长度单位。

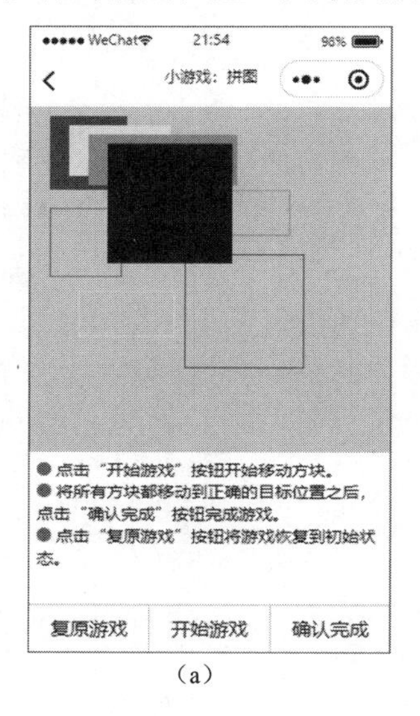

（a）

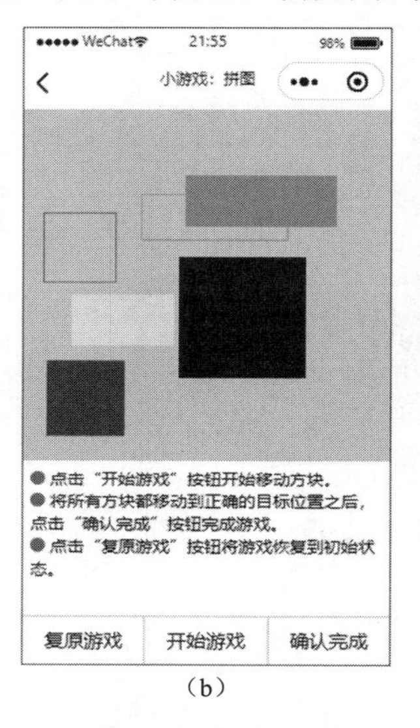

（b）

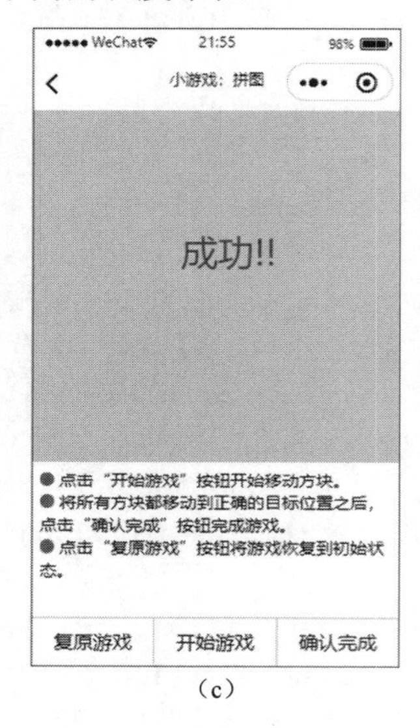

（c）

图 3-8 拼图小游戏页面

3.5.2 movable-view 组件

movable-view 是可移动视图容器组件，在页面中可以被拖曳、移动。在使用 movable-view 组件时，必须先定义 movable-area 组件，movable-view 组件必须是 movable-area 组件的直接子节点，否则不能被移动。

movable-view 组件的常用属性如表 3-17 所示。

表 3-17 movable-view 组件的常用属性

属性	类型	默认值	必填	说明
direction	String	none	否	用于指定 movable-view 组件的移动方向，常用的属性值有 all、vertical、horizontal、none
inertia	boolean	False	否	用于指定 movable-view 组件是否有惯性

续表

属性	类型	默认值	必填	说明
out-of-bounds	boolean	False	否	当超过可移动区域后，movable-view 组件是否可以移动
x	number		否	用于定义 *X* 轴方向的偏移，如果 x 属性的值不在可移动范围内，则组件会自动移动到可移动范围；改变 x 属性的值会触发动画
y	number		否	用于定义 *Y* 轴方向的偏移，如果 y 属性的值不在可移动范围内，则组件会自动移动到可移动范围；改变 y 属性的值会触发动画
damping	number	20	否	阻尼系数，用于控制当 x 或 y 属性改变时的动画，以及当组件过界回弹时的动画，该属性值越大组件移动越快
friction	number	2	否	摩擦系数，用于控制惯性滑动的动画，该属性值越大摩擦力越大，滑动越容易停止。该属性值必须大于 0，否则会被设置为默认值
disabled	boolean	False	否	是否禁用
scale	boolean	False	否	是否支持双指缩放，默认缩放手势生效区域是在 movable-view 组件内
scale-min	number	0.5	否	用于定义缩放倍数最小值
scale-max	number	10	否	用于定义缩放倍数最大值
scale-value	number	1	否	用于定义缩放倍数，取值范围为 0.5～10
animation	boolean	True	否	是否使用动画
bindchange	eventhandle		否	拖曳过程中触发的事件，event.detail = {x, y, source}
bindscale	eventhandle		否	缩放过程中触发的事件，event.detail = {x, y, scale}，其中 x 和 y 字段在基础库 2.1.0 以上的版本支持
htouchmove	eventhandle		否	初次被手指触摸后，在移动方向为横向时触发，如果捕获（catch）此事件，则意味着 touchmove 事件也被 catch
vtouchmove	eventhandle		否	初次被手指触摸后，在移动方向为纵向时触发，如果 catch 此事件，则意味着 touchmove 事件也被 catch

在使用 movable-view 组件时，必须设置 width 和 height 属性，如果没有设置，则 width 和 height 属性的默认值为 10px。movable-view 组件默认为绝对定位，top 和 left 属性的默认值为 0px。

在使用 movable-area 组件时，必须设置 width 和 height 属性，如果没有设置，则默认为 10px。当 movable-view 组件的面积小于 movable-area 组件的面积时，movable-view 组件的移动范围为 movable-area 组件区域；当 movable-view 组件的面积大于 movable-area 组件的面积时，movable-view 组件的移动范围必须包含 movable-area 组件（*X* 轴和 *Y* 轴方向分开考虑）。

3.5.3　scroll-view 组件

scroll-view（可滚动视图区域）组件允许视图区域内容横向或纵向滚动，与浏览器横向滚动条和纵向滚动条的使用方法类似。如果允许内容纵向滚动，则需要为 scroll-view 组件设置一个固定的高度；同样，如果允许内容横向滚动，则需要为 scroll-view 组件设置一个固定的宽度。scroll-view 组件的常用属性如表 3-18 所示。

表 3-18 scroll-view 组件的常用属性

属性	类型	默认值	说明
scroll-x	boolean	False	允许横向滚动
scroll-y	boolean	False	允许纵向滚动
upper-threshold	number/string	50	当组件距顶部 / 左边指定距离时，触发 scrolltoupper 事件
lower-threshold	number/string	50	当组件距底部 / 右边指定距离时，触发 scrolltolower 事件
scroll-top	number/string		设置纵向滚动条的位置
scroll-left	number/string		设置横向滚动条的位置
scroll-into-view	String		该值应设置为某子元素 id（id 不能以数字开头）。设置可滚动方向，在该方向滚动该元素
scroll-with-animation	boolean	False	在设置滚动条位置时使用动画过渡
enable-back-to-top	boolean	False	在 iOS 系统中点击顶部状态栏时，或者在安卓系统中双击标题栏时，滚动条返回顶部，只支持竖向
enable-flex	boolean	False	启用 Flex 布局。开启后，当前节点声明了 display: flex 就会成为 Flex 容器，并作用于其他子节点
scroll-anchoring	boolean	False	开启 scroll anchoring 特性，即控制滚动位置不随内容变化而抖动，仅在 iOS 系统中生效，在安卓系统中可参考 CSS overflow-anchor 属性
bindscrolltoupper	eventhandle		当滚动到顶部 / 左边时触发
bindscrolltolower	eventhandle		当滚动到底部 / 右边时触发
bindscroll	eventhandle		当滚动时触发，event.detail = {scrollLeft, scrollTop, scrollHeight, scrollWidth, deltaX, deltaY}

某些 App 如新闻、购物类的 App 顶端的分类 / 频道等功能区域，有很多项目可供选择，在一个屏幕的宽度范围内往往不能显示完全，可以通过左右滑动来查看所有项目。在微信小程序中，可以使用 scroll-view 组件来实现横向滚动效果，代码如下。

```
1  <view class="section">
2    <view class="section-title">频道横向滚动</view>
3    <scroll-view scroll-x="true" style="width:100%;">
4      <view style="display:flex;flex-direction:row;width:240%;">
5        <view class="scroll-item">推荐</view>
6        <view class="scroll-item">热点</view>
7        <view class="scroll-item">视频</view>
8        <view class="scroll-item">浙江</view>
9        <view class="scroll-item">社会</view>
10       <view class="scroll-item">娱乐</view>
11       <view class="scroll-item">问答</view>
12       <view class="scroll-item">图片</view>
13       <view class="scroll-item">科技</view>
14       <view class="scroll-item">汽车</view>
15       <view class="scroll-item">数码</view>
16       <view class="scroll-item">投资</view>
17       <view class="scroll-item">证券</view>
18       <view class="scroll-item">房产</view>
```

```
19          <view class="scroll-item">手机</view>
20        </view>
21      </scroll-view>
22    </view>
```

其中，第 3 行代码定义一个横向滚动、宽度为 100%的 scroll-view 组件。第 4 至 20 行代码定义在 scroll-view 组件内展示的内容，使用 Flex 布局方式设置所有频道列表位于同一行，并根据具体内容设置宽度，此处设置为 240%。这样就能实现横向滚动了。

注意!

（1）基础库 2.4.0 以下的版本不支持嵌套 textarea、map、canvas、video 组件。

（2）scroll-into-view 属性的优先级高于 scroll-top 属性。

（3）在滚动 scroll-view 组件时会阻止页面回弹，因此滚动 scroll-view 组件是无法触发 onPullDownRefresh()的。

（4）如果使用下拉刷新功能，请设置页面的滚动，而不是使用 scroll-view 组件，这样可以通过点击顶部状态栏回到页面顶部。

3.5.4 rpx 尺寸单位及 WXSS 新特性

扫一扫

微课：微信小程序 WXSS

为了适应广大的前端开发者的需求，WeiXin Style Sheets（WXSS）具有 CSS 的大部分特性。同时为了更适用于开发微信小程序，WXSS 在 CSS 功能的基础上进行了扩充及修改。与 CSS 相比，WXSS 扩充的特性有尺寸单位、样式导入等。

1．尺寸单位

尺寸单位（responsive pixel，简称 rpx）可以根据屏幕宽度自适应。例如，规定屏幕宽度为 750rpx，iPhone6 的屏幕宽度为 375px，共有 750 个物理像素，即 750rpx = 375px = 750 个物理像素。因此 1rpx = 0.5px = 1 个物理像素。

在一些组件或 API 的属性、参数中，默认的单位是 px（像素）。如果要在不同的设备上精确地设置控件的尺寸，则需要获取当前设备屏幕宽度的像素值，以计算当前尺寸（以 px 或 rpx 为单位）。可以调用 wx.getSystemInfo()API 获取系统信息，其中 windowWidth 属性就是屏幕宽度，单位为 px，代码如下。

```
1   var wtimes = 1
2   wx.getSystemInfo({
3     success: function(res) {
4       wtimes = res.windowWidth / 750
5     }
6   })
```

2．样式导入

使用@import 语句可以导入外联样式表，在@import 语句后设置需要导入的外联样式表相对路径，“;”表示语句结束，代码如下。

```
1   /** common.wxss **/
```

```
2  .small-p {
3    padding:5px;
4  }
5
6  /** app.wxss **/
7  @import "common.wxss";
8  .middle-p {
9    padding:15px;
10 }
```

3. 内联样式

框架组件支持使用 style、class 属性来设置组件的样式。

静态的样式统一在 class 中设置，统一在 wxss 文件中管理。style 用于设置接收动态的样式，即使用双大括号“{{}}”绑定数据，在运行时进行解析。请尽量避免将静态的样式写进 style 中，以免影响渲染速度，代码如下。

```
1  <view style="color:{{color}};" />
```

class 用于指定样式规则，其属性值是样式规则中类选择器名（样式类名）的集合，样式类名前不需要加英文句点“.”。在 wxss 文件中，当对样式类名的样式进行定义时需要加英文句点“.”。一个组件可以指定多个样式类名，样式类名之间使用空格分隔，代码如下。

```
1  <!-- page1.wxml -->
2  <view class="content dark" />
3
4  /** page1.wxss **/
5  .content {
6    padding: 15px;
7  }
8  .dark {
9    background: #666;
10 }
```

4. 选择器

除了 class 样式类名选择器，WXSS 还支持组件名、组件 id、::after / ::before 伪元素等选择器，常用的选择器如表 3-19 所示。

表 3-19 WXSS 常用的选择器

选择器	样 例	样例描述
.class	.intro	用于选择所有 class="intro"的组件
#id	#firstname	用于选择所有 id="firstname"的组件
element	view	用于选择所有 view 组件
element, element	view, checkbox	用于选择所有文档的 view 组件和 checkbox 组件
.class > element	.content > view	用于选择所有 class="content"的组件的直接子节点，即 view 组件。其中“>”两边的选择器可以是.class、#id、element
::after	view::after	在 view 组件的后边插入内容
::before	view::before	在 view 组件的前边插入内容

5. 优先级

定义在 app.wxss 文件中的样式为全局样式，可以作用于每个页面。在 pages 页面的 wxss 文件中定义的样式为局部样式，只可以作用在对应的页面，并覆盖 app.wxss 文件中的相同选择器。

在 pages 页面的 wxss 文件中定义样式，如果针对同一个组件，同时定义了 element、#id 和.class 三种选择器，则其优先级从高到低的排列顺序为#id、.class、element。

在 wxml 页面中，使用组件的 style 属性定义的内联样式优先级最高。

3.5.5 背景图片和 Base64 编码

在开发微信小程序时，不能直接在 wxss 文件里引用本地图片，否则在运行时会报错："本地资源图片无法通过 WXSS 获取，可以使用网络图片，或者使用 image 标签，或者使用 Base64 编码数据。"

如果为一个组件设置背景图片，如<view class="play-area"></view>，在 wxss 文件中使用.play-area{ background: url("/images/bg.jpg"); } 就会报错。按照微信小程序的错误提示，有以下 3 种方式可以解决这个问题。

1. 使用网络图片

先将背景图片放在服务器上，再通过完整的 URL 来访问背景图片。例如，.play-area { background: url("http://127.0.0.1:8080/img/bg.jpg"); }。

2. 使用 image 标签

先在 wxml 文件中使用 image 标签插入背景图片，再在 wxss 文件中设置该 image 组件的 position 和 z-index 样式，使其出现在需要设置背景图片的组件下方，代码如下。

```
1   <!--index.wxml-->
2   <view class="content">
3   <image class='bg' src="/images/bg.jpg" mode="aspectFill">
4   </image>
5     <!--在 view 标签中展示的其他内容-->
6   </view>
7
8   /* index.wxss */
9   .content{
10    width: 750rpx;
11    height: 500rpx;
12  }
13  .bg {
14    width: 100%;
15    height: 100%;
16    position: fixed;
17    background-size: 100% 100%;
18    z-index: -1;
19  }
```

在 wxss 文件中不能直接使用本地背景图片文件，但是在 wxml 文件中可以，因此可以直接在 wxml 文件中设置背景图片的样式，可以使用内联的 style 属性进行设置，代码如下。

```
1  <view style="background:url('/images/bg.jpg');">
2  <!--在 view 标签中展示的其他内容-->
3  </view>
```

3．Base64 编码数据

可以对本地图片进行 Base64 编码，先把背景图片编码成一个特定的字符串，在 wxss 文件中把这段代码设置为背景图片的 URL，代码如下。

```
1  .bg{
2    background-image:
   url('data:image/png;base64,iVBORw0KGgoAAAANSUhEUgAAAXcAAAF3CAYAAABewAv+AAAAAXNS
   R0IArs4c6QAAAARnQU1BAACxjwv8YQUAAAAJcEhZcwAADsQAAA7EAZUrDhsAAAYrSURBVHhe7d0xkuM
   4EABB6b5E/P8FzTdpY2Ph3t1shMQZlTIdNV1AKAMGeZ+Zxw2AlH/2LwAh4g4QJO4AQeIOECTuAEHiDh
   Ak7gBB4g4QJO4AQeIOECTuAEHiDhAk7gBB4g4QJO4AQeIOECTuAEHiDhAk7gBB4g4QJO4AQeIOECTuA
   EHiDhAk7gBB4g4QJO4AQeIOECTuAEHiDhAk7gBB4g4QJO4AQeIOECTuAEHiDhAk7gBB4g4QJO4AQeIO
   ECTuAEHiDhAk7gBB4g4QJO4AQeIOECTuAEHiDhAk7gBB4g4QJO4AQeIOECTuAEHiDhAk7gBB4g4QJO4
   AQeIOECTuAEHiDhAk7gBB4g4QJO4AQeIOECTuAEHiDhAk7gBB4g4QJO4AQeIOECTuAEHiDhAk7gBB4g
   4QJO4AQeIOECTuAEHiDhAk7gBB4g4QJO4AQeIOECTuAEHiDhAk7gBB4g4QJO4AQeIOECTuAEH3mXnsm
   aB1rD3B88w5e+KnEve433F3EHkm/6n34FoGIEjcAYLEHSBI3AGCxB0gSNwBgsQdIEjcAYLEHSBI3AGC
   xB0gSNwBgsQdIEjcAYLEHSBI3AGCxB0gSNwBgp7+mb1j+WbnV53z+k+V+SQaz+Y/9R5eEvcrovXurlo
   nB5Fn8596D65lAILEHSBI3AGCxB0gSNwBgsQdIEjcAYLEHSBI3AGCxB0gSNwBgsQdIEjcAYLEHSBI3A
   GCxB0gSNwBgsQdIEjcAYLEHSBI3AGCxB0gSNwBgsQdIEjcAYLEHSBI3AGC7jPz2PNTHGvdzpn9xL+5a
   p3WsfYEzzOnM/7Tifs3sU7AK7mWAQgSd4AgcQcIEneAIHEHCBJ3gCBxBwgSd4AgcQcIEneAIHEHCBJ3
   gCBxBwgSd4AgcQcIEneAIHEHCBJ3gCBxBwjyDdVvYp3+WOvYE59i5twTryTu38Q6/fE77g7757Df13E
   tAxAk7gBB4g4QJO4AQeIOECTuAEHiDhAk7gBB4g4QJO4AQeIOECTuAEHiDhAk7gBB4g4QJO4AQeIOEC
   TuAEHiDhAk7gBB4g4QJO4AQfeZeez5KY619sT/OWf29LnWOm4z536izn5f5+lxh7/hsH8W+30d1zIAQ
   eIOECTuAEHiDhAk7gBB4g4QJO4AQeIOECTuAEHiDhAk7gBB4g4QJO4AQeIOEJR55e9xeI/8T3KeX3tX
   vVfAfhb7fZ1U3L8aFF7rb/bCYf8s9vsmUAgsQdIEjcAYLEHSBI3AGCxB0gSNwBgsQdIEjcAYLEHSB
   I3AGCxB0gSNwBgsQdIEjcAYLEHSBI3AGCxB0gSNwBgsQdIEjcAYLEHSBI3AGCxB0gSNwBgsQdIEjcAY
   LEHSBI3AGCxB0gSNwBgsQdIEjcAYLEHSBI3AGCxB0gSNwBgsQdIEjcAYLEHSBI3AGCxB0gSNwBgsQdI
   EjcAYLEHSBI3AGC7jPz2PNbO461J36C85w9/be1jtvMuZ+os9/XycSd9+Swfxb7fR3XMgBB4g4QJO4A
   QeIOECTuAEHiDhAk7gBB4g4QJO4AQeIOECTuAEHiDhAk7gBB4g4QJO4AQeIOECTuAEHiDhAk7gBB4g4
   QJO4AQeIOECTuAEHiDhAk7gBB4g4QJO4AQeIOECTuAEHiDhAk7gBB4g4QJO4AQfeZeewZLrfWsSc+xc
   y5J15J3AGCXMsABIk7QJC4AwSJO0CQuAMEiTtAkLgDBIk7QJC4AwSJO0CQuAMEiTtAkLgDBIk7QJC4A
   wSJO0CQuAMEiTtAkLgDBIk7QJC4AwSJO0CQuAMEiTtAkLgDBIk7QJC4AwSJO0CQuAMEiTtAkLgDBIk7
   QJC4AwSJO0CQuAMEiTtAkLgDBIk7QJC4AwSJO0CQuAMEiTtAkLgDBIk7QJC4AwSJO0CQuAMEiTtAkLg
   DBIk7QJC4AwSJO0CQuAMEiTtAkLgDBIk7QJC4AwSJO0CQuAMEiTtAkLgDBIk7QJC4AwSJO0CQuAMEiT
   tAkLgDBIk7QJC4AwSJO0CQuAMEiTtAkLgDBIk7QJC4AwSJO0CQuAMEiTtAkLgDBIk7QJC4AwSJO0CQu
   AMEiTtAkLgDBIk7QJC4AwSJO0CQuAPk3G6/AHSftHFB/0+5AAAAAElFTkSuQmCC');
3    background-repeat:no-repeat; /** 不重复*/
4    background-size:contain; /*将背景图片扩展至最大尺寸以适应内容区域*/
5    width:750rpx;
```

```
6    height:750rpx;
7  }
```

Base64 是一种用 64 个字符来表示任意二进制数据的方法，常用于在 URL、Cookie、网页中传输少量二进制数据。

用记事本软件打开后缀为 exe、jpg、pdf 的文件时，会看到一大堆乱码，这是因为二进制文件包含很多无法显示和打印的字符。因此，如果要使类似记事本的文本处理软件能够处理二进制数据，则需要将数据的编码方式从二进制转换为字符串。Base64 是一种较常见的二进制编码方法。

Base64 的原理很简单。首先，准备一个包含 64 个字符的数组：['A', 'B', 'C', ... 'a', 'b', 'c', ... '0', '1', ... '+', '/']，即 26 个大写字母字符、26 个小写字母字符、10 个数字字符、加号、斜线，共 64 个字符。

Base64 要求先将每 3 个 8 bit 的字节转换为 4 个 6 bit 的字节（$3×8 = 4×6 = 24$），再为 6 bit 的字节添加两位高位 0，组成 4 个 8 bit 的字节，也就是说，编码后的字符串将要比原来的长 1/3。好处是编码后的文本数据可以在邮件正文、网页等直接显示。

如果要编码的二进制数据不是 3 的倍数，最后剩下 1 字节或 2 字节怎么办？Base64 会先用“\x00”字节在末尾补足，再在编码的数据的末尾加上 1 个或 2 个等号“=”，表示补了多少字节，在解码时，会被自动去掉。

然而，标准的 Base64 并不适合直接放在 URL 里传输，因为 URL 编码器会把标准 Base64 中的“/”和“+”字符变为如“%XX”的形式，而字符“%”在存入数据库时还需要进行转换，因为在 ANSI SQL 中已将“%”号用作通配符。

为解决此问题，可采用一种用于 URL 的改进 Base64 编码，它不仅在末尾去掉填充的“=”，并将标准 Base64 中的“+”“/”字符分别改成“-”“_”字符，这样就免去了在 URL 编 / 解码和数据库存储时的转换，避免了在此过程中增加编码信息长度，并统一了数据库、表单等处对象标识符的格式。

还有一种用于正则表达式的改进 Base64 变种，它将“+”“/”分别改成了“!”“-”，因为“+”“/”，以及前面在 IRCu 中用到的“[”和“]”在正则表达式中都可能具有特殊含义。

此外还有一些变种，可以将“+/”改为“_-”“._”（用于编程语言中的标识符名称）或“.-”（用于 XML 中的 Nmtoken），又或者改为“_:”（用于 XML 中的 Name）。

在互联网上有很多提供在线转换 Base64 服务的网站，可以很方便地找到这些服务网站。

扫一扫

微课：实现拼图功能

3.5.6　【任务实施】构建拼图页面

打开/pages/jigsaw/jigsaw.wxml 文件，编写拼图小游戏页面的代码，如下所示。

```
1  <!--pages/jigsaw/jigsaw.wxml-->
2  <view class="body">
3    <movable-area class="ma">
4      <block wx:for="{{[0,1,2,3]}}" wx:for-item="i">
5        <movable-view direction="all" x="{{x[i]}}rpx" y="{{y[i]}}rpx"
```

```
    class="mv{{i}}" style="background:{{bgcolor[i]}}" data-val="{{i}}"
    disabled="{{dis[i]}}" bindchange="move"></movable-view>
6       </block>
7       <movable-view wx:if="{{isGoal}}" class="goal" x="150rpx" y="150rpx">成
    功!!</movable-view>
8     </movable-area>
9   </view>
10  <scroll-view class="info" scroll-y="{{true}}">
11    <view>点击“开始游戏”按钮开始移动方块。</view>
12    <view>将所有方块都移动到正确的目标位置之后，点击“确认完成”按钮完成游戏。</view>
13    <view>点击“复原游戏”按钮将游戏恢复到初始状态。</view>
14  </scroll-view>
15  <view class="btn">
16    <view hover-class='bg' bindtap='resetBtn'>复原游戏</view>
17    <view hover-class='bg' bindtap='playBtn'>开始游戏</view>
18    <view hover-class='bg' bindtap='doneBtn'>确认完成</view>
19  </view>
```

其中，第 3 行代码定义 movable-area 组件。第 4 行代码通过 wx:for 列表渲染引入多个 movable-view 组件。第 5 行代码定义 movable-view 组件的具体属性，并通过数据绑定对各属性进行设置，以便在 js 文件中对其属性进行灵活的更改。第 7 行代码单独定义一个 movable-view 组件，用于显示游戏成功的提示，并使用 wx:if 条件渲染控制是否显示。

第 10 行代码使用 scroll-view 组件展示游戏规则介绍区域，之所以使用 scroll-view 组件，是为了防止出现说明文字过多而影响整个页面布局的情况。第 15 至 19 行代码展示下半部分的按钮区域。

接下来，打开/pages/jigsaw/jigsaw.wxss 文件，编写样式代码，具体代码参见本书附带的源码。其中，整个页面的布局方式为 Flex 布局，以 Base64 编码的方式指定拼图操作区域的背景图片。游戏规则介绍区域的样式代码既要实现纵向滚动，又要实现 scroll-view 组件的高度自适应的布局效果。根据 CSS 的特性，可以先指定 scroll-view 组件的高度为 1rpx，再指定属性为“flex:1;”，即相当于“flex-grow:1;”，为 scroll-view 组件设置一个高度值，可以产生纵向滚动，同时又在其 Flex 容器（即页面）中通过设置 flex-grow 属性实现了高度自适应的布局效果。

保存文件并运行，页面效果如图 3-8 所示。

3.5.7 【任务实施】实现拼图功能

拼图逻辑主要用于判断可移动的 movable-view 组件是否已经被移动到了目标位置，可以通过对比坐标值来实现。另外，对于已经被移动到指定位置的 movable-view 组件，为了避免误操作，应该定义变量来设置这些组件的状态，一旦被移动到指定位置，就将其固定，禁止其继续移动。

首先，打开/pages/jigsaw/jigsaw.js 文件，编写拼图功能的代码。先定义全局变量及 data 区域的初始化数据，代码如下。

```
1   // pages/jigsaw/jigsaw.js
```

```
2   var isReset = false
3   var wtimes = 1
4   wx.getSystemInfo({
5     success: function(res) {
6       wtimes = res.windowWidth / 750
7     },
8   })
9   Page({
10    data: {
11      isGoal: false,
12      dis: [true, true, true, true],
13      bgcolor:["#f00","#ff0","#0f0","#00f"],
14      x:[40,80,120,160],
15      y:[20,40,60,80],
16      xend:[38,98,238,318],
17      yend:[215,395,175,315],
18    },
```

其中，第 2 行代码定义游戏状态的全局变量。第 3 行代码定义当前设备 px 和 rpx 的比值的全局变量。第 4 至 8 行代码调用 wx.getSystemInfo()获取系统信息 API 得到当前设备屏幕宽度的像素数，并计算当前设备 px 和 rpx 的比值，将该值保存在 wtimes 全局变量中。关于微信小程序 API 更详细的用法，将在下一项目中具体介绍。

在此任务中需要对 4 个不同的 movable-view 组件实现拼图操作。为了方便，需要使用数组对它们的属性进行设置。在第 10 至 17 行代码页面的初始化数据中，分别定义了 6 个数组来表示 movable-view 组件的可用状态、背景色、初始 x 坐标、初始 y 坐标、终点 x 坐标和终点 y 坐标。

然后，编写 scroll-view 组件的 bindchange 属性绑定的事件处理函数，代码如下。

```
1     move:function(e){
2       if(isReset){ return }
3       var x = e.detail.x / wtimes
4       var xx = this.data.x
5       var y = e.detail.y / wtimes
6       var yy = this.data.y
7       var d = false
8       var dd = this.data.dis
9       var n = Number(e.target.dataset.val)
10  if (Math.abs(this.data.xend[n] - x) < 50
    && Math.abs(this.data.yend[n] - y) < 50){
11        isReset = true
12        x=this.data.xend[n]
13        y=this.data.yend[n]
14        d= true
15      }
16      xx[n] = x
```

```
17        yy[n] = y
18        dd[n] = d
19        this.setData({
20          x:xx,
21          y:yy,
22          dis:dd
23        })
24        isReset=false
25      },
```

其中，第 1 行代码用于判断游戏的状态，如果为不可操作状态，则直接返回，不进行任何操作，即页面不对操作做任何响应。第 3 至 6 行代码定义坐标值变量，并将初始化数据中的以 rpx 为单位的坐标值转换为当前设备的以 px 为单位的坐标值。第 9 行代码通过 dataset 获取当前被操作的 movable-view 组件的序号。

第 10 至 15 行代码用于判断当前的 movable-view 组件坐标和终点坐标是否已经接近某个范围，如果已经到达指定的区域范围，则设定相应变量的值。第 16 至 23 行代码通过赋值，以及执行拼图模块当前 movable-view 组件中的设值函数 setData()，将移动操作之后的各项参数写回属性列表中。

接着，编写“复原游戏”按钮的事件处理操作的代码，如下所示。

```
1     resetBtn:function(){
2       isReset = true
3       var dis = [true, true, true, true]
4       var bgcolor = ["#f00", "#ff0", "#0f0", "#00f"]
5       var x = [40, 80, 120, 160]
6       var y = [20, 40, 60, 80]
7       this.setData({
8         dis: dis,
9         bgcolor: bgcolor,
10        x: x,
11        y: y,
12        isGoal: false
13      })
14    },
```

其中，第 2 行代码设置游戏的状态。第 3 至 6 行代码定义初始化的数据。第 7 至 12 行代码通过 setData()设值函数对游戏的数据进行初始化，设置 4 个 movable-view 组件的可操作状态、位置、颜色均为初始状态。

再编写“开始游戏”按钮的事件处理操作的代码，如下所示。

```
1       playBtn:function(){
2   if (this.data.x.toString() === this.data.xend.toString() &&
    this.data.y.toString() === this.data.yend.toString()){
3         return
4       }
```

```
5       for(var i = 0;i<4;i++){
6         if(this.data.x[i]==this.data.xend[i] &
    this.data.y[i] == this.data.yend[i]){
7           return
8         }
9       }
10      isReset = false
11      var dis = [false, false, false, false]
12      this.setData({
13        dis:dis
14      })
15    },
```

其中，第 2 至 4 行代码用于判断所有 movable-view 组件的坐标是否已经为终点，如果已经为终点，则直接返回不进行任何操作。第 5 至 9 行代码用于判断每个 movable-view 组件的坐标是否已经为终点。第 10 行代码设置游戏状态为未重设。第 11 至 14 行代码设置每个 movable-view 组件的可操作状态为可操作。

最后，编写“确认完成”按钮的事件处理操作的代码，如下所示。

```
1     doneBtn:function(){
2       var bg = ["#ccc", "#ccc", "#ccc", "#ccc"]
3   if (this.data.x.toString() === this.data.xend.toString() &&
    this.data.y.toString() === this.data.yend.toString()){
4         this.setData({bgcolor:bg, isGoal:true})
5       }else{
6         return
7       }
8     },
```

其中，第 3 行代码用于判断所有 movable-view 组件的坐标和终点坐标是否都相等，如果相等，则设置所有背景色为整个 movable-area 组件的背景色。第 4 行代码把 setData()设值函数的参数写到一行中。JavaScript 代码的排版是比较自由的，但建议读者在符合语法规范的前提下，编写代码时尽量做到代码排版、缩进的规范。

保存文件并运行，页面如图 3-8 所示。

3.6　任务 6：神州寻宝

3.6.1　任务分析

本任务将通过开发一个简易的神州寻宝小游戏的案例，介绍 map 组件和 picker 组件的基本用法。本书提供了本案例的完整代码，神州寻宝页面如图 3-9 所示（根据有关规定，地图信息和位置坐标信息不便展示，在图 3-9 中进行了覆盖处理）。

页面上半部分是地图区域，中间部分有 4 个按钮，分别为“提交坐标”按钮、“完成挑战”按钮、地图放大按钮和缩小按钮。还有“选择目标”选择列表，此处使用 picker 组件实现“选择目标”选择列表。用户通过“+”“-”按钮来调整地图大小，通过拖放功能来移动地图。当目标位置出现在地图区域的中心位置时，点击“提交坐标”按钮之后提示完成挑战，即挑战成功。

页面最下方“返回导航页面”按钮链接到 nav 页面，当前页面是使用 redirect 方式从 nav 页面链接过来的，因此无法直接返回，需要执行一行语句才能完成链接操作。

图 3-9　神州寻宝页面

3.6.2　map 组件

扫一扫

微课：微信小程序 map 组件

map（地图）组件用于开发与地图有关的应用，如地图导航、定位、物流跟踪等，在 map 组件上可以标记覆盖物，以及指定一系列的坐标位置。map 组件的常用属性如表 3-20 所示。

表 3-20　map 组件的常用属性

属性	类型	默认值	说明
longitude	number		中心经度
latitude	number		中心纬度
scale	number	16	缩放级别，取值范围为 3～20
markers	array.<marker>		标记点
covers	array.<cover>		即将废弃，建议使用 markers 代替
polylines	array.<polyline>		坐标点连线
circles	array.<circle>		圆形
controls	array.<control>		控件（即将废弃，建议使用 cover-view 代替）
include-points	array.<point>		缩放视野以包含所有给定的坐标点
show-location	boolean	False	显示带有方向的当前定位点
polygons	array.<polygon>		坐标点多边形
subkey	String		个性化地图使用的 key
layer-style	number	1	个性化地图配置的 style，不支持动态修改
rotate	number	0	旋转角度，范围为 0°～360°，地图正北和设备 y 轴角度的夹角
skew	number	0	倾斜角度，范围为 0°～40°，关于 z 轴的倾角
enable-3D	boolean	False	展示 3D 模块（工具暂不支持）
show-compass	boolean	False	显示指南针
show-scale	boolean	False	显示比例尺（工具暂不支持）
enable-overlooking	boolean	False	开启俯视
enable-zoom	boolean	True	是否支持缩放
enable-scroll	boolean	True	是否支持拖动
enable-rotate	boolean	False	是否支持旋转

续表

属性	类型	默认值	说明
enable-satellite	boolean	False	是否开启卫星图
enable-traffic	boolean	False	是否开启实时路况
setting	Object		配置项
bindtap	eventhandle		在点击 map 组件时触发
bindmarkertap	eventhandle		在点击标记点时触发，e.detail = {markerId}
bindcontroltap	eventhandle		在点击控件时触发，e.detail = {controlId}
bindcallouttap	eventhandle		在点击标记点对应的气泡时触发，e.detail = {markerId}
bindupdated	eventhandle		在地图渲染更新完成时触发
bindregionchange	eventhandle		在视野发生变化时触发
bindpoitap	eventhandle		在点击地图 poi 点时触发，e.detail = {name, longitude, latitude}

使用 map 组件，在视野改变的时候会触发 regionchange 事件，在使用其返回值时需要注意一些细节。

当视野改变时，regionchange 会触发两次，返回的 type 值分别为 begin 和 end。从微信小程序 2.8.0 版本起在 begin 阶段返回 causedBy，有效值为 gesture（手势触发）和 update（接口触发）。从微信小程序 2.3.0 版本起，在 end 阶段返回 causedBy，有效值为 drag（拖动导致）、scale（缩放导致）、update（调用更新接口导致）。其中 rotate、skew 仅在 end 阶段返回，代码如下。

```
1  e = {
2    causedBy,
3    type,
4    detail: {
5      rotate,
6      skew
7    }
8  }
```

1．setting

微信小程序提供 setting 配置项统一设置地图配置。同时一些动画属性如 rotate 和 skew，可以通过调用 setData()设值函数分别设置，但无法同时生效，需要通过设置 settting 配置项统一修改。使用 setData()设值函数可以只设置 setting 配置项的一部分属性，没有设置的属性不受影响，代码如下。

```
1  // 默认值
2  const setting = {
3    skew: 0,
4    rotate: 0,
5    showLocation: false,
6    showScale: false,
7    subKey: '',
8    layerStyle: -1,
```

```
9    enableZoom: true,
10   enableScroll: true,
11   enableRotate: false,
12   showCompass: false,
13   enable3D: false,
14   enableOverlooking: false,
15   enableSatellite: false,
16   enableTraffic: false,
17 }
18 //在 js 文件中调用 setData()设值函数对 setting 配置项进行操作
19 this.setData({
20   // 仅设置的属性会生效，其他不受影响
21   setting: {
22     enable3D: true,
23     enableTraffic: true
242  }
5  })
```

2．markers

map 组件的属性标记点（markers）是一个数组，其中的每个元素是一个标记点（marker），用于在地图上显示标记的位置，marker 的常用属性如表 3-21 所示。

表 3-21　marker 的常用属性

属性	说明	类型	备注
id	标记点 id	number	点击事件回调会返回此 id。建议为每个标记点设置 number 类型的 id，保证在更新 marker 时有更好的性能
latitude	纬度	number	浮点数，范围为-90° ~ 90°
longitude	经度	number	浮点数，范围为-180° ~ 180°
title	标注点名	String	在点击时显示，当 callout 气泡窗口存在时将被忽略
zIndex	显示层级	number	
iconPath	显示的图标	String	项目目录下的图片路径，支持相对路径写法，以“/”开头则表示相对微信小程序根目录；也支持临时路径和网络图片（基础库 2.3.0 版本）
rotate	旋转角度	number	以顺时针的角度旋转，范围为 0° ~ 360°，默认为 0°
alpha	标注的透明度	number	默认为 1，无透明，范围为 0 ~ 1
width	标注图标宽度	number/string	默认为图片实际宽度
height	标注图标高度	number/string	默认为图片实际高度
callout	自定义标记点上方的气泡窗口	Object	支持的属性见表 3-22，可识别换行符
label	为标记点旁边增加标签	Object	支持的属性见表 3-22，可识别换行符
anchor	经、纬度在标注图标的锚点，默认底边中点	Object	{x, y}，x 表示横向（0～1），y 表示竖向（0～1）。{x: .5, y: 1} 表示底边中点

标记点上方的 callout 气泡窗口支持自定义，callout 气泡窗口的常用属性如表 3-22 所示。

表 3-22　callout 气泡窗口的常用属性

属性	说明	类型
content	文本	String
color	文本颜色	String
fontSize	文字大小	number
borderRadius	边框圆角	number
borderWidth	边框宽度	number
borderColor	边框颜色	String
bgColor	背景色	String
padding	文本边缘留白	number
display	BYCLICK：点击显示；ALWAYS：常显	String
textAlign	文本对齐方式。有效值有 left、right、center	String

标记点附近可以增加 label 标签对 marker 进行说明，支持自定义，label 标签的常用属性如表 3-23 所示。

表 3-23　label 标签的常用属性

属性	说明	类型
content	文本	String
color	文本颜色	String
fontSize	文字大小	number
anchorX	label 标签的坐标，原点是 marker 对应的经纬度	number
anchorY	label 标签的坐标，原点是 marker 对应的经纬度	number
borderWidth	边框宽度	number
borderColor	边框颜色	String
borderRadius	边框圆角	number
bgColor	背景色	String
padding	文本边缘留白	number
textAlign	文本对齐方式。有效值有 left、right、center	String

3．polylines

map 组件的属性坐标点连线（polylines）指定一系列的坐标点（polyline），从数组的第一项开始连线至最后一项结束，polyline 的常用属性如表 3-24 所示。

表 3-24　polyline 的常用属性

属性	说明	类型	备注
points	经纬度数组	array	[{latitude: 0, longitude: 0}]
color	线的颜色	String	十六进制
width	线的宽度	number	
dottedLine	是否虚线	boolean	默认为 False
arrowLine	带箭头的线	boolean	默认为 False，开发者工具暂不支持该属性
arrowIconPath	更换箭头图标	String	在 arrowLine 为 True 时生效
borderColor	线的边框颜色	String	
borderWidth	线的宽度	number	

4．polygons

map 组件的属性坐标点多边形（polygons）指定一系列的坐标点（polygon），根据 points 经纬度数组中的坐标数据生成闭合的多边形。polygon 的常用属性如表 3-25 所示。

表 3-25　polygon 的常用属性

属性	说明	类型	备注
points	经纬度数组	array	[{latitude: 0, longitude: 0}]
strokeWidth	描边的宽度	number	
strokeColor	描边的颜色	String	十六进制
fillColor	填充颜色	String	十六进制
zIndex	设置多边形 *z* 轴数值	number	

5．circles

map 组件的属性圆形（circles）用于在地图上绘制一个圆形（circle），circle 的常用属性如表 3-26 所示。

表 3-26　circle 的常用属性

属性	说明	类型	备注
latitude	纬度	Number	浮点数，范围为-90 ~ 90
longitude	经度	Number	浮点数，范围为-180 ~ 180
color	描边的颜色	String	十六进制
fillColor	填充颜色	String	十六进制
radius	半径	number	
strokeWidth	描边的宽度	number	

6．controls

map 组件的属性 controls 是一个数组，其中的每个元素是一个控件（control），用于在地图上显示控件，控件不随着地图移动。controls 属性即将废弃，微信小程序官方建议使用 cover-view 属性来代替。control 的常用属性如表 3-27 所示。

表 3-27　control 的常用属性

属性	说明	类型	备注
id	控件 id	Number	在控件点击事件回调时会返回此 id
position	控件在地图的位置	Object	控件相对地图的位置
iconPath	显示的图标	String	项目目录下的图标路径，支持相对路径写法，以“/”开头表示对应的微信小程序根目录；也支持临时路径
clickable	是否可点击	boolean	默认不可点击

控件的属性位置信息（position）用于设置控件在地图上的相对位置，position 的常用属性如表 3-28 所示。

表 3-28　position 的常用属性

属性	说明	类型	备注
left	与地图的左边界的距离	number	默认为 0
top	与地图的上边界的距离	number	默认为 0

续表

属性	说明	类型	备注
width	控件宽度	number	默认为图片宽度
height	控件高度	number	默认为图片高度

另外，要注意，必须填写 map 组件的经纬度属性 latitude、longitude，这样才能定位到指定位置。如果不填写经纬度属性，则默认为北京的经纬度。

3.6.3　cover-view 组件

cover-view（覆盖视图）组件是用于覆盖在原生组件上的文本视图组件。可覆盖的原生组件包括 map 组件、video 组件、canvas 组件、camera 组件、live-player 组件、live-pusher 组件等。

cover-view 组件只支持嵌套 cover-view 组件、cover-image 组件，可以在 cover-view 组件中使用 button 组件。over-view 组件的长度单位默认为 px，从基础库 2.4.0 版本起支持传入单位（rpx / px）。

目前微信小程序已经支持同层渲染。

3.6.4　picker 组件

picker（滚动选择器）组件是从页面底部弹起的滚动选择器，可以选择单列、多列预设选项，以及日期、时间、省市区等。picker 组件的常用属性如表 3-29 所示。

表 3-29　picker 组件的常用属性

属性	类型	默认值	说明
mode	String	selector	选择器类型
disabled	boolean	False	是否禁用
bindcancel	eventhandle		当取消选择时触发

其中 mode 属性的值决定选择器的类型，mode 属性的可用合法值如表 3-30 所示。

表 3-30　mode 属性的可用合法值

属性	类型
selector	普通选择器
multiSelector	多列选择器
time	时间选择器
date	日期选择器
region	省市区选择器

除了上述常用属性，对于不同的 mode 属性，picker 组件有不同的属性。

作为普通选择器（mode = selector）时，picker 组件的常用属性如表 3-31 所示。

表 3-31　普通选择器 picker 组件的常用属性

属性	类型	默认值	说明
range	array/Object array	[]	当 mode 属性值为 selector 或 multiSelector 时，range 有效
range-key	String		当 range 是一个对象数组时，通过 range-key 来指定数组中对象 Object 元素的 key 的值作为选择器显示内容
value	number	0	表示选择了 range 中的第几个（下标从 0 开始）
bindchange	eventhandle		当 value 改变时触发 change 事件，event.detail = {value}

作为多列选择器（mode = multiSelector）时，picker 组件的常用属性如表 3-32 所示。

表 3-32　多列选择器 picker 组件的常用属性

属性	类型	默认值	说明
range	array/Object array	[]	当 mode 属性值为 selector 或 multiSelector 时，range 有效
range-key	String		当 range 是一个对象数组时，通过 range-key 来指定数组中对象 Object 元素的 key 的值作为选择器显示内容
value	array	[]	表示选择了 range 中的第几个（下标从 0 开始）
bindchange	eventhandle		当 value 改变时触发 change 事件，event.detail = {value}
bindcolumnchange	eventhandle		当列改变时触发

作为时间选择器（mode = time）时，picker 组件的常用属性如表 3-33 所示。

表 3-33　时间选择器 picker 组件的常用属性

属性	类型	说明
value	String	表示选中的时间，格式为“hh:mm”
start	String	表示有效时间范围的开始，字符串格式为“hh:mm”
end	String	表示有效时间范围的结束，字符串格式为“hh:mm”
bindchange	eventhandle	当 value 改变时触发 change 事件，event.detail = {value}

作为日期选择器（mode = date）时，picker 组件的常用属性如表 3-34 所示。

表 3-34　日期选择器 picker 组件的常用属性

属性	类型	默认值	说明
value	String	0	表示选中的日期，格式为“YYYY-MM-DD”
start	String		表示有效日期范围的开始，字符串格式为“YYYY-MM-DD”
end	String		表示有效日期范围的结束，字符串格式为“YYYY-MM-DD”
fields	String	day	有效值为“year,month,day”格式，表示选择器的粒度
bindchange	eventhandle		当 value 改变时触发 change 事件，event.detail = {value}

作为省市区选择器（mode = region）时，picker 组件的常用属性如表 3-35 所示。

表 3-35　省市区选择器 picker 组件的常用属性

属性	类型	默认值	说明
value	array	[]	表示选中的省市区，默认选中每列的第一个值
custom-item	String		可为每列的顶部添加一个自定义的项

续表

属性	类型	默认值	说明
bindchange	eventhandle		当 value 改变时触发 change 事件，event.detail = {value, code, postcode}，其中字段 code 是统计用区划代码，postcode 是邮政编码

3.6.5 picker-view 组件

picker 组件是从页面底部弹出的滚动选择器组件，picker-view 组件则是嵌入页面的滚动选择器组件。其中只可放置 picker-view-column 组件，不会显示其他节点。

picker-view-column 组件为滚动选择器的子项，仅可被放置于 picker-view 组件中，其子节点的高度会自动设置成与 picker-view 组件选中框的高度一致。

picker-view 组件的常用属性如表 3-36 所示。

表 3-36 picker-view 组件的常用属性

属性	类型	说明
value	array.<number>	数组中的数字依次表示 picker-view 组件内的 picker-view-column 组件选择的是第几项（下标从 0 开始），当数字大于 picker-view-column 组件的可选项长度时，选择最后一项
indicator-style	String	设置选择器中间选中框的样式
indicator-class	String	设置选择器中间选中框的类名
mask-style	String	设置蒙层的样式
mask-class	String	设置蒙层的类名
bindchange	eventhandle	当滚动选择时触发事件，event.detail={value}；value 为数组，表示 picker-view 组件内的 picker-view-column 组件当前选择的是第几项（下标从 0 开始）
bindpickstart	eventhandle	当滚动选择开始时触发事件
bindpickend	eventhandle	当滚动选择结束时触发事件

首先，编写 wxml 文件中的代码，如下所示。

```
1   <view>
2     <view>{{year}}年{{month}}月{{day}}日</view>
3     <picker-view indicator-style="height: 50px;" style="width: 100%;
     height: 300px;" value="{{value}}" bindchange="bindChange">
4       <picker-view-column>
5         <view wx:for="{{years}}" style="line-height: 50px">
    {{item}}年</view>
6       </picker-view-column>
7       <picker-view-column>
8         <view wx:for="{{months}}" style="line-height: 50px">
    {{item}}月</view>
9       </picker-view-column>
10      <picker-view-column>
11        <view wx:for="{{days}}" style="line-height: 50px">
    {{item}}日</view>
12      </picker-view-column>
```

```
  </picker-view>
</view>
```

然后，编写 js 文件的代码如下。

```
const date = new Date()
const years = []
const months = []
const days = []
for (let i = 1990; i <= date.getFullYear(); i++) {
  years.push(i)
}
for (let i = 1; i <= 12; i++) {
  months.push(i)
}
for (let i = 1; i <= 31; i++) {
  days.push(i)
}
Page({
  data: {
    years: years,
    year: date.getFullYear(),
    months: months,
    month: 2,
    days: days,
    day: 2,
    value: [9999, 1, 1],
  },
  bindChange: function (e) {
    const val = e.detail.value
    this.setData({
      year: this.data.years[val[0]],
      month: this.data.months[val[1]],
      day: this.data.days[val[2]]
    })
  }
})
```

运行效果如图 3-10 所示。

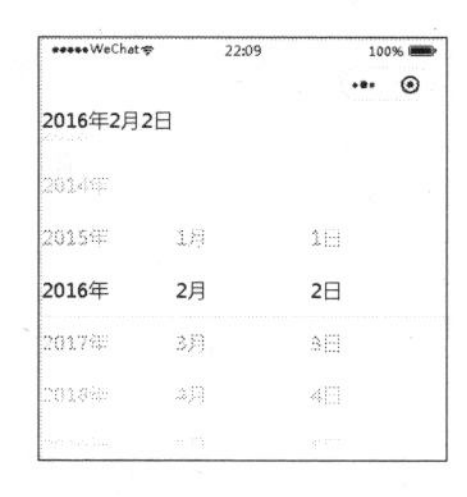

图 3-10　picker-view 组件的运行效果

3.6.6　button 组件

button（按钮）组件用于在 wxml 页面中生成一个按钮，button 组件的常用属性如表 3-37 所示。

表 3-37　button 组件的常用属性

属性	类型	默认值	说明
size	String	default	用于指定按钮的大小，合法值有 default 为默认大小、mini 为小尺寸
type	String	default	用于指定按钮的样式，合法值有 default 为白色、primary 为绿色、warn 为红色
plain	boolean	False	用于指定按钮是否镂空，背景色透明
disabled	boolean	False	用于指定按钮是否被禁用
loading	boolean	False	用于指定名称前是否带 loading 图标
form-type	String		用于 form 组件，合法值有 submit、reset，在被点击时分别会触发 form 组件的 submit 和 reset 事件
hover-class	String	button-hover	用于指定按钮被按下去的样式。当 hover-class ="none"时，没有被点击时的效果
lang	String	en	用于指定返回用户信息的语言，zh_CN 为简体中文，zh_TW 为繁体中文，en 为英文

3.6.7　【任务实施】构建神州寻宝页面

扫一扫

微课：实现神州寻宝功能

打开/pages/travel/travel.wxml 文件，编写渲染层代码如下。

```
1   <!-- pages/travel/travel.wxml -->
2   <view class="map">
3     <map
      id="myMap"
      style="width: 100%; height: 100%;"
      latitude="{{latitude}}"
      longitude="{{longitude}}"
      scale="{{scale}}"
      show-location
    ></map>
4   </view>
5   <view class="btn-area">
6     <button bindtap="getCenter" type="warn" size='mini'>
    提交坐标</button>
7     <button bindtap="compareTo" type="primary" size='mini'>
    完成挑战</button>
8     <button bindtap="zoomIn" size='mini'>+</button>
9     <button bindtap="zoomOut" size='mini'>-</button>
10  </view>
11  <view class="item-group">
```

```
12      <view>选择目标</view>
13      <picker bindchange="pickerChange" value="{{index}}"
    range="{{pointList}}">
14        <view class="line">{{points[index].name}}</view>
15      </picker>
16      <view bindtap="transmit" class="transmit">传送门</view>
17    </view>
18    <view class="item-group">
19      <view>目标坐标值：</view>
20      <view class="line">{{points[index].longitude}}</view>
21      <view class="line">{{points[index].latitude}}</view>
22    </view>
23    <view class="item-group">
24      <view>提交坐标值：</view>
25      <view class="line">{{longitude}}</view>
26      <view class="line">{{latitude}}</view>
27    </view>
28    <view class="result">
29      <text>挑战结果：{{result}}</text>
30    </view>
31    <view class="back">
33      <navigator open-type='switchTab' url="../nav/nav">
    回到工具列表页面</navigator>
32    </view>
```

其中，第 2 行代码在页面上放置一个 map 组件，并指定宽度、高度、当前的经纬度、地图缩放级别等参数。第 4 至 9 行代码绘制四个 button 组件，并分别绑定事件响应处理函数。第 12 至 14 行代码使用 picker 组件指定挑战目标。第 19 行代码通过数据绑定显示挑战目标的经纬度坐标。第 24 行代码通过数据绑定显示当前提交的经纬度坐标。第 30 行代码使用 navigator 组件，设置其 open-type 属性为 switchTab，链接到标签页面上。

接下来，打开/pages/travel/travel.wxss 文件，编写样式代码。具体代码参见本书附带的源码，整个页面的布局方式为 Flex 布局，垂直方向排列；每行元素的布局方式为 Flex 布局，水平方向排列。在微信小程序布局中，Flex 布局方式非常常用。

保存以上文件，重新运行后可以观察到结果。

3.6.8 【任务实施】实现神州寻宝功能

在很多网络游戏中都有寻宝功能，到达地图上指定的位置寻宝可以得到宝物。实现该功能的关键在于先获取当前位置的经纬度坐标，再与挑战目标的经纬度坐标进行对比，当两者的误差在一个允许的误差范围内，即可判定挑战成功。

打开/pages/travel/travel.js 文件，编辑页面功能。首先，定义全局变量及页面的初始化数据，代码如下。

```
1   //pages/travel/travel.js
2   var lo = 120.577315, la = 30.029130, dlo, dla, that
3   Page({
4     data: {
5       longitude: 120.577315,
6       latitude: 30.029130,
7       scale: 16,
8       index: 0,
9       result: "先提交坐标，再完成挑战",
10      points: [
11        {
12          name: "北京：天安门广场",
13          longitude: 116.397506,
14          latitude: 39.908878
15        }, {
16          name: "上海：东方明珠广播电视塔",
17          longitude: 121.499711,
18          latitude: 31.239808
19        }, {
20          name: "杭州：雷峰塔",
21          longitude: 120.148868,
22          latitude: 30.231746
23        }, {
24          name: "广州：广州塔",
25          longitude: 113.324445,
26          latitude: 23.106459
27        }, {
28          name: "拉萨：布达拉宫",
29          longitude: 91.118281,
30          latitude: 29.654947
31        }
32      ],
33      pointList: [
34        "北京：天安门广场",
35        "上海：东方明珠广播电视塔",
36        "杭州：雷峰塔",
37        "广州：广州塔",
38        "拉萨：布达拉宫"
39      ]
40    },
41    onReady: function (e) {
42      that = this
43      this.mapCtx = wx.createMapContext('myMap')
44    },
```

其中，第 2 行代码定义全局变量。第 4 至 40 行代码定义页面的初始化数据。第 41 行代码声明页面的 onReady()生命周期函数。第 42 行代码将当前页面对象 this 赋值给 that 变量，因为后续操作中可能涉及匿名内部对象，需要在匿名内部对象中调用当前页面对象，此时使用 this 关键字会指向匿名的内部对象而非页面对象，因此需要事先将页面对象赋值给其他变量。第 43 行代码调用与地图有关的 API，为地图指定一个上下文操作变量。关于地图操作 API 的更详细的内容，本书将在后面的项目中介绍。

然后，编写 picker 组件的事件响应处理代码，如下所示。

```
1    pickerChange: function (e) {
2      this.setData({
3        index: e.detail.value
4      })
5    },
```

上述代码中，当选中 picker 组件列表中的指定项时，调用 setData()设值函数设置 index 变量的值。接下来，编写“提交坐标”按钮的事件处理函数，代码如下。

```
1    getCenter: function () {
2      this.mapCtx.getCenterLocation({
3        success: function (res) {
4          lo = Math.round(res.longitude*1000000)/1000000.0
5          la = Math.round(res.latitude*1000000)/1000000.0
6          that.setData({
7            longitude:lo,
8            latitude:la
9          })
10       }
11     })
12   },
```

其中，第 2 行代码调用地图相关的 getCenterLocation()函数获取当前地图中心的经纬度坐标。第 4 至 5 行代码将当前经纬度坐标四舍五入到小数点后 4 位，并赋值给全局变量，这是因为页面上排版展示的需求，并且这个小游戏对精度的要求不高。

再编写“完成挑战”按钮的事件处理函数，代码如下。

```
1    compareTo: function () {
2      dlo = Number(this.data.points[this.data.index].longitude)
3      dla = Number(this.data.points[this.data.index].latitude)
4      if (Math.abs(dlo-lo)<0.002 && Math.abs(dla-la)<0.002) {
5        this.setData({
6          result: "恭喜你!! 挑战成功!! "
7        })
8      } else {
9        this.setData({
10         result: "挑战失败，请继续努力…"
11       })
```

```
12      }
13    },
```

其中，第 2 至 3 行代码获取当前挑战目标的经纬度坐标。第 4 行代码判断当前地图中心点经纬度坐标和挑战目标经纬度坐标的误差值是否小于一定范围。

最后，编写“+”“-”“传送门”按钮的事件处理函数，实现地图缩放，以及跳转到指定位置的操作，代码如下。

```
1     zoomIn: function () {
2       var s = this.data.scale
3       if (s < 20) {
4         s++
5         this.setData({
6           scale: s
7         })
8       }
9     },
10    zoomOut: function () {
11      var s = this.data.scale
12      if (s > 3) {
13        s--
14        this.setData({
15          scale: s
16        })
17      }
18    },
20    transmit:function(){
21      this.setData({
22        longitude: this.data.points[this.data.index].longitude,
23        latitude: this.data.points[this.data.index].latitude,
24        scale:18
25      })
26    }
```

其中，定义临时变量 s 获取当前地图的缩放属性值；当按下“+”按钮时，判断 s，若小于 20，则使 s 自增 1，通过 setData()设值函数设置地图缩放属性 scale 为当前的 s 的值。

保存文件，重新运行后可以看到显示效果。

3.7　任务 7：调查问卷

3.7.1　任务分析

本任务将通过开发一个简易的调查问卷页面的案例，介绍各种表单组件的基本用法，以及 swiper 组件实现页签切换效果的基本用法。本书提供了本案例的完整代码，调查问卷页面如图 3-11 所示。

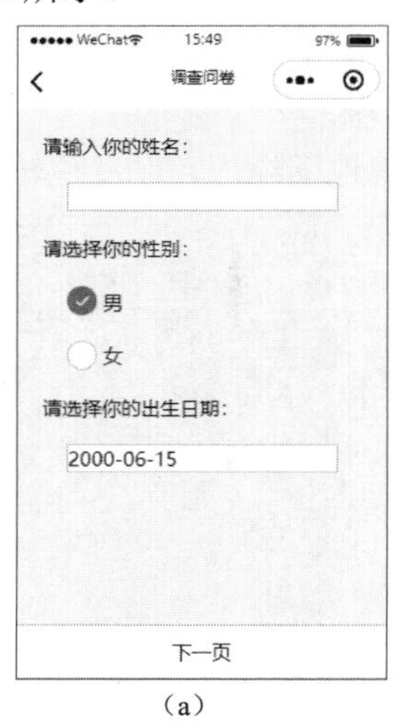

（a）

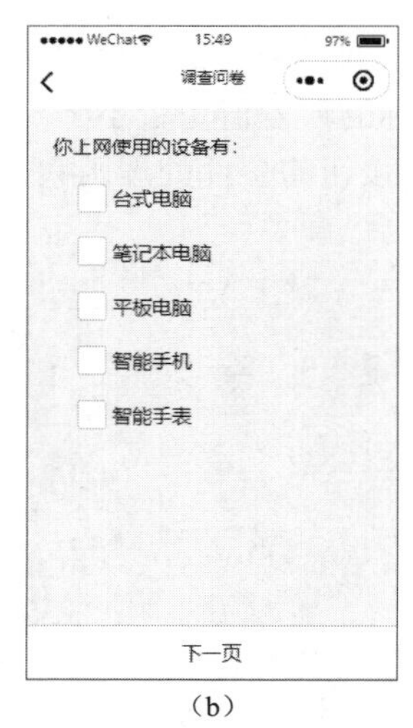

（b）

（c）

图 3-11　调查问卷页面

微信小程序提供了丰富的表单组件，前面已经介绍了其中的 slider 组件、switch 组件、picker 组件、button 组件。

另外，表单组件还有 form 组件、checkbox 组件、radio 组件、input 组件、label 组件、textarea 组件，将在此任务中详细介绍。

由图 3-11 可见，表单的内容被分成了 3 个页签，这是通过 swiper 组件实现的。由此可知，form 组件和 swiper 组件是可以相互嵌套使用的。

3.7.2　form 组件

扫一扫

微课：微信小程序 form 组件

如果要提交表单，则必须将各表单组件放在 form（表单）组件里，可以将 form 组件内的用户输入 switch 组件、input 组件、textarea 组件、checkbox 组件、slider 组件、radio 组件、picker 组件的内容提交。

可以设置表单中的 button 组件 form-type 属性为 submit 或 reset。当属性为 submit 时，点击 button 组件会提交 form 组件中的 value；当属性为 reset 时，点击 button 组件会初始化各表单组件。需要在表单中的每个 form 组件中加上 name 属性作为 key 传递给 value。

form 组件的常用属性如表 3-38 所示。

表 3-38　form 组件的常用属性

属性	类型	默认值	说明
report-submit	boolean	False	是否返回 formId 以发送模板消息
report-submit-timeout	number	0	等待一段时间（毫秒数）以确认 formId 是否生效
bindsubmit	eventhandle		携带 form 中的数据触发 submit 事件，event.detail = {value : {'name': 'value'} , formId: ''}
bindreset	eventhandle		当重置时触发 reset 事件

3.7.3　checkbox 组件

checkbox（多选项目）组件用于展示一组可以多选的项目中的一个项目，checkbox 组件必须放在 checkbox-group（多项选择器）组件内部才能够正确使用。

checkbox-group 组件的常用属性如表 3-39 所示。

表 3-39　checkbox-group 组件的常用属性

属性	类型	默认值	说明
bindchange	EventHandle		在 checkbox-group 组件中，当选中项发生改变时触发 change 事件，detail = {value:[选中的 checkbox 组件的 value 的数组]}

checkbox 组件的常用属性如表 3-40 所示。

表 3-40　checkbox 组件的常用属性

属性	类型	默认值	说明
value	String		checkbox 标识，当被选中时触发 checkbox-group 组件的 change 事件，并携带 checkbox 组件的 value
disabled	boolean	False	是否禁用
checked	boolean	False	当前组件是否被选中，可用来设置默认选中
color	String	#09bb07	checkbox 组件的颜色，同 CSS 的 color

3.7.4　radio 组件

radio（单选项目）组件用于展示一组可单选项目中的一个项目，radio 组件必须放在 radio-group 组件的内部才能正常使用。

radio-group 组件的常用属性如表 3-41 所示。

表 3-41　radio-group 组件的常用属性

属性	类型	默认值	说明
bindchange	eventHandle		在 radio-group 组件中，当选中项发生改变时触发 change 事件，detail = {value:[选中的 radio 组件的 value 的数组]}

radio 组件的常用属性如表 3-42 所示。

表 3-42　radio 组件的常用属性

属性	类型	默认值	说明
value	String		radio 标识，当被选中时触发 radio-group 组件的 change 事件，并携带 radio 的 value
disabled	boolean	False	是否禁用
checked	boolean	False	当前是否被选中，可用来设置默认选中项
color	String	#09bb07	radio 组件的颜色，同 CSS 的 color

3.7.5 input 组件

input（单行文本框）组件用于输入单行文本内容，其常用属性如表 3-43 所示。

表 3-43 input 组件的常用属性

属性	类型	默认值	说明
value	String		输入框的初始化内容
type	String	text	input 组件的类型
password	boolean	False	是否为密码类型
placeholder	String		当输入框为空时的占位符
placeholder-style	String		指定 placeholder 的样式
placeholder-class	String		指定 placeholder 的样式类
disabled	boolean	False	是否被禁用
maxlength	number	140	最大输入长度，当设置为-1 时不限制最大长度
cursor-spacing	number	0	指定光标与键盘的距离，取 input 组件与底部的距离，以及 cursor-spacing 指定的距离的最小值作为光标与键盘的距离
focus	boolean	False	获取焦点
confirm-type	String	done	设置键盘右下角按钮的文字，仅在 type='text'时生效
confirm-hold	boolean	False	当点击键盘右下角按钮时，是否保持键盘不收起
cursor	number		指定在获取焦点时的光标位置
selection-start	number	-1	光标起始位置，在自动聚集时有效，需要与 selection-end 搭配使用
selection-end	number	-1	光标结束位置，在自动聚集时有效，需要与 selection-start 搭配使用
adjust-position	boolean	True	当键盘弹起时，是否自动上推页面
hold-keyboard	boolean	False	当获取焦点时，点击页面的时候不收起键盘
bindinput	eventhandle		当键盘输入时触发，event.detail = {value, cursor, keyCode}，keyCode 为键值，从基础库 2.1.0 起支持，处理函数可以直接返回一个字符串，将替换输入框的内容
bindfocus	eventhandle		当输入框聚焦时触发，event.detail = { value, height }，height 为键盘高度，从基础库 1.9.90 起支持
bindblur	eventhandle		当输入框失去焦点时触发，event.detail = {value: value}
bindconfirm	eventhandle		当点击“完成”按钮时触发，event.detail = {value: value}

在 input 组件的属性列表中，type 属性的合法值有 text、number、idcard、digit，选择不同的 type 会弹出不同的输入法键盘。例如，当 type 属性的值为 number 时会弹出数字键盘。

当 type 属性值为 text 时，input 组件的 confirm-type 属性生效，其合法值有 send、search、next、go、done，分别将输入法键盘右下角按钮设置为“发送”“搜索”“下一个”“前往”“完成”。

为了增强交互，在未输入文字的 input 组件中可以显示占位符文字为用户提示。可以使用 placeholder 属性为输入框设置占位符，还可以使用 placeholder-style 属性指定 placeholder 的样式，以及使用 placeholder-class 属性指定 placeholder 的样式类，以便在 WXSS 样式表中设置占位符的外观样式。

（1）confirm-type 属性设置的最终表现与手机输入法本身的实现有关，可能不支持或不完全支持部分安卓系统输入法和第三方输入法。

（2）input 组件是一个原生组件，字体默认为系统字体，因此无法在样式表中设置 font-family 属性。

（3）在 input 组件聚焦期间，避免使用 CSS 动画。

3.7.6 textarea 组件

textarea（多行文本区域）组件是与 input 组件对应的组件，可以用于输入多行文本内容。textarea 组件的常用属性如表 3-44 所示。

表 3-44 textarea 组件的常用属性

属性	类型	默认值	说明
value	String		输入框的初始化内容
placeholder	String		当输入框为空时的占位符
placeholder-style	String		指定 placeholder 的样式，目前仅支持 color、font-size 和 font-weight
placeholder-class	String		指定 placeholder 的样式类
disabled	boolean	False	是否被禁用
maxlength	number	140	最大输入长度，当设置为-1 时不限制最大长度
focus	boolean	False	获取焦点
auto-height	boolean	False	是否自动增高，当设置为 auto-height 时，style.height 不生效
fixed	boolean	False	如果 textarea 组件是在一个 position:fixed 的区域，则需要显示指定属性 fixed 为 True
cursor-spacing	number	0	指定光标与键盘的距离。取 textarea 组件与底部的距离，以及 cursor-spacing 指定的距离的最小值作为光标与键盘的距离
cursor	number	-1	当指定获取焦点时的光标位置
selection-start	number	-1	光标起始位置，在自动聚集时有效，需要与 selection-end 搭配使用
selection-end	number	-1	光标结束位置，在自动聚集时有效，需要与 selection-start 搭配使用
adjust-position	boolean	True	当键盘弹起时，是否自动上推页面
hold-keyboard	boolean	False	当获取焦点时，点击页面的时候不收起键盘
bindfocus	eventhandle		当输入框聚焦时触发，event.detail = { value, height }，height 为键盘高度
bindblur	eventhandle		当输入框失去焦点时触发，event.detail = {value, cursor}
bindlinechange	eventhandle		当输入框行数变化时调用，event.detail = {height: 0, heightRpx: 0, lineCount: 0}
bindinput	eventhandle		当键盘输入时触发，event.detail = {value, cursor, keyCode}，keyCode 为键值，目前工具还不支持返回 keyCode 参数。bindinput 处理函数的返回值并不会反映到 textarea 上
bindconfirm	eventhandle		当点击“完成”按钮时触发，event.detail = {value: value}

可以看出，textarea 组件和 input 组件的属性有很多相似之处，并且 textarea 组件也是一个原生组件，关于原生组件的概念将在项目 4 中详细介绍。

（1）textarea 组件的 blur 事件会晚于页面上的 tap 事件发生，如果需要在 button 组件的点击事件中获取 textarea 组件，则可以使用 form 组件的 bindsubmit()函数。

（2）不建议在多行文本上对用户的输入进行修改，所以 textarea 组件的 bindinput()函数并不会将返回值反映到 textarea 组件上。

3.7.7 label 组件

label（标签）组件用于改进 form 组件的可用性。

使用 for 属性找到组件对应的 id，或者将控件放在该 label 组件下。当 label 组件被点击时，就会触发对应的控件。for 属性指定的 form 组件的优先级高于 label 组件内部的 form 组件，当内部有多个组件时会默认触发第一个组件。目前可以绑定的组件有 button、checkbox、radio、switch。

因为当 label 组件内部有多个控件时会默认触发第一个组件，一般在使用 label 组件时，每个 label 组件内部建议只包含一个组件。

示例代码如下。

```
1  <!-- label 组件包含的控件 -->
2  <checkbox-group bindchange="checkboxChange">
3    <label>
4      <checkbox value="check1"></checkbox>
5      <text>多选选项一</text>
6    </label>
7    <label>
8      <checkbox value="check2"></checkbox>
9      <text>多选选项二</text>
10   </label>
11 </checkbox-group>
12 <!-- 使用 label 组件的 for 属性指定 form 组件 -->
13 <radio-group bindchange="radioChange">
14   <view class="radio-row">
15     <radio id="radio1" value="radio1"></radio>
16     <label for="radio1"><text>单选选项一</text></label>
17   </view>
18   <view class="radio-row">
19     <radio id="radio2" value="radio2"></radio>
20     <label for="radio2"><text>单选选项二</text></label>
21   </view>
22 </radio-group>
23 </view>
```

3.7.8　swiper 组件

swiper（滑块视图容器）组件用于在指定区域内切换显示内容，常用于制作海报轮播效果和页签内容切换效果。

swiper 组件的直接子节点中只可放置 swiper-item 组件，否则会导致未定义的行为。swiper 组件的常用属性如表 3-45 所示。

表 3-45　swiper 组件的常用属性

属性	类型	默认值	说明
indicator-dots	boolean	False	是否显示面板指示点
indicator-color	color		指示点颜色，默认值为 rgba(0, 0, 0.3)
indicator-active-color	color	#000	当前选中的指示点颜色
autoplay	boolean	False	是否自动切换
current	number	0	当前所在 swiper 组件的索引号
interval	number	5000	自动切换时间间隔
duration	number	500	滑动动画时长
circular	boolean	False	是否采用衔接滑动
vertical	boolean	False	滑动方向是否为纵向
previous-margin	String	0px	前边距，可用于露出前一项的一小部分，接收单位为 px 和 rpx 的值
next-margin	String	0px	后边距，可用于露出后一项的一小部分，接收单位为 px 和 rpx 的值
easing-function	String	default	指定 swiper 组件切换缓动动画类型
bindchange	eventhandle		改变 current 会触发 change 事件，event.detail = {current, source}
bindtransition	eventhandle		当 swiper-item 的位置发生改变时会触发 transition 事件，event.detail = {dx: dx, dy: dy}

easing-function 属性的合法值有 default（默认缓动函数）、linear（线性动画）、easeInCubic（缓入动画）、easeOutCubic（缓出动画）、easeInOutCubic（缓入缓出动画）。

swiper-item 组件仅可放置在 swiper 组件中，宽度和高度自动设置为 100%，其常用属性如表 3-46 所示。

表 3-46　swiper-item 组件的常用属性

属性	类型	默认值	说明
item-id	String		该 swiper-item 组件的标识符

在 swiper-item 组件中放置 image 组件，可以实现海报图片轮播的效果；放置由 view 组件渲染的页签，可以实现页签切换效果，代码如下。

```
1  <!-- 轮播图的用法 -->
2  <swiper indicator-dots="true" interval="3000" duration="1000"
   circular="true" autoplay="true">
3    <swiper-item>
4      <image src="../image/1.jpg" style="width:100%" />
```

```
5     </swiper-item>
6     <swiper-item>
7       <image src="../image/2.jpg" style="width:100%" />
8     </swiper-item>
9   </swiper>
10  <!-- 页签切换的用法 -->
11  <swiper current="{{currentTab}}">
12    <swiper-item>
13      <view class="tab-item">第一个页签的内容</view>
14    </swiper-item>
15    <swiper-item>
16      <view class="tab-item">第二个页签的内容</view>
17    </swiper-item>
18  </swiper>
```

其中，第 2 至 9 行代码演示 swiper 组件用于海报图片轮播的用法，设置 swiper 组件的各种属性。第 11 至 18 行代码演示 swiper 组件用于页签切换的用法，设置 current 属性来绑定数据，以便通过编程对页签切换进行控制。

3.7.9 【任务实施】构建调查问卷页面

扫一扫

微课：实现调查问卷功能

调查问卷页面需要实现提交表单功能，基本结构就是一个 form 组件包含着各种具体的表单构成组件，如 input 组件、textarea 组件、checkbox 组件、radio 组件、switch 组件、slider 组件、picker 组件等。在此任务中使用 swiper 组件将整个调查问卷分成多个页签。

打开/pages/questionnaire/questionnaire.wxml 文件，编辑页面渲染层代码，如下所示。

```
1   <!--pages/questionnaire/questionnaire.wxml-->
2   <view class="body"><form bindsubmit='formSubmit'>
3     <swiper current="{{currentTab}}">
4       <swiper-item catchtouchmove="noMove">
5         <view class="item">
6           <text>请输入你的姓名：</text>
7           <input class="less" name="name"></input>
8           <text>请选择你的性别：</text>
9           <radio-group name="sex">
10            <radio class="less" value="male" checked>男</radio>
11            <radio class="less" value="female">女</radio>
12          </radio-group>
13          <text>请选择你的出生日期：</text>
14          <picker mode="date" value="{{birthday}}"
    start="1900-01-01" end="2019-07-01"
    name="birthday" onchange="dateChange">
15            <view class="less">{{birthday}}</view>
```

```
16          </picker>
17        </view>
18      </swiper-item>
19      <swiper-item catchtouchmove="noMove">
20        <view class="item">
21          <text>你上网使用的设备有：</text>
22          <checkbox-group name="device">
23            <block wx:for="{{device}}">
24            <checkbox class="less" value="{{item.name}}">
   {{item.value}}</checkbox>
25            </block>
26          </checkbox-group>
27        </view>
28      </swiper-item>
29      <swiper-item catchtouchmove="noMove">
30        <view class="item">
31          <text>平均每天上网时间为：</text>
32          <radio-group name="time">
33            <block wx:for="{{time}}">
34            <radio class="less" value="{{item.name}}">
   {{item.value}}</radio>
35            </block>
36          </radio-group>
37        </view>
38      </swiper-item>
39      <swiper-item catchtouchmove="noMove">
40        <view class="item">
41          <text>你对移动互联网的看法：</text>
42          <textarea maxlength='1000' name="opinion"></textarea>
43        </view>
44        <button class="less" form-type='submit'>提交</button>
45      </swiper-item>
46      <swiper-item catchtouchmove="noMove">
47        <view class="item">
48          <view>姓名：{{name}}</view>
49          <view>性别：{{sex}}</view>
50          <view>生日：{{birthday}}</view>
51          <view>上网设备：{{deviceResult}}</view>
52          <view>平均每天上网时间：{{timeResult}}</view>
53          <view>你对移动互联网的看法：</view>
54          <scroll-view scroll-y="true">{{opinion}}</scroll-view>
55        </view>
56      </swiper-item>
57    </swiper>
```

```
58  </form></view>
59  <view class="nav">
60    <view bindtap='nextTab'>{{nav}}</view>
61  </view>
```

其中，第 2 行和第 58 行代码指定 form 组件；第 44 行代码指定 button 组件的 form-type 属性为 submit，即提交表单；第 3 行和第 57 行代码指定在 form 组件内部嵌套了一个 swiper 组件。在 swiper 组件内部，使用 swiper-item 组件来指定多个页签，每个 swiper-item 组件的页签中包含了一些 form 组件，如 input 组件、picker 组件、checkbox 组件、radio 组件等。

设置每个 swiper-item 组件的 catchtouchmove 属性绑定了事件处理函数 noMove()，为了阻止滑屏翻页，只能通过页面底端的导航按钮翻页，防止用户漏填。

接下来，打开 pages/questionnaire/questionnaire.wxss 文件编写样式代码。具体代码参见本书附带的源码，其中使用 Flex 布局方式对整个页面进行布局，并设置页面内容区域和底端页签导航区域的比例为 9∶1，以及 swiper 组件的高度为页面内容区域的 100%。

保存文件，重新运行后，显示效果如图 3-11（a）所示。

3.7.10 【任务实施】实现调查问卷功能

在 3.7.9 节中，只实现了微信小程序前台的功能，在调查问卷中表单的提交功能并没有将数据提交给后台处理，只将其在页面上输出。另外，页签的切换功能是通过设置 swiper 组件的 current 属性实现的。

打开 pages/questionnaire/questionnaire.js 文件编写逻辑功能代码。

首先，定义页面的初始化数据，代码如下。

```
1   // pages/questionnaire/questionnaire.js
2   Page({
3     data: {
4       nav:"下一页",
5       currentTab: 0,
6       name:"无名氏",
7       sex:"男",
8       birthday:"2000-05-15",
9       device:[
10        {name: "0", value: "台式电脑"},
11        {name: "1", value: "笔记本电脑"},
12        {name: "2", value: "平板电脑"},
13        {name: "3", value: "智能手机"},
14        {name: "4", value: "智能手表"}
15      ],
16      time: [
17        { name: "0", value: "少于一小时" },
18        { name: "1", value: "一到三小时" },
19        { name: "2", value: "三到五小时" },
```

```
20        { name: "3", value: "五到八小时" },
21        { name: "4", value: "八小时以上" }
22      ],
23      deviceResult:[],
24      timeResult:"少于一小时",
25      opinion:""
26    },
```

其中，第 10 至 14 行代码为 checkbox 组件提供数据。第 17 至 21 行代码为 radio 组件提供数据，设置其 name 值为从 0 开始的数字，将其返回值直接作为数组下标使用，以调用相应的 value。

然后，编写页面底端页签导航按钮的 nextTab()事件处理函数、swiper-item 组件的 catchtouchmove 属性绑定 noMove()事件处理函数，以及选择出生日期的 picker 组件的 datachange()事件处理函数，代码如下。

```
1     nextTab:function(){
2       var maxTab=5
3       var ct = this.data.currentTab +1
4       if(ct==maxTab-1){
5         this.setData({nav:"请点击提交"})
6         return false
7       }else if(ct>=maxTab){
8         this.setData({nav:"问卷结果"})
9         return false
10      }
11      this.setData({currentTab:ct})
12    },
13    noMove:function(res){
14      return false
15    },
16    dateChange:function(e){
17      this.setData({birthday:e.detail.value})
18    },
```

其中，第 2 行代码指定最大标签页数。第 3 行代码获取当前页签序号。第 4 至 6 行代码判断当页签是序号为倒数第 2 的页签时，不继续翻页，提示用户提交表单。第 7 至 9 行代码判断当页签是序号最大的页签时，不继续翻页，只显示提示信息。第 11 行代码使用 setData()设值函数设置 swiper 组件当前页签的 index 为下一页，从而实现翻页。第 13 至 15 行代码设置滑屏翻页不起作用。

接着，编写提交表单的 formSubmit()事件处理函数，代码如下。

```
1     formSubmit:function(e){
2       var name = e.detail.value.name
3       var sex = e.detail.value.sex=="male"?"男":"女"
4       var birthday = e.detail.value.birthday
```

```
5       var device = e.detail.value.device
6       var time = e.detail.value.time
7       var opinion = e.detail.value.opinion
8       var deviceResult = []
9       var timeResult = "少于一小时"
10      for(var i = 0;i<device.length;i++){
11        deviceResult.push(this.data.device[device[i]].value)
12      }
13      timeResult = this.data.time[time].value
14      this.setData({
15        currentTab:this.data.currentTab+1,
16        nav:"问卷结果",
17        name:name,
18        sex:sex,
19        birthday:birthday,
20        deviceResult:deviceResult,
21        timeResult:timeResult,
22        opinion:opinion
23      })
24    },
25
```

其中，第 2 至 7 行代码定义变量获取 form 组件提交的数据。第 8、9 行代码定义变量用于存放单选和多选部分的结果。第 10 至 12 行代码根据提交的结果把相应的多选选项的 value 加入 deviceResult 数组中。第 13 行代码根据提交的结果把相应单选选项的 value 赋值给 timeResult 变量。第 14 至 23 行代码使用 setData()设值函数把获取的表单数据绑定到渲染层页面，即调查问卷结果页签。

保存文件，重新运行后，显示效果如图 3-11 所示。

3.8 任务 8：校园花卉欣赏

3.8.1 任务分析

本任务将通过开发一个简易的校园花卉欣赏页面的案例，介绍微信小程序 image 组件的基本用法。基于手机屏幕尺寸的客观情况，微信小程序对图片展示提供了缩放和裁剪两种模式。

当将微信小程序上传到服务器审核时，对微信小程序代码包的大小是有限制的，单包大小不超过 2MB，因此在一般情况下图片、视频、文件等资源不会放在微信小程序代码包中，而是放在服务器后台，通过相应的接口进行调用。在本任务中为了方便演示，将图片直接放在微信小程序的本地路径下，在实际应用中不建议这样操作。

本书提供了本案例的完整代码，运行效果如图 3-12 所示。

(a)

(b)

(c)

图 3-12　校园花卉欣赏

3.8.2　image 组件

扫一扫

微课：微信小程序多媒体组件

image（图片）组件用于在页面上展示图片，目前微信小程序支持的图片文件格式有 JPG 格式、PNG 格式、SVG 格式、WEBP 格式。image 组件的常用属性如表 3-47 所示。

表 3-47　image 组件的常用属性

属性	类型	默认值	说明
src	String		图片资源地址
mode	String	scaleToFill	图片裁剪、缩放的模式
webp	boolean	False	默认不支持 WEBP 格式
lazy-load	boolean	False	图片懒加载，在即将进入一定范围（上、中、下三屏）时才开始加载
binderror	eventhandle		当错误发生时触发，event.detail = {errMsg}
bindload	eventhandle		当图片载入完毕时触发，event.detail = {height, width}

其中，mode 属性用于控制图片裁剪、缩放的模式，裁剪和缩放两种模式是不能同时设置的。用于缩放模式的值有 4 种，如表 3-48 所示。

表 3-48　mode 属性用于缩放模式的值

模式	说明
scaleToFill	不保持纵横比缩放图片，使图片的宽高完全拉伸至填满 image 组件
aspectFit	保持纵横比缩放图片，使图片的长边能完全显示出来，即可以完整地将图片显示出来
aspectFill	保持纵横比缩放图片，只保证图片的短边能完全显示出来，即图片通常只在水平或垂直方向上是完整的，在另一个方向上将发生截取
widthFix	宽度不变，高度自动变化，保持原图的宽高比不变

用于裁剪模式的值有 9 种，分别对应着顶部、底部、中间、左边、右边、左上边、右上边、左下边、右下边共 9 个位置，如表 3-49 所示。

表 3-49　mode 属性用于裁剪模式的值

模式	说明
top	裁剪模式，不缩放图片，只显示图片的顶部区域
bottom	裁剪模式，不缩放图片，只显示图片的底部区域
center	裁剪模式，不缩放图片，只显示图片的中间区域
left	裁剪模式，不缩放图片，只显示图片的左边区域
right	裁剪模式，不缩放图片，只显示图片的右边区域
top left	裁剪模式，不缩放图片，只显示图片的左上边区域
top right	裁剪模式，不缩放图片，只显示图片的右上边区域
bottom left	裁剪模式，不缩放图片，只显示图片的左下边区域
bottom right	裁剪模式，不缩放图片，只显示图片的右下边区域

另外，image 组件如果没有设置宽度和高度，则其默认宽度为 300px，默认高度为 225px。image 组件中的二维码或微信小程序码图片不支持长按识别。仅在调用 wx.previewImage()的图片预览页面中支持长按识别。

对于如图 3-13 所示的原图，分别进行缩放和裁剪，代码如下。

图 3-13　原图

```
1   <!-- wxml 文件中的代码 -->
2   <view class="page">
3     <view class="page__hd">
4       <text class="page__title">image</text>
5       <text class="page__desc">图片</text>
6     </view>
7     <view class="page__bd">
8   <view class="section section_gap"
    wx:for="{{array}}" wx:for-item="item">
9         <view class="section__title">{{item.text}}</view>
10        <view class="section__ctn">
11          <image style="width: 200px; height: 200px;
    background-color: #eeeeee;" mode="{{item.mode}}"
    src="{{src}}"></image>
12        </view>
13      </view>
14    </view>
15  </view>
```

js 文件中的代码如下。

```
1  // js 文件中的代码
2  Page({
3    data: {
4      array: [{
5        mode: 'scaleToFill',
6        text: 'scaleToFill：不保持纵横比缩放图片，使图片完全填满'
7      }, {
8        mode: 'aspectFit',
9        text: 'aspectFit：保持纵横比缩放图片，使图片的长边能完全显示出来'
10     }, {
11       mode: 'aspectFill',
12       text: 'aspectFill：保持纵横比缩放图片，只保证图片的短边完全显示出来'
13     }, {
14       mode: 'top',
15       text: 'top：不缩放图片，只显示图片的顶部区域'
16     }, {
17       mode: 'bottom',
18       text: 'bottom：不缩放图片，只显示图片的底部区域'
19     }, {
20       mode: 'center',
21       text: 'center：不缩放图片，只显示图片的中间区域'
22     }, {
23       mode: 'left',
24       text: 'left：不缩放图片，只显示图片的左边区域'
25     }, {
26       mode: 'right',
27       text: 'right：不缩放图片，只显示图片的右边区域'
28     }, {
29       mode: 'top left',
30       text: 'top left：不缩放图片，只显示图片的左上边区域'
31     }, {
32       mode: 'top right',
33       text: 'top right：不缩放图片，只显示图片的右上边区域'
34     }, {
35       mode: 'bottom left',
36       text: 'bottom left：不缩放图片，只显示图片的左下边区域'
37     }, {
38       mode: 'bottom right',
39       text: 'bottom right：不缩放图片，只显示图片的右下边区域'
40     }],
41     src: '../../images/kitty.jpg'
42   },
43   imageError: function(e) {
```

```
44      console.log('image3 发生 error 事件，携带值为', e.detail.errMsg)
45    }
    })
```

图片缩放和裁剪显示效果分别为如图 3-14 所示的 scaleToFill、aspectFit、aspectFill 缩放模式，如图 3-15 所示的 top left、top、top right 裁剪模式，如图 3-16 所示的 left、center、right 裁剪模式，以及如图 3-17 所示的 bottom left、bottom、bottom right 裁剪模式。

图 3-14　scaleToFill、aspectFit、aspectFill 缩放模式

图 3-15　top left、top、top right 裁剪模式

图 3-16　left、center、right 裁剪模式

图 3-17　bottom left、bottom、bottom right 裁剪模式

3.8.3 audio 组件

audio（音频）组件用于在微信小程序中播放音频，从微信小程序 1.6.0 开始，该组件不再维护。建议使用功能更强的 wx.createInnerAudioContext()。关于 API 的内容，将在后面的案例中详细介绍，本任务中只演示一些最基本的应用。audio 组件的常用属性如表 3-50 所示。

表 3-50 audio 组件的常用属性

属性	类型	默认值	说明
id	String		audio 组件的唯一标识符
src	String		要播放音频的资源地址
loop	boolean	False	是否循环播放
controls	boolean	False	是否显示默认控件
poster	String		默认控件上音频封面的图片资源地址，如果 controls 属性值为 False，则设置 poster 无效
name	String	未知音频	默认控件上的音频名字，如果 controls 属性值为 False，则设置 name 无效
author	String	未知作者	默认控件上的作者名字，如果 controls 属性值为 False，则设置 author 无效
binderror	eventhandle		当发生错误时触发 error 事件，detail = {errMsg:MediaError.code}
bindplay	eventhandle		当开始 / 继续播放时触发 play 事件
bindpause	eventhandle		当暂停播放时触发 pause 事件
bindtimeupdate	eventhandle		当播放进度改变时触发 timeupdate 事件，detail = {currentTime, duration}
bindended	eventhandle		当播放到末尾时触发 ended 事件

3.8.4 video 组件

video（视频）组件用于在微信小程序页面中播放视频，与 audio 组件的用法类似，其相关的 API 为 wx.createVideoContext()。video 组件的常用属性如表 3-51 所示。

表 3-51 video 组件的常用属性

属性	类型	默认值	说明
src	String		指定播放视频的资源地址，支持云文件 id（2.3.0）
duration	number		指定视频时长
controls	boolean	True	是否显示默认播放控件（播放 / 暂停按钮、播放进度、时间）
danmu-list	array.<object>		弹幕列表
danmu-btn	boolean	False	是否显示弹幕按钮，只在初始化时有效，不能动态变更
enable-danmu	boolean	False	是否展示弹幕，只在初始化时有效，不能动态变更
autoplay	boolean	False	是否自动播放
loop	boolean	False	是否循环播放
muted	boolean	False	是否静音播放
initial-time	number	0	指定视频初始播放位置

续表

属性	类型	默认值	说明
direction	number		设置全屏时视频的方向，如果不指定，则根据宽高比自动判断，合法值有 0（正常竖向）、90（逆时针转 90°）、-90（顺时针转 90°）
show-progress	boolean	True	如果不设置，则当宽度大于 240 时才会显示
show-fullscreen-btn	boolean	True	是否显示全屏按钮
show-play-btn	boolean	True	是否显示视频底部控制栏的播放按钮
show-center-play-btn	boolean	True	是否显示视频中间的播放按钮
object-fit	String	contain	当视频大小与 video 组件大小不一致时，视频的表现形式的合法值有 fill（填充）、contain（包含）、cover（覆盖）
poster	String		视频封面的图片网络资源地址。如果 controls 属性值为 False，则设置 poster 无效
show-mute-btn	boolean	False	是否显示静音按钮
title	String		视频的标题，当全屏时在顶部展示
play-btn-position	String	bottom	播放按钮的位置，合法值有 bottom（control bars 上）、center（视频中间）
bindplay	eventhandle		当开始 / 继续播放时触发 play 事件
bindpause	eventhandle		当暂停播放时触发 pause 事件
bindended	eventhandle		当播放到末尾时触发 ended 事件
bindtimeupdate	eventhandle		当播放进度变化时触发，event.detail = {currentTime, duration}。触发频率为 250ms 一次
bindfullscreenchange	eventhandle		当视频进入和退出全屏时触发，event.detail = {fullScreen, direction}，direction 有效值为 vertical 或 horizontal
bindwaiting	eventhandle		当视频出现缓冲时触发
binderror	eventhandle		当视频播放出错时触发
bindprogress	eventhandle		当加载进度变化时触发，只支持一段加载，event.detail = {buffered}

video 组件在页面中的默认宽度为 300px，默认高度为 225px，可通过 WXSS 样式表设置其宽度和高度。

3.8.5 原生组件

扫一扫

微课：微信小程序原生组件

微信小程序中的部分组件是由客户端创建的原生组件，这些组件有 camera 组件、canvas 组件、input 组件（仅在 focus 时表现为原生组件）、live-player 组件、live-pusher 组件、map 组件、textarea 组件、video 组件。

由于原生组件脱离 WebView 渲染流程，因此在使用时有以下限制。

（1）原生组件的层级是最高的，因此无论在页面中的其他组件怎样设置 z-index，都无法将其覆盖在原生组件上。

（2）后插入的原生组件可以覆盖在之前的原生组件上。

（3）原生组件无法在 picker-view 组件中使用。

（4）部分 CSS 样式无法应用于原生组件。例如，无法为原生组件设置 CSS 动画；无法将原生组件定义为 position: fixed；不能在父级节点使用 overflow: hidden 裁剪原生组件的显示区域等。

（5）原生组件的事件监听不支持 bind:eventname 的写法，只支持 bindeventname 的写法。原生组件也不支持 catch 和 capture 的事件绑定方式。

（6）原生组件会遮挡 vConsole 弹出的调试面板。在工具上，原生组件是使用 Web 组件模拟的，因此在很多情况下并不能很好地还原真机的表现，建议开发者在使用原生组件时尽量在真机上进行调试。

为了解决原生组件层级最高的限制，微信小程序专门提供了 cover-view 组件和 cover-image 组件，可以覆盖在部分原生组件上面。这两个组件也是原生组件，但是使用的限制与其他原生组件不同。

同层渲染是为了解决原生组件的层级问题，在支持同层渲染后，原生组件可以与其他组件随意叠加，有关层级的限制将不再存在。但需要注意的是，组件内部仍由原生组件渲染，样式设置还是对原生组件内部无效。当前 video 组件、map 组件、live-player 组件、live-pusher 组件、canvas(2d)组件已支持同层渲染。

为了调整原生组件之间的相对层级位置，从微信小程序 2.7.0 及以上版本起支持在样式中声明 z-index 来指定原生组件的层级，z-index 仅用于调整原生组件之间的层级顺序，其层级仍高于其他的非原生组件。

3.8.6　WXS

WXS（WeiXin Script）是微信小程序的一套脚本语言，结合 WXML，可以构建出页面的结构。WXS 与 JavaScript 是不同的语言，有自己的语法，并不与 JavaScript 一致。

WXS 代码可以编写在 wxml 文件中的 wxs 标签内，或以“.wxs”为后缀的文件内。每个后缀为 wxs 的文件或 wxs 标签都是一个单独的模块，每个模块都有自己独立的作用域。即在一个模块里面定义的变量与函数，默认为私有，对其他模块不可见。一个模块要想对外暴露其内部的私有变量与函数，只能通过 module.exports 实现，代码如下。

```
1   // /pages/tools.wxs
2   var foo = "'hello world' from tools.wxs";
3   var bar = function (d) {
4     return d;
5   }
6   module.exports = {
7     FOO: foo,
8     bar: bar,
9   };
10  module.exports.msg = "some msg";
11
12  <!-- page/index/index.wxml -->
13  <wxs src="./../tools.wxs" module="tools" />
14  <view> {{tools.msg}} </view>
15  <view> {{tools.bar(tools.FOO)}} </view>
```

页面输出如下。

```
1  some msg
2  'hello world' from tools.wxs
```

1. 变量

在 WXS 中的变量均为值的引用。没有声明的变量直接赋值使用会被定义为全局变量。如果只声明变量而不赋值，则默认值为 undefined。WXS 中的 var 语句的用法与 JavaScript 一致，可以提升变量。

变量命名必须符合下面两个规则。

（1）首字符必须是字母（a～z、A～Z）、下画线“_”。

（2）剩余字符可以是字母（a～z、A～Z）、下画线“_”、数字（0～9）。

2. 注释

WXS 主要有 3 种注释的方法，分别是单行注释、多行注释和结尾注释。其中，结尾注释和多行注释的区别就是结尾注释少了结尾的“*/”。

3. 运算符

基本运算符：加法运算符（+）、减法运算符（-）、乘法运算符（*）、除法运算符（/）、取余运算符（%），其中加法运算符可以用于字符串的连接。

一元运算符：自增运算符（++）、自减运算符（--）、正值运算符（+）、负值运算符（-）、否运算运算符（~）、取反运算符（!）、delete 运算符、void 运算符、typeof 运算符。其中自增符、自减运算符放在变量前面和后面的区别是先运算还是先赋值。

位运算符：左移运算符（<<）、无符号右移运算符（>>）、带符号右移运算符（>>>）、与运算符（&）、或运算符（|）、异或（^）运算符。

比较运算符：小于运算符（<）、大于运算符（>）、小于等于运算符（<=）、大于等于运算符（>=）。

等值运算符：等于运算符（==）、不等于运算符（!=）、全等于运算符（===）、不全等于运算符（!==）。

赋值运算符：赋值运算符（=）、运算后赋值运算符（+=、-=、>>=、^=等）。

逻辑运算符：逻辑与运算符（&&）、逻辑或运算符（||）。

其他运算符：条件运算符（? :）、逗号运算符（,）。

特殊运算符：括号运算符（()）、下标运算符（[]）、成员访问运算符（.）。

4. 语句

条件语句：if...else...语句、switch...case...语句。

循环语句：for 语句、while 语句、do...while 语句。

5. 数据类型

WXS 目前共有以下几种数据类型。

number：数值，包括整数、小数。

String：字符串。

boolean：布尔值，True 和 False。

Object：对象，一种无序的键值对。

function：函数。

array：数组。

date：日期，需要调用 getDate()函数生成。

regexp：正则，需要调用 getRegExp()函数生成。

6．基础类库

Console：使用 console.log()方法在控制台输出信息。

Math：其属性可取值有 E、PI、LN10 等常量，方法有 abs()、sin()、cos()、tan()、exp()、ceil()、floor()、round()、random()、pow()、sqrt()等。

JSON：stringify(object)将 object 对象转换为 JSON 字符串，并返回该字符串。parse(string)将 JSON 字符串转化成对象，并返回该对象。

Number：其属性可取值有 MAX_VALUE、MIN_VALUE、NEGATIVE_INFINITY、POSITIVE_INFINITY 等。

Date：其属性可取值有 parse、UTC、now 等。

Global：其属性可取值有 NaN、Infinity、undefined 等，方法有 parseInt()、parseFloat()、isNaN()、isFinite()、decodeURI()、decodeURIComponent()、encodeURI()、encodeURIComponent()等。

3.8.7　【任务实施】构建校园花卉欣赏页面

扫一扫

微课：实现校园花卉欣赏功能

把准备好的花卉原图文件及缩略图文件复制到/images/plant/目录下，其中原图文件名依次为“01.jpg”“02.jpg”…“06.jpg”，缩略图文件名依次为“01s.jpg”“02s.jpg”…“06s.jpg”。因为所有图片文件的路径都包含“/images/plant/”，为避免重复代码，本任务中使用了一个简单 WXS 模块，对代码中的图片文件的路径进行统一的格式化。

在/utils/目录下，新建 format.wxs 文件，打开文件进行编辑，代码如下。

```
1  // /utils/format.wxs
2  var fmtImgPath = function(filename){
3    var path = '/images/plant'
4    return path + '/' + filename
5  }
6  module.exports = {
7    fmtImgPath: fmtImgPath
8  }
```

其中，第 2 至 5 行代码定义 fmtImgPath()函数，接收一个字符串参数 filename，返回补充完整的图片文件的路径。第 6 至 8 行代码调用模块的 exports 对象，将 fmtImgPath()函数作为 exports 对象的属性对外暴露，这样在页面的 wxml 文件中才能调用此函数。

打开/pages/thumbnail/thumbnail.js 文件，编写页面的初始化数据代码，如下所示。

```
1  // pages/thumbnail/thumbnail.js
2  Page({
3    /**
4     * 页面的初始化数据
5     */
```

```
6      data: {
7        isPreview:false,
8        pics:[{
9          title:'蒲公英',
10         filename:'01.jpg',
11         thumbname:"01s.jpg"
12       },{
13         title:'火棘',
14         filename:'02.jpg',
15         thumbname:"02s.jpg"
16       },{
17         title:'海桐',
18         filename:'03.jpg',
19         thumbname:"03s.jpg"
20       },{
21         title:'小蜡',
22         filename:'04.jpg',
23         thumbname:"04s.jpg"
24       },{
25         title:'苏门白酒草',
26         filename:'05.jpg',
27         thumbname:"05s.jpg"
28       },{
29         title:'枣花',
30         filename:'06.jpg',
31         thumbname:"06s.jpg"
32       }]
33     },
```

其中，第 7 行代码定义 isPreview 状态变量，用于判断是否展示预览图层。第 8 至 33 行代码定义一个对象数组 pics，其中每个对象有 3 个属性，分别是 title（图片标题）、filename（文件名）、thumbname（缩略图文件名）。

打开/pages/thumbnail/thumbnail.wxml 文件，编写页面渲染层代码，如下所示。

```
1    <!--pages/thumbnail/thumbnail.wxml-->
2    <wxs src='../../utils/format.wxs' module="fmt"></wxs>
3    <view class="info">
4      <text>漫步在校园中，你可曾为路边的一朵小花而驻足？\n【点击缩略图查看原图】</text>
5    </view>
6    <view class="list">
7      <view class="item" wx:for="{{pics}}">
8        <image src="{{fmt.fmtImgPath(item.thumbname)}}" mode="aspectFill" data-
     index="{{index}}" bindtap="preview"></image>
9        <view>{{item.title}}</view>
10     </view>
```

```
11  </view>
12  <view wx:if="{{isPreview}}" class="preview">
13    <image src="{{fmt.fmtImgPath(pre_path)}}" mode="aspectFit"
    bindtap="cancel"></image>
14  </view>
```

其中，第 2 行代码通过 wxs 标签引用/utils/format.wxs 文件，并设置 wxs 标签的 module 属性的值为 fmt，方便后面的代码对其进行调用。

第 7 至 10 行代码使用列表渲染展示缩略图列表。第 8 行代码使用 image 组件展示图片，并设置 mode 属性的值为 aspectFill，该模式根据 image 组件在页面上的尺寸，使图片按比例居中展示，保证图片短边能完全展示，长边发生裁剪，能尽可能多地展示图片的主要内容，且不会拉伸变形，比较适合展示缩略图。显示效果如图 3-12（a）所示。

第 12 至 14 行代码使用条件渲染展示图片预览图层。第 13 行代码的 image 组件设置 mode 属性的值为 aspectFit，该模式按比例展示图片，且保证图片长边完全展示，即能够展示图片的全部内容且不会拉伸变形，比较适合预览整张图片。显示效果如图 3-12（b）和（c）所示。

在第 8 行和第 13 行代码中，image 组件 src 属性的值都使用了数据绑定，在数据绑定的双层大括号运算符中，调用了 WXS 的 fmt.fmtImgpath()函数对文件名进行重新格式化，将文件名转换为完整的图片路径。

打开/pages/thumbnail/thumbnail.wxss 文件，编写样式表的代码，具体代码参见本书附带的源码，其中设置了缩略图列表区域的样式，使用了 Flex 布局方式；设置了预览图片图层的样式，使用了 absolute 绝对定位。

3.8.8 【任务实施】实现图片预览功能

打开/pages/thumbnail/thumbnail.js 文件，编写图片预览功能的实现代码，如下所示。

```
1   // pages/thumbnail/thumbnail.js
2     /**
3      * 预览图片
4      */
5     preview:function(e){
6       var index = e.target.dataset.index
7       var pre_path = this.data.pics[index].filename
8       this.setData({
9         pre_path:pre_path,
10        isPreview:true
11      })
12    },
13    /**
14     * 取消预览
15     */
16    cancel:function(){
17      this.setData({
```

```
18          isPreview:false
19        })
20      },
```

其中，第 5 至 12 行代码的 preview()函数实现了预览图片的功能，获取渲染层携带的 index 参数，首先在 page 的 data 对象的 pics 数组中，获取对应的图片文件名；然后通过 setData()设值函数将图片文件名 pre_path 和预览状态变量 isPreview 的值更新到渲染层。

第 16 至 20 行代码的 cancel()函数实现了取消预览的功能。

保存文件，重新运行后，显示效果如图 3-12 所示。

3.9 学习成果

本项目通过实现一个简单的用于展示微信小程序常用组件用法的小程序，系统地介绍了微信小程序的常用组件的使用，涉及的内容较多，重点掌握如下内容。

（1）了解微信小程序组件的基本用法。

（2）掌握微信小程序视图容器组件 view 组件、scroll-view 组件、movable-view 组件、swiper 组件、cover-view 组件的基本用法和常用属性的设置。

（3）掌握微信小程序基础内容组件 icon 组件、progress 组件、text 组件、rich-text 组件的基本用法和常用属性的设置。

（4）掌握微信小程序表单组件 form 组件、button 组件、checkbox 组件、radio 组件、input 组件、textarea 组件、picker 组件、slider 组件、switch 组件的基本用法和常用属性的设置。

（5）掌握微信小程序 navigator 组件、map 组件的基本用法和常用属性的设置。

（6）掌握微信小程序多媒体组件 image 组件、audio 组件、video 组件的用法。

（7）掌握微信小程序 dataset 自定义数据的用法。

（8）掌握样式表中 Flex 布局的用法，rpx 尺寸单位的用法。

（9）了解 Base64 编码的用法。

（10）了解微信小程序原生组件的概念，以及在使用时的注意事项。

（11）了解并熟悉 WXS 的基本用法，了解模块化的概念和用法。

3.10 巩固训练与创新探索

一、填空题

1．input 标签的____________属性表示输入的类型，如文本、数字、身份证等。

2．在 swiper 组件中，通过____________属性来设置滑动动画的时长（单位为 ms），默认值为 500。

3．在 scroll-view 组件中，通过____________属性来设置滚动条的纵向滚动特性。

4．在 slider 组件中，通过____________属性来展示当前的 value 值，默认值为 False。

5．通过为 form 组件设置____________属性，用于生成 formId。

二、判断题

1．swiper-item 组件只可以放在 swiper 组件中。（　　）

2. 在 image 组件中的二维码图片不支持长按识别，如果需要，可以通过调用图片预览 API 即 wx.previewImage()来实现。（　　）

3．在 slider 组件上绑定 bindchanging="sliderChanging"事件，只有当滑块停止被拖动时才会执行 sliderChanging()事件处理函数。（　　）

4．view 和 text 标签属于双边标签，由开始标签和结束标签两部分组成。（　　）

5．在 text 标签中实现换行，可以使用 br 标签。（　　）

三、选择题

1．在 radio 和 checkbox 标签中，（　　）表示该选项中对应的值。

A．checked 属性　　B．value 属性　　C．name 属性　　D．type 属性

2．在微信小程序的页面组件中，视图容器组件用（　　）表示。

A．block　　B．text　　C．view　　D．icon

3．在微信小程序 view 组件中，（　　）用于指定当鼠标按下时显示的 class 样式。

A．hover-id　　B．hover　　C．hover-class　　D. hover-view

4．在微信小程序组件中，（　　）表示将其包裹的所有 radio 标签当作一个单选框组。

A．selected-group　　B．radio-group

C．checkbox-group　　D．option-group

5．在微信小程序中，（　　）组件是表单组件中的一种，用于滑动选择某一个值。

A．progress　　B．slider　　C．input　　D．audio

四、创新探索

1．我校毕业班的同学自主创业，为一家学龄前教育机构开发用于学龄前教育的微信小程序，因为面向的适用对象是学龄前的幼儿，所以要求选择题的备选答案不能直接使用 radio 组件或 picker 组件，要替换成 image 组件。例如，语音提示：“哪一个是妈妈？”的选项页面如下图所示。请你帮这位同学想想，应该如何实现？

2．在上一题的微信小程序中，该教育机构作为甲方，有自己的 Web 服务器后台，并有自己的用户系统，能提供用户注册、登录等功能。甲方提出一个需求：在用户登录时，模仿当登录腾讯产品时的“拖动滑块验证”功能，效果如下图所示。请思考使用微信小程序的常用组件应该如何实现这一功能？

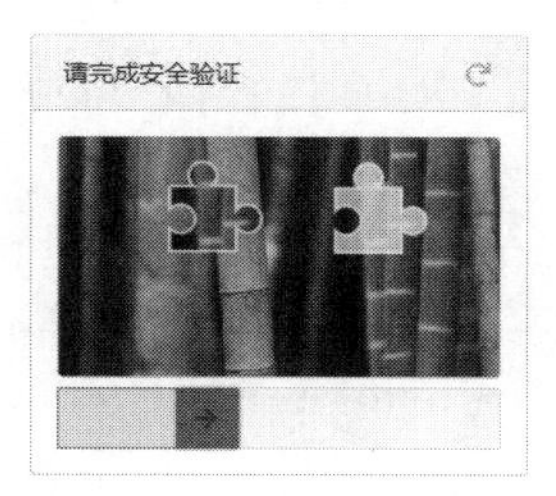

3.11 职业技能等级证书标准

在与本项目内容有关的微信小程序开发“1+X”职业技能等级证书标准中，中级微信小程序开发职业技能等级要求节选如表 3-52 所示。

表 3-52 微信小程序开发职业技能等级要求（中级）节选

工作领域	工作任务	职业技能要求
3. 微信小程序开发	3.2 微信小程序宿主环境组件管理	3.2.1 能熟练掌握基础内容组件的功能及参数，包括 icon、progress、rich-test、text 3.2.2 能熟练掌握常见的表单组件的功能及参数，包括 button、checkbox、editer、form、input、label、picker 等 3.2.3 能熟练掌握常见的媒体组件的功能及参数，包括 audio、camera、image、video、live-player 等 3.2.4 能熟练掌握开发能力组件的功能及参数，包括 ad、official-account、open-data、web-view 等 3.2.5 能熟练掌握 map 组件的功能及参数 3.2.6 能熟练掌握 canvas 组件的功能及参数

项目 4

微信小程序的常用 API

微信小程序提供了很多在开发微信小程序时常用的 API，包括请求服务器数据、文件上传和下载、图片处理、文件操作、数据缓存、位置信息、设备应用、交互反馈等 API，能在各种应用场景下完成相应的操作。

本项目将会实现一个功能相对复杂的工具箱微信小程序，以演示微信小程序常用 API 的用法，包括页面导航 API、设备应用 API、位置信息 API、文件上传下载 API、图片处理 API 等。

【教学导航】

知识目标	1．了解微信小程序 API 的概念和异步调用、回调函数 2．掌握页面路由 API 的常用属性和用法 3．掌握设备应用 API 的分类、常用属性和使用场景 4．掌握位置信息 API 的常用属性 5．掌握图片处理 API 的常用属性和用法 6．掌握文件上传下载 API 和过程监听的常用属性和方法 7．熟悉文件操作 API、系统权限 API 的常用属性
能力目标	1．掌握页面路由 API 进行页面跳转的操作 2．掌握设备信息、状态获取和控制的操作 3．掌握定位信息及地图控件的相关操作 4．掌握图片处理、文件上传下载及过程监听的操作 5．熟悉请求用户权限、内置文件系统的常用操作
素质目标	1．树立知识产权和法律的意识。图片、音乐、视频及计算机软件都是有知识产权的，在开发软件使用这些素材和资源时，要有法律意识，要取得版权方的许可。另外，自己设计的作品也要及时注册版权，保护好自己的法律权益 2．API 是一个很宽泛的概念。例如，在同一个大型项目中，后端为前端提供的数据和业务的接口，也属于 API。前、后端团队流畅、高效地沟通，也能提高整个项目的开发效率。引导学生思考如何通过团队协作提高工作效率
关键词	API，异步调用，回调函数，页面导航，上传下载

4.1 任务 1：跨页旅行

4.1.1 任务分析

本任务将实现当链接到新页面时携带原页面中的一些数据进入新页面的功能，主要使用页面路由 API。本书提供了本案例的完整代码，跨页旅行的实现效果如图 4-1 所示。

由图 4-1 可见，在跨页旅行页面输入的文字内容，当链接到目的地页面之后，文字内容也被携带到了目的地页面，并且页面链接不是通过使用 navigator 组件进行跳转的，而是通过点击按钮进行跳转的，这需要使用页面路由 API。

（a）　　（b）　　（c）

图 4-1　跨页旅行的实现效果（部分）

素质小课堂：

在实际生产环境中，当开发规模稍大的项目时，开发部门往往会划分为不同的业务团队，一般分为前端、后端两大团队，前端团队可能又会划分为编码团队和页面设计团队……总之，项目越复杂，涉及开发的人员越多，团队的划分就会越细。在这种情况下，项目的各团队之间及团队中每个人之间的沟通、交流、协作情况，会对整个项目的进度产生明显的影响。

《孟子 • 公孙丑下》曰：“天时不如地利，地利不如人和。”人和，就是人与人之间的团结、友好、和谐的关系。身在团队，要有团队协作精神，有效沟通，勇于担责不推诿，人人为我，我为人人，个人和团队才能共同进步，为社会创造更多价值。

4.1.2 微信小程序 API

扫一扫

微课：微信小程序 API 概述

API（Application Program Interface，应用程序接口）是一些预先定义的函数，可以提供给应用程序与开发人员基于某软件或硬件访问一组例程的能力，无须访问源码，或者理解内部工作机制的细节。

在当前的软件开发中，特别是在大型、综合性项目的开发中，API

已经成为必不可少的组成部分。API 可以由某个平台、某种编程语言或某个开发框架提供，如 Windows 操作系统为开发者提供的 API、Java 中的 API，以及微信小程序的 API。API 也可以由某个具体的业务平台提供，如百度地图的 API、海康平台的 API 等。API 还可以由一个项目团队的不同成员之间相互提供，如后端开发人员提供给前端开发人员的业务或数据的 API 等。

微信小程序开发框架提供丰富的微信原生 API，可以方便地调用微信提供的功能，如获取设备、本地存储、图片处理、位置信息等。

API 可以分为三大类，事件监听 API、同步 API 和异步 API。事件监听 API 以“on”开头，用于监听某些事件的触发，这类 API 接收一个回调函数作为参数，当事件触发时会调用该回调函数，并将相关数据以参数形式传入。例如，wx.onWindowResise(function callback)用于监听窗口尺寸变化的事件。同步 API 以“Sync”结尾，这类 API 的执行结果可以通过函数返回值直接获取，如果执行出错则会抛出异常提示。异步 API 类似 jQuery 中的$.ajax(options)函数，需要通过 success()、fail()、complete()接收调用的结果，大多数 API 都是异步 API，如 wx.request()，wx.login()等。

需要注意的是，由于很多操作涉及用户的隐私，微信小程序的官方规定有些 API 只能在特定服务类目下的微信小程序中使用；有些 API 在使用前必须先在管理后台进行申请；有些 API 则需要在调用前向用户进行权限声明，获取用户许可之后才能正常使用。

以上限制一般在微信小程序提交审核时才会有，我们在开发者工具中学习、测试这些 API 的用法，一般是不受限制的。

下面通过一些实例，按照由易到难的顺序介绍微信小程序的常用 API 的用法。

4.1.3　页面路由 API

扫一扫

微课：页面路由 API

在前面的项目和任务中，已经介绍过 navigator 组件的用法，可以通过设置其 open-type 属性链接到不同类型的页面。这些操作也可以通过对应的页面路由 API 来实现。页面路由 API 与 navigator 组件的 open-type 属性基本上是一一对应的，常用页面路由 API 与 open-type 属性值的对应关系如表 4-1 所示。

表 4-1　常用页面路由 API 与 open-type 属性值的对应关系

页面路由 API	open-type 属性值	说明
wx.navigateTo()	navigate	保留当前页面，链接到非标签页面
wx.navigateBack()	navigateBack	返回路由前页面
wx.switchTab()	switchTab	链接到标签导航页面
wx.redirectTo()	redirect	关闭当前页面，打开非标签页面
wx.reLaunch()	relaunch	关闭所有页面链接到任意页面

wx.navigateTo(Object object)的作用是保留当前页面，链接到应用内的某个页面，但是不能链接到 tabBar 页面。wx.navigateBack()的作用是返回路由前页面。在微信小程序中页面栈最多有十层。wx.navigateTo()的常用参数如表 4-2 所示。

表 4-2　wx.navigateTo()的常用参数

属性	类型	默认值	必填	说明
url	String		是	需要跳转的应用内非 tabBar 页面的路径（代码包路径），路径后可以带参数。参数与路径之间使用“?”分隔，参数键与参数值之间使用“=”连接，不同参数之间使用“&”分隔，如'path?key=value&key2=value2'
success	function		否	接口调用成功的回调函数
fail	function		否	接口调用失败的回调函数
complete	function		否	接口调用结束的回调函数（无论调用成功、失败都会执行）

其中，success、fail、complete 这 3 个属性的类型是函数，被称为回调函数，在大部分异步调用的 API 中的 object 参数对象中，都会包含这 3 个函数。

wx.navigateTo()的示例代码如下。

```
1  //链接到 b 页面
2  navToPageB: function(){
3    wx.navigateTo({
4  url: '../b/b',
5  success: function(res){
6    console.log(res)
7  }
8  })
9  }
```

wx.navigateBack(Object object)的作用是关闭当前页面，返回上一页面或多级页面。调用 getCurrentPages()函数获取当前的页面栈，并决定需要返回第几层页面栈，wx.navigateBack()的常用参数如表 4-3 所示。

表 4-3　wx.navigateBack()的常用参数

属性	类型	默认值	必填	说明
delta	number	1	否	返回的页面数，如果 delta 属性的值大于现有页面数，则返回首页
success	function		否	接口调用成功的回调函数
fail	function		否	接口调用失败的回调函数
complete	function		否	接口调用结束的回调函数（无论调用成功、失败都会执行）

示例代码如下。

```
1  // 此处是 A 页面
2  wx.navigateTo({
3    url: 'B'
4  })
5
6  // 此处是 B 页面
7  wx.navigateTo({
8    url: 'C'
9  })
```

```
10
11  // 在 C 页面中调用 wx.navigateBack()，如果 delta 属性的值为 2，则返回 A 页面
12  wx.navigateBack({
13    delta: 2
14  })
```

wx.switchTab(Object object)的作用是跳转到 tabBar 页面，并关闭所有非 tabBar 页面。object 参数的属性与 wx.navigateTo()类似，也有 url 属性，但不能通过“url?id=1”的方式携带参数。

wx.redirectTo(Object object)的作用是关闭当前页面，跳转到应用内的某个页面，但是不允许跳转到 tabBar 页面。object 参数的 url 属性可以带通过“url?param1 =value1¶m2=value2”的方式携带参数，多个参数之间使用“&”分隔。要注意其与 wx.navigateTo()作用的区别，注意是否在页面栈中保留当前页面。

wx.reLaunch(Object object)的作用是关闭所有页面，跳转到应用内的某个页面。目标页面可以是标签页面，也可以是非标签页面。url 属性可以携带参数。

4.1.4　回调函数

回调函数是什么？为了方便说明，假设有两个函数：一个是需要被调用的函数，如本任务中要调用的 API，将其称为函数 A；另一个是回调函数，将其称为函数 B。一般来说，回调函数（函数 B）就是其他函数（函数 A）中的一个参数，先将函数 B 作为参数传递到函数 A 中，当函数 A 执行完，再执行传递进去的函数 B，并通过函数 B 的参数列表将执行后的结果传递回来。这个过程被称为回调。

其实很容易理解，所谓回调就是“回头调用”的意思。先执行主函数的代码，再调用被作为参数传递进来的函数，一般用于将执行结果传回调用者。

微信小程序的 API 大部分都使用异步调用的方式，返回结果一般要在回调函数中进行处理。从如下代码中可知同步调用和异步调用的区别。

```
1   //同步调用
2   var name = getNameSync(id)
3   console.log(name)
4   console.log('其他信息')
5
6   //异步调用
7   getNmae({
8     id: id,
9     success (res) { //回调函数
10  var name = res.data.name
11  console.log(name)
12    }
13  })
14  console.log('其他信息')
```

由以上代码可知，同步调用就是在调用函数之后，要等待被调用的函数执行完成并返回

结果，主函数才继续执行，因此控制台上输出的顺序应该是 name 变量的值在前，其他信息在后。

而异步调用是在调用函数之后，主函数继续向下执行，不用等待被调用函数执行完成。当被调用函数执行完成后，在回调函数中输出返回的结果。因此，如果被调用函数的执行时间较长，控制台上输出的顺序应该是其他信息在前，name 变量的值在后。

扫一扫

微课：实现跨页旅行功能

4.1.5 【任务实施】构建常用 API 页面

打开 app.json 文件，编写添加新页面的代码，如下所示。

```
1   {
2     "pages":[
3       "pages/index/index",
4       "pages/pagenav/pagenav",
5       "pages/pagetrip/pagetrip",
6       "pages/album/album",
7       "pages/downloading/downloading",
8       "pages/whereami/whereami",
9       "pages/sloper/sloper",
10      "pages/compass/compass",
11      "pages/article/article",
12      "pages/articledetail/articledetail",
13      "pages/collectdetail/collectdetail",
14      "pages/doodle/doodle",
15      "pages/logs/logs"
16    ],
17    "window":{
18      "backgroundTextStyle":"light",
19      "navigationBarBackgroundColor": "#fff",
20      "navigationBarTitleText": "常用 API",
21      "navigationBarTextStyle":"black"
22    },
23    "style": "v2",
24    "sitemapLocation": "sitemap.json"
25  }
```

其中，第 4 至 14 行代码是新增加页面的代码。第 17 至 22 行代码定义微信小程序的外观样式，这里只修改了第 20 行代码标题栏的文字。修改完毕后，保存 app.json 文件，重新编译，微信开发者工具会自动生成新的页面。

打开 pages/index/index.js 文件，编写首页初始化数据的代码，如下所示。

```
1   // index.js
2   Page({
```

```
3      /**
4       * 页面的初始化数据
5       */
6      data: {
7        pages:[
8          "pages/pagenav/pagenav",
9          "pages/article/article",
10         "pages/album/album",
11         "pages/downloading/downloading",
12         "pages/whereami/whereami",
13         "pages/sloper/sloper",
14         "pages/compass/compass",
15         "pages/doodle/doodle",
16       ],
17       menuitems:[
18         {
19           title:'跨页旅行',
20           info:'页面路由 API'
21         },{
22           title:'文章列表/收藏',
23           info:'服务器/交互/缓存 API'
24         },{
25           title:'精选相册',
26           info:'图片处理 API'
27         },{
28           title:'下载进度条',
29           info:'文件上传下载 API'
30         },{
31           title:'我在哪儿？',
32           info:'位置信息 API'
33         },{
34           title:'坡度计',
35           info:'加速度计 API'
36         },{
37           title:'指北针',
38           info:'罗盘 API'
39         },{
40           title:'音乐涂鸦',
41           info:'画布和音乐 API'
42         }
43       ]
44     },
```

将 app.json 文件中的 pages 数组的内容复制到 index.js 文件的 data 对象中（如第 7 至 16 行代码），只留下每个任务页面，可以注释或删除其他页面。

在第 17 至 43 行代码中，按照页面路径的顺序定义菜单项对象数组，每个对象设置两个属性，分别是菜单项的 title（标题）和 info（描述信息）属性。

打开 pages/index/index.wxml 文件，编写首页代码，如下所示。

```
1   <!--index.wxml-->
2   <view class="title">案例：微信小程序常用 API</view>
3   <view class="list">
4     <view class="item" wx:for="{{menuitems}}" wx:key="*this">
5       <view class="name">{{item.title}}</view>
6       <view class="info">{{item.info}}</view>
7     </view>
8     <view class="item">
9       <view class="name">更多</view>
10      <view class="info">更多精彩由你书写</view>
11    </view>
12  </view>
```

其中，第 4 至 7 行代码使用 wx:for 列表渲染来展示工具箱的菜单项列表。

打开 pages/index/index.wxss 文件，编写样式代码，具体代码参见本书附带的源码。完成之后保存文件，重新编译之后的页面效果如图 4-1（a）所示。

4.1.6 【任务实施】实现子页面链接功能

打开 pages/index/index.wxml 文件，编辑常用 API 页面链接的页面代码，如下所示。

```
1   <!--index.wxml-->
2   <view class="title">实用工具箱：常用 API 版</view>
3   <view class="list">
4     <view class="item" wx:for="{{menuitems}}" wx:key="*this">
5       <view class="name" bindtap="navto" data-index="{{index}}">
    {{item.title}}</view>
6       <view class="info">{{item.info}}</view>
7     </view>
8     <view class="item">
9       <view class="name">更多工具</view>
10      <view class="info">更多精彩由你书写</view>
11    </view>
12  </view>
```

在第 5 行代码中，增加 bindtap 属性来指定点击事件的处理函数，增加 data-index 属性来设置 dataset 数据集在点击事件中携带的 index 参数，即菜单项数组的索引值。

打开 pages/index/index.js 文件，编辑页面链接的函数，代码如下。

```
1   //index.js
2     // 链接到新页面
3     navto: function (e) {
```

```
4        var index = e.currentTarget.dataset.index
5        var pages = this.data.pages
6        var url = pages[index]
7        wx.navigateTo({
8          url: "/"+url,
9        })
10     },
```

其中，第 4 行代码获取在点击事件中 dataset 数据集携带的 index 参数值，并赋值给本地变量 index。第 5 行代码读取 data 对象中页面数组。第 6 行代码通过数组和索引值获取被点击的菜单项的 URL。第 7 至 9 行代码通过调用 wx.navigateTo()传入 url 参数，实现链接到 url 参数对应的页面的功能。

4.1.7 【任务实施】实现跨页旅行功能

打开 pages/pagenav/pagenav.wxml 文件，编辑跨页旅行页面代码，如下所示。

```
1    <!--pages/pagenav/pagenav.wxml-->
2    <form bindsubmit="pagetrip">
3      <view class="formbody">
4        <input type="text" name="name" placeholder="请输入你的姓名" />
5        <input type="text" name="dest" placeholder="请输入你的目的地" />
6        <picker mode="selector" value="{{i}}" name="traffic" range="{{traffics}}"
     range-key="title" bindchange="picker">
7          <view>选择你的交通工具：{{traffics[i].title}}</view>
8        </picker>
9        <button type="primary" form-type="submit">一起去旅行吧</button>
10     </view>
11   </form>
```

其中，使用 1 个 form 组件，通过 bindsubmit 属性指定提交表单事件的处理函数；在 form 组件中使用 2 个 input 组件、1 个 picker 组件和 1 个用于提交表单的 button 组件，要注意 form 组件中 name 属性的使用。

第 6 行代码使用 picker 组件，通过 range 属性指定用作选项的数据源数组。由于数据源是对象数组，通过 range-key 属性指定在页面上展示对象的属性，通过 bindchange 属性指定选择操作的事件处理函数。

打开 pages/pagenav/pagenav.wxss 文件，编写样式表代码，对文本框区域、选择器区域的字体、边框进行一些简单的样式设置，具体代码参见本书附带的源码。读者也可以根据对 CSS 的掌握情况自行设置。

打开 pages/pagenav/pagenav.js 文件，编辑跨页旅行页面的功能代码，如下所示。

```
1    //pagenav.js
2      //处理 picker 组件选择事件
3      picker:function(e){
```

```
4      //console.log(e)
5      this.setData({
6        i:e.detail.value
7      })
8    },
9    //处理表单提交数据
10   pagetrip:function(e){
11     //console.log(e)
12     var name = e.detail.value.name
13     var dest = e.detail.value.dest
14     var i = e.detail.value.traffic
15     var traffics = this.data.traffics
16     var url = '../pagetrip/pagetrip'
17     url += "?name=" + name
18     url += "&dest=" + dest
19     url += "&traffic="+traffics[i].title
20     wx.navigateTo({
21       url: url
22     })
23   },
```

其中，第 3 至 8 行代码处理 picker 组件的选择操作事件，首先通过事件携带的对象 e 的属性 e.detail.value 来获取用户选择的数组项号的索引值，然后通过 setData()设值函数将此索引值更新到渲染层页面。

第 10 至 23 行代码获取表单提交的数据，通过调用 wx.navigateTo()链接到目标页面 pagetrip。第 17 至 19 行代码通过“?param=value&p2=v2”的方式在 URL 中携带参数。

打开 pages/pagetrip/pagetrip.wxml 文件，编辑目标页面代码，如下所示。

```
1  <!--pages/pagetrip/pagetrip.wxml-->
2  <view class="txt">{{name}}，欢迎你</view>
3  <view class="txt">乘坐 {{traffic}}</view>
4  <view class="txt">来到 {{dest}}!!</view>
```

其中，第 2 至 4 行代码使用数据绑定展示 name、traffic、dest 参数的值。此页面组件非常简单，读者可以自行设置 WXSS 样式。

打开 pages/pagetrip/pagetrip.js 文件，编辑目标页面功能代码，如下所示。

```
1  // pages/pagetrip/pagetrip.js
2    /**
3     * 生命周期函数用于监听页面加载
4     */
5    onLoad(options) {
6      // console.log(options.name)
7      this.setData({
8        name: options.name,
9        dest: options.dest,
```

```
10        traffic: options.traffic
11      })
12    },
```

在页面的 onLoad()生命周期函数中，默认有一个 options 参数，当通过“url?param=value”方式携带参数链接到当前页面时，可以通过设置 options 对象的属性为 options.param 来获取携带的参数值。因此，在第 8 至 10 行代码中，通过设置 options.name、options.dest、options.traffic 可以获取页面跳转时携带的 name、dest、traffic 参数，并通过 setData()设值函数将 name 参数值更新到渲染层，最终效果如图 4-1（c）所示。

4.2　任务 2：精选相册

4.2.1　任务分析

本任务将实现精选相册页面的功能，主要使用了图片处理 API 中的选择图片和预览图片的 API，以及列表渲染和条件渲染功能。本书提供了本案例的完整代码，精选相册页面如图 4-2 所示。

由图 4-2 可见，点击“点击选择图片”按钮，可以在本地相册中选择若干图片，并以缩略图相册的方式展示在页面上，点击缩略图，可以以全屏的方式对其预览。

（a）

（b）

图 4-2　精选相册页面（部分）

4.2.2　图片处理 API

微信小程序对图片的处理提供了一系列的 API，常用的 API 包括用于选择本地相册中的图片的 API、用于预览图片的 API、用于获取图片信息的 API、用于保存图片到系统相册的 API 等。

wx.chooseImage(Object object)用于从本地相册选择图片，或者调用手机摄像头进行拍摄操作。每次最多选择 9 张图片，可以选择是否压缩图片，还可以选择图片来源是相册（即已有的图片）还是相机（即现场拍摄）。调用成功后，微信小程序会为选择的图片生成本地临时路径。在 success()回调函数中，以数组形式返回选择图片的本地临时路径列表，其常用参数如表 4-4 所示。

表 4-4　wx.chooseImage()的常用参数

属性	类型	默认值	必填	说明
count	number	9	否	用于指定最多可以选择图片的张数
sizeType	array.<string>	['original', 'compressed']	否	用于指定选择图片的尺寸
sourceType	array.<string>	['album', 'camera']	否	用于指定选择图片的来源
success	function		否	用于指定接口调用成功的回调函数
fail	function		否	用于指定接口调用失败的回调函数
complete	function		否	用于指定接口调用结束的回调函数（无论调用成功、失败都会执行）

其中，sizeType 属性是字符串数组，默认值为 original（原图）和 compressed（压缩），可以只设置 sizeType 属性为两者中的一个，也可以都设置。如果只设置为其中的一个，则当用户使用时只能选择一种模式；如果都设置，则当用户使用时可以在两种模式中选择一种模式。

sourceType 属性与 sizeType 属性的用法类似，默认值为 album（从相册获取图片）和 camera（从相机获取图片）。

success()回调函数的 Object res 参数常用属性如表 4-5 所示。

表 4-5　wx.chooseImage()的 success()回调函数的 Object res 参数常用属性

属性	类型	说明
tempFilePaths	array.<string>	用于指定图片的本地临时文件路径列表（本地路径）
tempFiles	array.<Object>	用于指定图片的本地临时文件列表

其中，tempFiles 图片的本地临时文件列表是一个对象数组，其中的对象有两个属性 path 和 size，path 即 tempFilePaths 列表中的路径；size 即文件大小，单位是字节（B）。

示例代码如下。

```
1  wx.chooseImage({
2    count: 1,
3    sizeType: ['original', 'compressed'],
4    sourceType: ['album', 'camera'],
5    success (res) {
6      // tempFilePaths 可以作为 img 标签的 src 属性显示图片
7      const tempFilePaths = res.tempFilePaths
8    }
9  })
```

wx.previewImage(Object object)用于在新页面中全屏预览图片。通过设置，可以让用户在预览图片的过程中以长按图片的方式打开操作菜单，可以进行保存图片、发送给朋友等操作。可以预览的图片的本地文件路径、http / https 网络路径，以及从基础库 2.2.3 版本开始支持的云文件 id，其常用参数如表 4-6 所示。

表 4-6　wx.previewImage()的常用参数

属性	类型	默认值	必填	说明
urls	array.<string>		是	用于指定需要预览的图片的链接列表
showmenu	boolean	True	否	用于指定是否以长按图片的方式打开操作菜单
current	String	url 中的第一个值	否	用于指定当前预览的图片的链接
success	function		否	用于指定接口调用成功的回调函数
fail	function		否	用于指定接口调用失败的回调函数
complete	function		否	用于指定接口调用结束的回调函数（无论调用成功、失败都会执行）

其中，showmenu 参数为 True 表示允许用户以长按图片的方式打开操作菜单。如果图片上有可识别的码，操作菜单会识别码，并提供相应的操作。能够识别的码有微信小程序码、微信个人码、企业微信个人码、普通群码、互通群码、公众号二维码等。

示例代码如下。

```
1  wx.previewImage({
2    current: ' http://example.com/02.jpg ',
3    urls: [  // 需要预览的图片的 http 链接列表
4      'http://example.com/01.jpg', //模拟数据，仅用于示例
5      'http://example.com/02.jpg',
6      'http://example.com/03.jpg'
7    ]
8  })
```

wx.getImageInfo(Object object)用于获取图片信息。在正式发布的微信小程序中，如果要获取网络图片的信息，则需要在微信小程序的管理后台配置 download 域名才能生效，其常用参数如表 4-7 所示。

表 4-7　wx.getImageInfo()的常用参数

属性	类型	默认值	必填	说明
src	String		是	用于指定图片的路径，支持网络路径、本地路径、代码包路径
success	function		否	用于指定接口调用成功的回调函数
fail	function		否	用于指定接口调用失败的回调函数
complete	function		否	用于指定接口调用结束的回调函数（无论调用成功、失败都会执行）

其中，src 属性表示要获取信息的图片的路径，支持网络路径、本地路径和代码包路径。success()回调函数的 Object res 参数常用属性如表 4-8 所示。

表 4-8　wx.getImageInfo()的 success()回调函数的 Object res 参数常用属性

属性	类型	说明
width	number	用于指定图片原始宽度，单位为 px。不考虑旋转
height	number	用于指定图片原始高度，单位为 px。不考虑旋转
path	String	用于指定图片的本地路径
orientation	String	用于指定拍照时的设备方向
type	String	用于指定图片格式

其中，type 属性用于设置图片格式，微信小程序支持的图片格式有 JPEG、PNG、GIF、TIFF，其他格式会被认为是 UNKNOWN。

示例代码如下。

```
1  //网络图片
2  wx.getImageInfo({
3    src: 'https://example.com/a.jpg', //仅用作示例
4    success (res) {
5      console.log(res.width)
6      console.log(res.height)
7    }
8  })
9  //代码包图片
10 wx.getImageInfo({
11   src: 'images/a.jpg',
12   success (res) {
13     console.log(res.width)
14     console.log(res.height)
15   }
16 })
17 //通过 chooseImage 选择的本地图片
18 wx.chooseImage({
19   success (res) {
20     wx.getImageInfo({
21       src: res.tempFilePaths[0],
22       success (res) {
23         console.log(res.width)
24         console.log(res.height)
25       }
26     })
27   }
28 })
```

wx.saveImageToPhotosAlbum(Object object)用于将图片保存到系统相册，不支持直接保存网络图片路径，只支持保存本地路径和本地临时路径。其中 object 参数的属性可以设置为回调函数，还可以设置为常用属性值 filePath，取值为本地临时图片路径或本地图片路径。

示例代码如下。

```
1   wx.chooseImage({
2     success (res) {
3       wx. saveImageToPhotosAlbum ({
4         filePath: res.tempFilePaths[0],
5         success (res) {
6           console.log(res)
7         }
8       })
9     }
10  })
```

4.2.3　视频处理 API

扫一扫

微课：视频处理 API

在微信小程序中，对视频的操作与对图片的操作十分相似，对应的 API 名称也很相似。例如，wx.chooseVideo()用于选择视频，wx.getVideoInfo()用于获取视频信息，wx.saveVideoToPhotosAlbum()用于保存视频到系统相册等，可以参考图片处理 API 的使用方法进行操作。

从基础库 2.21.0 版本之后，微信小程序官方建议可以使用 wx.chooseMedia()来代替 wx.chooseImage()和 wx.chooseVideo()，用于选择视频或图片。另外，可以使用 wx.previewMedia()来预览图片和视频，其使用方法与对应的图片处理 API 的使用方法相似。

除了以上功能，视频处理 API 还可以对页面上的 video 组件进行视频上下文对象的绑定。

VideoContext（视频上下文实例）对象可以通过 wx.createVideoContext()获取。VideoContext 对象通过 id 与一个 video 组件绑定，操作对应的 video 组件。可以调用 VideoContext 对象的方法对 video 组件中的视频进行播放、暂停、发送弹幕等操作。VideoContext 对象常用的方法有以下几种。

- VideoContext.play()用于播放视频。
- VideoContext.pause()用于暂停视频。
- VideoContext.stop()用于停止视频。
- VideoContext.seek(number position)用于跳转到指定位置。
- VideoContext.sendDanmu(Object data)用于发送弹幕。
- VideoContext.playbackRate(number rate)用于设置倍速播放。
- VideoContext.requestFullScreen(Object object)用于进入全屏。如果有自定义内容需要在全屏时展示，则需要将内容节点放置到 video 节点内。
- VideoContext.exitFullScreen()用于退出全屏。

4.2.4　【任务实施】构建相册页面

扫一扫

微课：实现相册功能

打开 pages/album/album.wxml 文件，编写相册页面代码，如下所示。

```
1   <!--pages/album/album.wxml-->
2   <button type="primary" bindtap="choosepic">点击选择图片</button>
```

```
3    <view class="album" wx:if="{{choosed}}">
4      <view wx:for="{{pics}}" wx:key="*this" class="pic">
5        <image src="{{item}}" mode="aspectFill"></image>
6      </view>
7    </view>
```

其中，第 2 行代码指定一个按钮，通过 bindtap 属性指定点击事件的处理函数。第 3 行代码使用 wx:if 条件渲染判断，在执行判断操作之后才显示相册页面。第 4 行代码使用 wx:for 列表渲染展示选择图片返回的所有结果。第 5 行代码使用 image 组件展示图片，设置以 aspectFill 裁剪的模式显示缩略图。

打开 pages/album/album.wxss 文件，编写样式代码，具体代码参见本书附带的编码。其中使用 Flex 布局方式对整体页面布局，为每张图片设置用于展示的矩形框的大小和位置，并设置每张图片的大小、圆角矩形和阴影。最终显示效果如图 4-2 所示。

4.2.5 【任务实施】实现选择图片的展示功能

打开 pages/album/album.js 文件，编写选择图片的展示功能的代码，如下所示。

```
1    // pages/album/album.js
2      //页面的初始化数据
3      data: {
4        choosed:false,
5        pics:[]
6      },
7      //选择并展示图片
8      choosepic:function(){
9        var that = this
10       wx.chooseImage({
11         count: 9,
12         sourceType:['album'],
13         sizeType:['original'],
14         success:function(res){
15           console.log(res)
16           that.setData({
17             pics:res.tempFilePaths,
18             choosed:true
19           })
20         }
21       })
22     },
```

其中，第 3 至 6 行代码在页面 js 文件的 data 对象中定义 boolean 型的 choosed 变量，用于判断是否已经执行选择操作，且定义 pics 数组用于存放选择图片返回的结果中的本地路径列表数组。

第 9 行代码定义一个 that 变量，并将 this 保留字赋值给 that 变量，这一操作在 API 的调用操作中十分常见，因为要在 success()回调函数中调用页面的 setData()设值函数进行设值操作，而 success()回调函数是 wx.chooseImage()的 object 对象的一个属性，即 setData()设值函数的调用发生在一个对象的内部，此时如果依然使用 this.setData()进行调用，就会出错，因此一般在调用 API 之前，先在函数中定义一个变量为 that 或_this 等，并将 this 赋值给它。

第 10 行代码调用 wx.chooseImage()指定其参数属性，最多可选择 9 张图片，来源为相册，图片大小为原图（不压缩）。第 14 至 20 行代码在 success()回调函数中，调用 setData()设值函数将返回结果中的图片本地路径列表数组更新到本地数组变量 pics 中，并把 choosed 变量的参数值设置为 True。这样，在点击“点击选择图片”按钮在本地相册中选择若干图片并确定后，被选中的图片就会依次以缩略图的形式展示在精选相册页面上。

4.2.6 【任务实施】实现图片预览功能

打开 pages/album/album.wxml 文件，添加实现图片预览功能的代码，如下所示。

```
1   <!--pages/album/album.wxml-->
2   <button type="primary" bindtap="choosepic">点击选择图片</button>
3   <view class="album" wx:if="{{choosed}}">
4     <view wx:for="{{pics}}" wx:key="*this" class="pic">
5       <image src="{{item}}" mode="aspectFill" data-path="{{item}}"
    bindtap="previewpic"></image>
6     </view>
7   </view>
```

在第 5 行代码中添加 bindtap 属性，指定图片被点击时的事件处理函数，并添加 data-path 属性，通过数据绑定设置属性值为当前图片文件的路径，以 dataset 数据集的方式将图片文件路径的值作为 dataset 数据集中的 path 变量名传递到逻辑层。

打开 pages/album/album.js 文件，编写实现图片预览效果的代码，如下所示。

```
1   // pages/album/album.js
2     //预览图片
3     previewpic:function(e){
4       var path = e.currentTarget.dataset.path
5       var urls = []
6       urls.push(path)
7       wx.previewImage({
8         urls: urls,
9       })
10    },
```

其中，第 4 行代码获取点击事件携带的 dataset 数据集中的 path 变量的值，即图片文件的本地路径。因为 wx.previewImage()接收的参数属性是一个路径数组，所以第 5 行代码构造一个空数组；第 6 行代码将获取的图片文件的本地路径放入数组；第 7 至 9 行代码调用 API 预览图片，最终效果如图 4-2 所示。

4.3 任务3：下载进度条

4.3.1 任务分析

文件下载功能是微信小程序中较常用的功能。文件下载有两种方式，一种是在开始下载后将下载操作转入后台，继续执行其他操作，当下载完成后提醒用户下载完毕并进行后续操作。另一种是需要等待下载完成后才能进行后续操作，如果由于用户网络、服务器或文件大小等，导致下载时间较长，如超过10s，那么在没有提示的情况下用户可能会认为页面失去响应，不再继续操作。因此应该给用户一个明确的提示，让用户知道正在执行下载操作。

本任务将实现下载进度条页面功能，主要使用文件下载API、下载过程监听API及progress组件。本书提供了本案例的完整代码，下载进度条页面如图4-3所示。

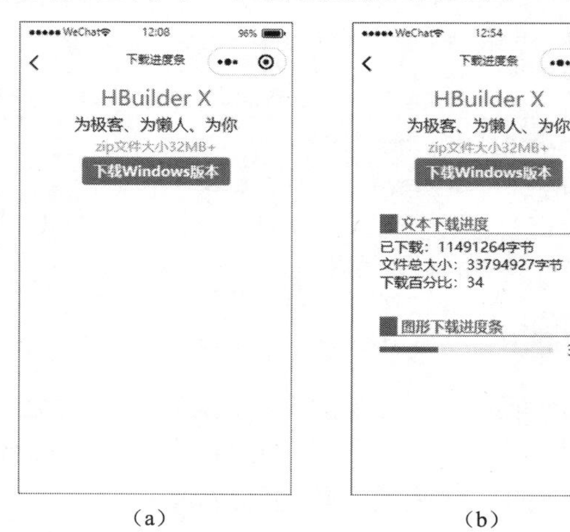

（a）　　　　（b）

图4-3　下载进度条页面

由图4-3可见，点击“下载Windows版本”按钮开始下载，按钮下方展示了两种下载进度提示，一种以文本的方式提示用户已下载文件的大小、文件总大小和下载百分比；另一种以更直观的图形进度条的方式来提示用户下载进度。

4.3.2 文件上传、下载API

扫一扫

微课：文件上传、下载API

wx.downloadFile(Object object)用于将服务器文件资源下载到本地。客户端直接发起一个HTTPS GET请求，返回文件的本地临时路径（本地路径），单次允许下载的最大文件为200MB。

当微信小程序进行网络操作时，一般需要在微信小程序管理后台配置服务器域名。服务器域名在主菜单中选择“小程序后台”→“开发”→“开发设置”→“服务器域名”选项进行配置，配置时需要注意以下几点。

- 域名只支持 HTTPS（wx.request()、wx.uploadFile()、wx.downloadFile()）和 WSS(wx.connectSocket()）协议。
- 域名不能使用 IP 地址（微信小程序的局域网 IP 除外）或 localhost。
- 可以配置端口，如 https://myserver.com:8080，但是配置后只能向 https://myserver.com:8080 发起请求。如果向 https://myserver.com、https://myserver.com:9091 等发起请求则会提示失败。
- 如果不配置端口，如 https://myserver.com，那么在请求的 URL 中也不可以包含端口，甚至不可以包含默认的 443 端口。如果向 https://myserver.com:443 请求则会提示失败。
- 域名必须经过 ICP 备案。
- 不支持配置父域名，支持配置子域名。

在微信开发者工具中，可以临时选择“开发环境不校验请求域名”“TLS 版本及 HTTPS 证书”选项，跳过服务器域名的校验。当在微信开发者工具及手机中开启调试模式时，不会进行服务器域名的校验。

wx.downloadFile()的常用参数如表 4-9 所示。

表 4-9 wx.downloadFile()的常用参数

属性	类型	默认值	必填	说明
url	String		是	用于指定下载资源的 URL
header	Object		否	用于指定 HTTP 请求的 header，在 header 中不能设置 Referer
timeout	number		否	用于指定超时时间，单位为 ms
filePath	String		否	用于指定文件下载后存储的路径（本地路径）
success	function		否	接口调用成功的回调函数
fail	function		否	接口调用失败的回调函数
complete	function		否	接口调用结束的回调函数（无论调用成功、失败都会执行）

其中，success()回调函数的 Object res 参数常用属性如表 4-10 所示。

表 4-10 wx.downloadFile()的 success()回调函数的 Object res 参数常用属性

属性	类型	说明
tempFilePath	String	用于指定临时文件路径（本地路径）。当没有传入 filePath 属性指定的文件存储路径时会返回，下载后的文件会存储到一个临时文件中
filePath	String	用于指定文件存储路径（本地路径）。当传入 filePath 属性值时会返回，与传入的 filePath 属性值一致
statusCode	number	用于指定开发者服务器返回的 HTTP 状态码

当调用 wx.downloadFile()时，只要服务器有响应数据，就会把响应内容写入文件并调用 success()回调函数，调用者在业务逻辑中需要根据服务器返回的数据，自行判断是否成功下载想要的内容，代码如下。

```
1  wx.downloadFile({
2    url: 'https://example.com/audio/123', //仅用于示例
3    success (res) {
4      // 自行判断是否成功下载
5      if (res.statusCode === 200) {
6        wx.playVoice({
```

```
7          filePath: res.tempFilePath
8        })
9      }
10   }
11 })
```

wx.downloadFile(Object object)是有返回值的，返回值是微信小程序内置的 DownloadTask 对象，该对象可以用于实现监听下载进度变化事件和取消下载等。

DownloadTask 对象的常用方法有以下几种。

- DownloadTask.abort()用于中断下载任务。
- DownloadTask.onProgressUpdate(function listener)用于监听下载进度变化事件。
- DownloadTask.offProgressUpdate(function listener)用于移除下载进度变化事件的监听函数。
- DownloadTask.onHeadersReceived(function listener)用于监听 HTTP Response Header 事件，比请求完成事件更快。
- DownloadTask.offHeadersReceived(function listener)用于移除 HTTP Response Header 事件的监听函数。

示例代码如下。

```
1  const downloadTask = wx.downloadFile({
2    url: 'http://example.com/audio/123', //仅用于示例
3    success (res) {
4      wx.playVoice({
5        filePath: res.tempFilePath
6      })
7    }
8  })
9  downloadTask.onProgressUpdate((res) => {
10   console.log('下载进度', res.progress)
11   console.log('已下载大小', res.totalBytesWritten)
12   console.log('预期总大小', res.totalBytesExpectedToWrite)
13 })
14 downloadTask.abort() // 取消下载任务
```

wx.uploadFile(Object object)用于将文件上传到服务器，需要服务器提供一个接收文件上传功能的 URL。与 wx.downloadFile()类似，当调用上传文件 API 时也会返回一个 UploadTask 对象，可以实现监听上传进度变化、取消上传等功能。wx.uploadFile()的常用参数如表 4-11 所示。

表 4-11　wx.uploadFile()的常用参数

属性	类型	默认值	必填	说明
url	String		是	用于指定开发者服务器的地址
filePath	String		是	用于指定要上传文件资源的路径（本地路径）

续表

属性	类型	默认值	必填	说明
name	String		是	用于指定文件对应的 key，开发者在服务端可以通过这个 key 获取文件的二进制内容
header	Object		否	用于指定 HTTP 请求 header，header 中不能设置 Referer
formData	Object		否	用于指定 HTTP 请求中其他额外的表单数据
timeout	number		否	用于指定超时时间，单位为 ms
success	function		否	接口调用成功的回调函数
fail	function		否	接口调用失败的回调函数
complete	function		否	接口调用结束的回调函数（无论调用成功、失败都会执行）

示例代码如下。

```
1   wx.chooseImage({
2     success (res) {
3       const tempFilePaths = res.tempFilePaths
4       wx.uploadFile({
5         url: 'https://example.com/upload', //仅用于示例
6         filePath: tempFilePaths[0],
7         name: 'file',
8         formData: {
9           'user': 'test'
10        },
11        success (res){
12          const data = res.data
13          //do something
14        }
15      })
16    }
17  })
```

4.3.3　文件操作 API

使用 wx.downloadFile()下载的文件被保存到一个临时目录中，在退出微信小程序后该临时路径会失效。如果只使用一次的话是没有问题的，但如果下次还想使用，就要重新下载。微信小程序提供了文件操作 API，可以将临时文件保存到本地，微信小程序会在微信安装目录下为每个微信小程序分配用于存储文件的子目录。

微信小程序提供 API 实现查看存储文件列表、获取存储文件信息、删除存储文件等功能。微信小程序官方目前已经停止维护这些 API，推荐使用 FileSystemManager 文件管理器对象的相应方法。

wx.getFileSystemManager()用于获取全局唯一的 FileSystemManager 对象实例，返回值是 FileSystemManager 的对象实例。FileSystemManager 对象提供了非常丰富的文件操作方法，可以在微信安装目录下为微信小程序分配的某个特定目录（wx.env. USER_DATA_PATH），以实现非常全面的资源管理器功能，如文件和文件夹的查看、新建、删除、读取、写入等功能。

在存储文件的子目录中，FileSystemManage 对象提供了保存文件、获取存储文件列表、获取存储文件信息、删除存储文件等方法。

FileSystemManage.saveFile(Object object)用于将临时文件保存到存储目录，注意保存完成后临时文件的路径会失效，常用参数如表 4-12 所示。

表 4-12　FileSystemManager.saveFile()的常用参数

属性	类型	默认值	必填	说明
tempFilePath	String		是	临时存储的文件路径（本地路径）
filePath	String		否	存储的文件路径（本地路径）
success	function		否	接口调用成功的回调函数
fail	function		否	接口调用失败的回调函数
complete	function		否	接口调用结束的回调函数（无论调用成功、失败都会执行）

其中，success()回调函数的 Object res 属性 savedFilePath 用于返回保存后的文件路径，代码如下。

```
1    downSave:function(){
2      var that = this
3      var url = 'http://example.com/1.jpg' //仅用于示例
4      wx.downloadFile({
5        url: url,
6        success:function(res){
7          that.fsManager.saveFile({
8            tempFilePath:res.tempFilePath,
9            success:function(res){
10             console.log(res.savedFilePath)
11             //此时前面的 tempFilePath 已失效
12           }
13         })
14       }
15     })
16   },
17   onLoad(options) {
18     this.fsManager = wx.getFileSystemManager()
19   },
```

FileSystemManager.getSavedFileList(Object object)用于获取保存的文件列表，success()回调函数的 Object res 属性 fileList 会返回一个对象数组，数组中的每个对象通过 3 个属性来描述一个文件：filePath（文件路径，为文件的本地路径），size（本地文件大小，以字节为单位），createTime（文件保存时的时间戳，即从 1970/01/01 08:00:00 到当前时间的秒数）。

FileSystemManager.getFileInfo(Object object)通过设置 tempFilePath 或 filePath 属性，获取该微信小程序下的本地临时文件或本地存储文件的属性信息。

FileSystemManager.removeSavedFile(Object object)通过设置 filePath 属性删除该微信小程序下的本地存储文件。

扫一扫

微课：实现下载进度条功能

4.3.4 【任务实施】构建下载进度条页面

打开 pages/downloading/downloading.wxml 文件，编写下载进度条页面的代码，如下所示。

```
1   <!--pages/downloading/downloading.wxml-->
2   <view class="item">
3     <view class="name">HBuilder X</view>
4     <view class="slogan">为极客、为懒人、为你</view>
5     <view class="info">zip 文件大小 32MB+</view>
6     <button type="primary" bindtap="download" size="mini">下载 Windows 版本
    </button>
7   </view>
8   <view class="line" wx:if="{{isDown}}">
9     <view class="title">文本下载进度</view>
10    <view class="txt">已下载：{{totalBytesWritten}}字节</view>
11    <view class="txt">文件总大小：{{totalBytesExpectedToWrite}}字节</view>
12    <view class="txt">下载百分比：{{progress}}</view>
13  </view>
14  <view class="line" wx:if="{{isDown}}">
15    <view class="title">图形下载进度条</view>
16    <progress percent="{{progress}}" show-info></progress>
17  </view>
```

其中，第 3 至 6 行代码模拟 HBuilderX 下载页面的提示信息。第 8 至 13 行代码展示文本下载进度的信息。第 14 至 17 行代码使用 progress 组件实现图形下载进度条的功能，这两部分都使用了 wx:if 条件判断，根据 isDown 变量的值来决定是否展示下载进度。

打开 pages/downloading/downloading.wxss 文件，编写样式代码，具体代码参见本书附带的源码。

4.3.5 【任务实施】实现下载进度条功能

打开 pages/downloading/downloading.js 文件，编写实现下载进度条功能的代码，如下所示。

```
1   // pages/downloading/downloading.js
2     //页面的初始化数据
3     data: {
4       isDown:false,
5       totalBytesExpectedToWrite:0,
6       totalBytesWritten:0,
7       progress:0
```

```
8     },
9
10    //下载文件
11    download:function(){
12      var that = this
13      var url = "https://download1.dcloud.net.cn/download/
HBuilderX.3.5.3.20220729.zip"
14      const downTask = wx.downloadFile({
15        url: url,
16        success:function(res){
17          console.log(res)
18        }
19      })
20      downTask.onProgressUpdate(function(res){
21        //console.log(res)
22        that.setData({
23          totalBytesExpectedToWrite:res.totalBytesExpectedToWrite,
24          totalBytesWritten: res.totalBytesWritten,
25          progress: res.progress,
26          isDown:true
27        })
28        if(res.progress>33){
29          downTask.abort()
30        }
31      })
32    },
```

其中，第 13 行代码中的下载 URL 是通过 HbuilderX 官方获取的最新版的下载地址，可能有变动，可以将其修改为其他网络文件的 URL。第 14 行代码调用 wx.downloadFile()，并将返回值（DownloadTask 对象）赋值给 downTask 变量。第 20 行代码调用 DownloadTask 对象的 onProgressUpdate()监听下载进度的变化，在其回调函数中返回文件总大小、已下载的文件大小、下载百分比这 3 个变量。

第 28 至 30 行代码调用 abort()方法，当下载进度大于 33%时，取消下载。需要注意的是，当调用 DownloadTask 对象的 abort()方法时中途取消下载后，wx.downloadFile()触发的依然是 success()回调函数，并且在回调函数的 Object res 参数中依然会返回 savedFilePath 属性，返回的 size（文件大小）属性表示的是实际下载的不完整文件的大小。

通过调用 DownloadTask 对象的 onProgressUpdate()实时返回下载进度的变化，使用数据绑定的方式在渲染层的文本中展示，或者在图形化组件的某个属性中展示，这就实现了下载进度提示的功能。

4.4　任务 4：我在哪儿

4.4.1　任务分析

本任务将实现我在哪儿页面的位置信息功能，主要使用获取位置 API、打开位置 API、选择附近位置 API、map 组件，以及 MapContext 对象的一些方法。本书提供了本案例的完整代码。

在微信小程序中，可以很方便地通过 API 来获取当前位置。直接调用 wx.getLocation()，就会返回一个 json 数组，在数组中包含各种属性，其中最重要的是经度和纬度，获取当前位置的经度和纬度就可以调用位置信息 API，将当前位置的经度和纬度作为参数，在内置的地图页面上显示当前位置，通过选择附近位置，可以获取附近位置的名称、地址、经纬度等信息。使用 map 组件和与 map 组件绑定的 MapContext（地图上下文）对象，可以在页面上显示以指定经纬度为中心点的地图。

4.4.2　位置信息 API

扫一扫

微课：位置信息 API

微信小程序提供处理位置信息的一系列 API，可以实现获取位置、打开位置、选择位置、监听位置变化等功能。只有某些必须使用位置信息的服务类目才能获取实时位置，以及监听位置变化，如果在注册微信小程序账号时选择的服务类目不在范围内，则在使用位置信息 API 时将无法通过代码审核。可以使用位置信息的服务类目如表 4-13 所示。

表 4-13　可以使用位置信息的服务类目

一级类目 / 主体类型	二级类目	应用场景
电商平台		提供售卖商品线下发货、线下收货服务
商家自营		提供售卖商品线下发货、线下收货服务，以及线下商场和超市导览、导航服务
医疗服务	公立医疗机构、三级私立医疗机构、其他私立医疗机构、就医服务、其他医学健康服务、药品（非处方药）销售、非处方药销售平台、医疗器械生产企业、医疗器械自营、医疗器械经营销售平台、互联网医院血液、干细胞服务、临床试验	1. 提供实际物品 / 药品接收服务 2. 提供基于地理位置取号并现场报到、附近医院导航等服务
交通服务		提供代驾服务、租车网点导航等相关服务
生活服务		提供上门服务作业等线下场景
物流服务	收件 / 派件、查件、邮政、装卸搬运、快递柜、货物运输	提供快递 / 货物收发服务
餐饮服务	点餐平台、外卖平台、餐饮服务场所 / 餐饮服务管理企业	提供线下送餐服务

续表

一级类目 / 主体类型	二级类目	应用场景
工具	天气、信息查询、办公、设备管理	提供与地理位置相关的服务，如潮汐查询、海拔查询、天气查询、智能穿戴、智能门禁、与地理位置相关的打卡服务等
金融	银行、非金融机构自营小额贷款 / 融资担保 / 商业保理、保险	提供线下网点预约、基于地理位置取号并现场报到、附近网点导航等服务
旅游	景区服务、住宿服务	提供景区导航、导览服务、酒店导航服务
汽车服务	维修保养、汽车用品、汽车经销商/4S 店、汽车厂商、汽车预售、二手车	提供汽车售卖、维修、保养、洗车、美容等服务，查找附近的维修点/洗车网点等导航服务
IT 科技	基础电信运营商、电信业务代理商	提供运营商线下网点的预约、基于地理位置取号并现场报到、网点导航等服务
房地产服务	物业管理、房屋中介、房屋装修	提供房地产开发商及物业公司门店导览导航服务
政务民生		提供政务单位相关业务
statusCode	number	开发者服务器返回的 HTTP 状态码

在使用位置信息 API 之前，还必须在 app.json 文件中添加权限声明，代码如下。

```
1  {
2    "pages": ["pages/index/index"],
3    "permission": {
4      "scope.userLocation": {
5        "desc": "你的位置信息将用于位置接口的效果展示"
6      }
7    }
8  }
```

当用户第一次打开有权限声明代码的微信小程序页面，或者点击功能按钮时，会弹出用户权限申请提示框，让用户选择允许或拒绝微信小程序获取相应的权限，如图 4-4 所示。

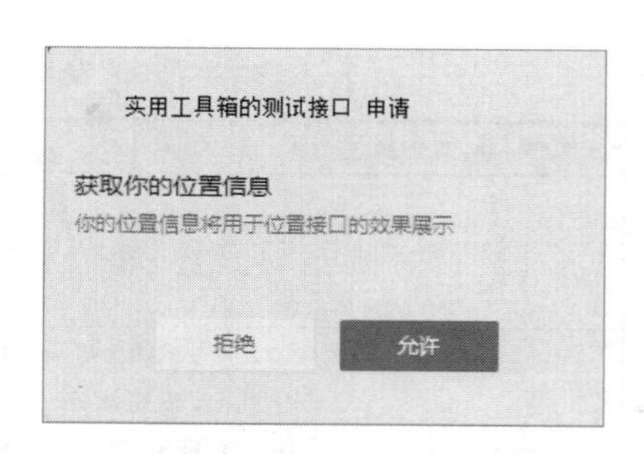

图 4-4　用户权限申请提示框

用户点击“允许”按钮之后，相应的功能代码才能正常运行。如果用户点击“拒绝”，则相应的功能代码无法正常运行。

接下来介绍常用的位置信息 API。

wx.getLocation(Object object)用于获取当前的地理位置、速度。当用户离开微信小程序后，此接口无法调用。开启高精度定位，会增加接口耗时，可以指定 highAccuracyExpireTime 作为超时时间。地图相关的坐标格式应设置为 GCJ-02。高频率调用会导致耗电，如果有需要，可以使用持续定位接口 wx.onLocationChange()，使用该接口需要在 app.json 文件中进行声明，否则无法正常使用。从基础库 2.17.0 版本起为 wx.getLocation()增加如下调用频率限制。

- 在开发版本或体验版本中，30s 内多次调用 wx.getLocation()时仅第一次调用有效，剩余调用返回 fail()函数。
- 在正式版本中，为保证微信小程序正常运行的同时不过度耗电，在一定时间内（根据设备情况判断）调用 wx.getLocation()，仅第一次调用会返回实时定位信息，剩余调用返回与第一次定位相同的信息。

wx.getLocation()的常用参数如表 4-14 所示。

表 4-14　wx.getLocation()的常用参数

属性	类型	默认值	必填	说明
type	String	wgs84	否	当坐标格式为 WGS-84 时返回 GPS 坐标，当坐标格式为 GCJ-02 时返回可用于 wx.openLocation()的坐标
altitude	boolean	False	否	传入 True 会返回高度信息，由于获取高度需要较高的精确度，接口返回速度会减慢
isHighAccuracy	boolean	False	否	开启高精度定位
highAccuracy ExpireTime	number		否	高精度定位超时时间（ms），指定时间内返回最高精度，该属性对 3000ms 以上高精度定位才有效果
success	function		否	接口调用成功的回调函数
fail	function		否	接口调用失败的回调函数
complete	function		否	接口调用结束的回调函数（无论调用成功、失败都会执行）

其中，success()回调函数的 Object res 参数常用属性如表 4-15 所示。

表 4-15　wx.getLocation()的 success()回调函数的 Object res 参数常用属性

属性	类型	说明
latitude	number	纬度，范围为-90°~90°，负数表示南纬
longitude	number	经度，范围为-180°~180°，负数表示西经
speed	number	速度，单位为 m/s
accuracy	number	位置的精确度，反映与真实位置之间的接近程度，例如，可以将“10”理解为与真实位置相差 10m，数值越小越精确
altitude	number	高度，单位为 m
verticalAccuracy	number	垂直精度，单位为 m（Android 无法获取，返回为 0）
horizontalAccuracy	number	水平精度，单位为 m
latitude	number	纬度，范围为-90°~90°，负数表示南纬
longitude	number	经度，范围为-180°~180°，负数表示西经
speed	number	速度，单位为 m/s
accuracy	number	位置的精确度，反映与真实位置之间的接近程度。例如，可以将“10”理解为与真实位置相差 10m，数值越小越精确

示例代码如下。

```
1  wx.getLocation({
2   type: 'wgs84',
3   success (res) {
4     const latitude = res.latitude
5     const longitude = res.longitude
6     const speed = res.speed
7     const accuracy = res.accuracy
8   }
9  })
```

wx.openLocation(Object object)使用微信内置的地图页面查看位置。在调用后，将打开一个新页面，在新页面上使用微信内置的地图页面展示传入的经纬度参数对应位置，其常用参数如表 4-16 所示。

表 4-16　wx.openLocation()的常用参数

属性	类型	默认值	必填	说明
latitude	number		是	纬度，范围为-90°~90°，负数表示南纬。使用 GCJ-02 坐标格式的中国国家测绘局坐标系
longitude	number		是	经度，范围为-180°~180°，负数表示西经。使用 GCJ-02 坐标格式的中国国家测绘局坐标系
scale	number	18	否	缩放比例，范围为 5~18
name	String		否	位置名
address	String		否	地址的详细说明
success	function		否	接口调用成功的回调函数
fail	function		否	接口调用失败的回调函数
complete	function		否	接口调用结束的回调函数（无论调用成功、失败都会执行）

示例代码如下。

```
1   wx.getLocation({
2    type: 'gcj02', //返回可用于 wx.openLocation()的经纬度
3    success (res) {
4      const latitude = res.latitude
5      const longitude = res.longitude
6      wx.openLocation({
7        latitude,
8        longitude,
9        scale: 18
10     })
11   }
12  })
```

wx.chooseLocation(Object object)用于打开微信内置的地图页面，并展示以传入的经纬度参数为中心点的可选点。用户在选择某个位置并点击“确定”按钮后，返回该位置的详细信息。如果使用该接口，则需要在 app.json 文件中声明，否则将无法正常使用该接口，其常用参数如下。

表 4-17　wx.chooseLocation()的常用参数

属性	类型	默认值	必填	说明
latitude	number		是	目标位置的纬度
longitude	number		是	目标位置的经度
success	function		否	接口调用成功的回调函数
fail	function		否	接口调用失败的回调函数
complete	function		否	接口调用结束的回调函数（无论调用成功、失败都会执行）

其中，success()回调函数的 Object res 参数属性如下。

表 4-18 wx.chooseLocation()的 success()回调函数的 Object res 属性

属性	类型	说明
name	String	位置名称
address	String	详细地址
latitude	number	纬度，浮点数，范围为-90°~90°，负数表示南纬
longitude	number	经度，浮点数，范围为-180°~180°，负数表示西经

微信小程序官方限制了 wx.getLocation()的使用频率，如果要实时获取位置信息，则可以使用微信小程序提供的以下一组 API。

- wx.startLocationUpdate(Object object)用于在微信小程序进入前台时，开启接收位置信息。
- wx.startLocationUpdateBackground(Object object)用于在微信小程序进入前、后台时，均开启接收位置信息，需要引导用户开启授权。在用户授权以后，微信小程序运行或进入后台时均可接收位置变化信息。
- wx.stopLocationUpdate(Object object)用于关闭监听实时位置变化，在前、后台都停止接收信息。
- wx.onLocationChange(function listener)用于监听实时地理位置变化事件。
- wx.offLocationChange(function listener)用于移除实时地理位置变化事件的监听函数。

4.4.3 地图组件控制 API

wx.createMapContext(string mapId, Object this)用于创建页面上的 map 组件的 MapContext 对象，其中 mapId 属性对应 map 组件的 id 属性的值。MapContext 对象提供了十分详尽的地图处理方法，常用的方法有以下几种。

- MapContext.getCenterLocation(Object object)用于获取当前地图中心的经纬度。
- MapContext.moveToLocation(Object object)用于将地图中心移至当前定位点，此时需要设置 map 组件的 show-location 为 True。
- MapContext.translateMarker(Object object)用于平移 marker，并带动画效果。
- MapContext.moveAlong(Object object)沿指定路径移动 marker，用于轨迹回放等场景。在动画完成时触发回调事件，如果在动画进行中对同一 marker 再次调用 moveAlong()方法，则动画将被打断。
- MapContext.includePoints(Object object)用于缩放视野展示的所有经纬度。
- MapContext.getRegion()用于获取当前地图的视野范围。
- MapContext.getRotate()用于获取当前地图的旋转角。
- MapContext.getSkew()用于获取当前地图的倾斜角。
- MapContext.getScale()用于获取当前地图的缩放级别。
- MapContext.addCustomLayer(Object object)用于添加个性化图层。
- MapContext.addGroundOverlay(Object object)用于创建自定义的图片图层，图片会随地图缩放而缩放。
- MapContext.setBoundary(Object object)用于限制地图的显示范围。此接口同时会限制地图的最小缩放级别。

4.4.4 【任务实施】构建我在哪儿页面

微课：实现我在哪儿功能

打开 pages/whoami/whoami.wxml 文件，编写渲染层代码，如下所示。

```
1   <!--pages/whereami/whereami.wxml-->
2   <view class="btnbox">
3     <button size="mini" type="primary" bindtap="openloc">
4   我在哪儿？
5     </button>
6     <button size="mini" type="default" bindtap="nearby" wx:if="{{isOpen}}">附近
    有啥？</button>
7   </view>
8   <view class="info" wx:if="{{isMap}}">
9     <text>{{info}}</text>
10  </view>
11  <map id="mymap" scale="16" wx:if="{{isMap}}" show-location></map>
```

其中，第 3 行代码添加一个按钮，为了方便排版布局，设置其 size 为 mini，通过 bindtap 属性指定点击事件的处理函数。第 6 行代码添加另一个按钮，用于触发选择附近位置的事件，因为要用到第一个按钮的返回结果，所以先使用 wx:if 条件渲染使其不显示。

第 8 至 10 行代码用于展示获取附近位置后返回的信息。第 11 行代码的 map 组件也用于展示获取附近位置后返回的位置信息，因此使用 wx:if 条件渲染使其不显示，待逻辑层调用对应的函数，并获取附近位置的信息后，再将 isMap 值设置为 True，将其显示在渲染层页面上。

打开 pages/whoami/whoami.wxss 文件，编写样式表代码，具体代码参见本书附带的源码。其中使用 Flex 布局对按钮、文字及地图进行简单的位置排列。

4.4.5 【任务实施】实现我在哪儿功能

打开 pages/whoami/whoami.js 文件，编写实现我在哪儿功能的代码，如下所示。

```
1   // pages/whereami/whereami.js
2     // 页面的初始化数据
3     data: {
4       isOpen: false,
5       latitude: 0,
6       longitude: 0,
7       isMap: false
8     },
9
10    //内置地图上显示当前定位
11    openloc: function () {
12      var that = this
13      wx.getLocation({
```

```
14	      success: function (res) {
15	        // console.log(res)
16	        wx.openLocation({
17	          latitude: res.latitude,
18	          longitude: res.longitude,
19	        })
20	        that.setData({
21	          latitude: res.latitude,
22	          longitude: res.longitude,
23	          isOpen: true
24	        })
25	      },
26	      fail: function (err) {
27	        console.error(err)
28	      }
29	    })
30	  },
```

其中，第 3 至 8 行代码定义页面的初始化数据。第 13 行代码调用获取位置信息的 API，一般在开发者工具中获取的是计算机 IP 地址所在的行政区的行政中心的位置。第 16 行代码在获取信息 API 的 success()回调函数中，调用打开位置 API，传入获取的当前位置参数，这样就实现了在微信内置的地图中打开当前位置的操作。

第 20 至 25 行代码，调用 setData()设值函数更新页面 data 对象中定义的变量值，将其中的经纬度信息保存下来给下一功能使用，将 isOpen 设置为 True，使 wxml 渲染层页面上的“附近有啥？”按钮被渲染。

为了观察微信小程序官方对 wx.getLocation()调用频率的限制，第 26 至 28 行代码调用 fail()回调函数，输出当 API 调用失败时的错误提示信息。

4.4.6　【任务实施】实现附近有啥功能

在附近有啥功能中，获取的附近位置的信息中有经纬度信息，js 文件的 data 对象中存放着当前位置的经纬度信息，可以通过计算，得到这两个位置在地球面上的最短距离。打开 pages/whoami/whoami.js 文件，编写根据经纬度计算的两个位置之间距离的代码，如下所示。

```
1	  /**
2	   * 获取两经纬度之间的距离
3	   * @param {number} e1 点 1 的东经, 单位:角度, 如果是西经则为负
4	   * @param {number} n1 点 1 的北纬, 单位:角度, 如果是南纬则为负
5	   * @param {number} e2
6	   * @param {number} n2
7	   */
8	  getDistance: function (e1, n1, e2, n2) {
9	    const R = 6378137.0 //地球半径, 单位: 米
10	    /** 根据经纬度获取位置的坐标 */
```

```
11      let getPoint = (e, n) => {
12        e *= Math.PI / 180 //把角度度数转换为弧度度数
13        n *= Math.PI / 180
14        //这里做了一些简化，去掉了 R*的操作，可以理解为先求单位圆上两个位置的距离，再
    将这个距离放大 R 倍
15        return { x: Math.cos(n) * Math.cos(e), y: Math.cos(n) * Math.sin(e), z:
    Math.sin(n) }
16      }
17      let a = getPoint(e1, n1)
18      let b = getPoint(e2, n2)
19      let c = Math.hypot(a.x - b.x, a.y - b.y, a.z - b.z)
20      let r = Math.asin(c / 2) * 2 * R
21      return r
22    },
```

打开 pages/whoami/whoami.js 文件，编写实现附近有啥功能的代码，如下所示。

```
1   // pages/whereami/whereami.js
2     //选择附近的地图标记
3     nearby: function (e) {
4       var that = this
5       this.mapCtx = wx.createMapContext('mymap')
6       var latitude = this.data.latitude
7       var longitude = this.data.longitude
8       wx.chooseLocation({
9         latitude: latitude,
10        longitude: longitude,
11        success: function (res) {
12          console.log(res)
13          var r = that.getDistance( longitude, latitude, res.longitude,
    res.latitude )
14          //console.log(r)
15          var info = "你选择了【"+res.name+"】\n"
16          info += "位于【"+res.address+"】\n"
17          info += "和你的直线距离大约【 "+Math.round(r)+" 】米"
18          that.mapCtx.moveToLocation({
19            latitude:res.latitude,
20            longitude:res.longitude
21          })
22          that.setData({
23            info:info,
24            isMap: true
25          })
26        }
27      })
28    },
```

其中，第 5 行代码调用 wx.createMapContext()创建地图上下文对象实例，绑定渲染层 id 为 mymap 的 map 组件。第 8 行代码调用选择位置的 API，打开微信内置的地图页面让用户选择页面下方列表中的位置。

第 13 行代码调用前面定义的计算距离的函数，计算用户选择位置和当前位置的距离。第 15 至 17 行代码拼接要展示给用户的文本信息。第 18 行代码调用地图上下文对象的移动地图中心点的方法，将 map 组件中展示的地图中心点移动到用户选择的附近位置所在的点。第 22 至 25 行代码调用 setData()设值函数将展示给用户的信息更新到渲染层，并将条件渲染的条件为 True 的地图和用户提示信息渲染出来。

4.5　任务 5：坡度计

4.5.1　任务分析

本任务将实现简易的坡度计的功能，主要使用设备信息 API 中的用于监听手机加速度传感器的相关 API。加速度监听 API 返回的是加速度传感器监听的手机实时加速度情况。在理论上，手机在静止状态只受到地球的重力加速度影响；如果手机倾斜放置，则根据平行四边形法则，由重力加速度在不同方向上产生的分量可以计算出手机倾斜的角度。本书提供了本案例的完整代码，坡度计页面如图 4-5 所示。

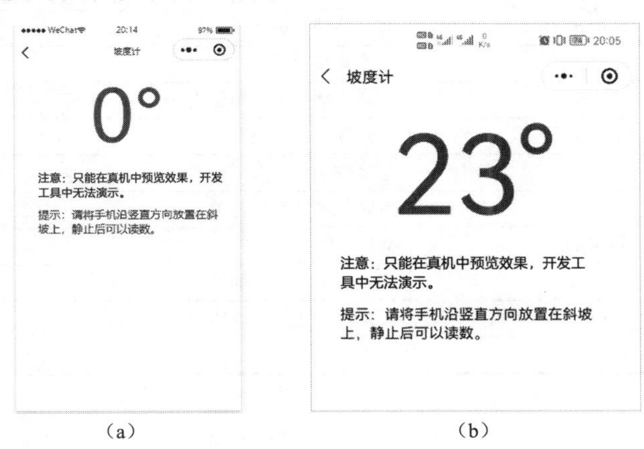

图 4-5　坡度计页面

其中，图 4-5（a）所示为坡度计页面在开发者工具中的效果，图 4-5（b）所示为真机预览的效果。由于开发者工具没有模拟加速度传感器的数值，监听 API 不起作用，所以显示的是页面初始化的 0°。由图 4-5 可知，在真机预览时，当倾斜放置的手机静止不动时，手机倾斜的角度就展示在坡度计页面上。

扫一扫

微课：设备应用 API

4.5.2　设备应用 API

微信小程序提供了获取硬件设备信息（如获取网络类型、屏幕亮度、手机电量、设备名称、设备品牌型号等）、监听硬件数据变化（如监听罗盘、加速度计、陀螺仪、内存使用等）、调用设备功能（如拨打电话、发送短信、添加联系人、调用摄像头扫码等），以及控制设备之间相互连接（如管理蓝牙、NFC、Wi-Fi 等）的一系列 API，将微信原生的设备应用 API 开放以供微信小程序开发者使用。

下面以获取系统信息和调用摄像头扫码为例简单介绍设备应用 API。

wx.getSystemInfo(Object object)用于获取系统信息，其 object 参数的属性除了 success()、fail()、complete()这 3 个回调函数，一般没有其他属性。其 success()回调函数中的 Object res 参数的常用属性如表 4-19 所示。

表 4-19　wx.getSystemInfo()的 success()回调函数中的 Object res 参数的常用属性

属性	类型	说明
brand	String	设备品牌
model	String	设备型号
pixelRatio	number	设备像素比
screenWidth	number	屏幕宽度，单位为 px
screenHeight	number	屏幕高度，单位为 px
windowWidth	number	可使用窗口的宽度，单位为 px
windowHeight	number	可使用窗口的高度，单位为 px
statusBarHeight	number	状态栏的高度，单位为 px
language	String	微信设置的语言
version	String	微信版本号
system	String	操作系统及版本
platform	String	客户端平台
fontSizeSetting	number	用户字体大小，单位为 px
SDKVersion	String	客户端基础库的版本
bluetoothEnabled	boolean	蓝牙的系统开关
locationEnabled	boolean	地理位置的系统开关
wifiEnabled	boolean	Wi-Fi 的系统开关
safeArea	Object	在竖屏正方向下的安全区域
theme	String	系统当前主题，取值为 light 或 dark
deviceOrientation	String	设备方向

示例代码如下。

```
1   wx.getSystemInfo({
2     success: function(res) {
3       console.log(res.model)
4       console.log(res.pixelRatio)
5       console.log(res.windowWidth)
6       console.log(res.windowHeight)
7       console.log(res.language)
8       console.log(res.version)
9       console.log(res.platform)
10    }
11  })
```

wx.scanCode(Object object)用于调起客户端扫码页面进行扫码，其常用参数如表 4-20 所示。

表 4-20　wx.scanCode()的常用参数

属性	类型	默认值	必填	说明
onlyFromCamera	boolean	False	否	是否只能从相机扫码，不允许从相册选择图片
scanType	array.<string>	['barCode', 'qrCode']	否	扫码类型
success	function		否	接口调用成功的回调函数
fail	function		否	接口调用失败的回调函数
complete	function		否	接口调用结束的回调函数（无论调用成功、失败都会执行）

其中，scanType 属性用于设置微信小程序目前能识别的扫码类型，可选的值有 barCode（一维码）、qrCode（二维码）、datamatrix（Data Matrix 码）、pdf417（PDF417 条码）。

其 success()回调函数的 Object res 参数常用属性如表 4-21 所示。

表 4-21　wx.scanCode()的 success()回调函数的 Object res 参数常用属性

属性	类型	说明
result	String	扫码内容
scanType	String	扫码类型
charSet	String	扫码字符集
path	String	当扫码为当前微信小程序二维码时，会返回此字段，内容为二维码携带的 path
rawData	String	原始数据，Base64 编码

示例代码如下。

```
1	// 允许从相机和相册扫码
2	wx.scanCode({
3	  success (res) {
4	    console.log(res)
5	  }
6	})
7	
8	// 只允许从相机扫码
9	wx.scanCode({
10	  onlyFromCamera: true,
11	  success (res) {
12	    console.log(res)
13	  }
14	})
```

4.5.3　加速度监听 API

加速度监听 API 有以下 4 种。

（1）wx.startAccelerometer(Object object)用于开始监听加速度数据。其参数 object 的主要属性有 string 类型的 interval，用于设置监听加速度数据回调函数的执行频率，默认值为 normal，可选值有如下几种。

- game：用于更新游戏的回调频率，约 20ms/次。
- ui：用于更新 UI 的回调频率，约 60ms/次。
- normal：用于表示普通的回调频率，约 200ms/次。

示例代码如下。

```
1  wx.startAccelerometer({
2    interval: 'game'
3  })
```

（2）wx.stopAccelerometer(Object object)用于停止监听加速度数据。

（3）wx.onAccelerometerChange(function listener)用于监听加速度数据事件。根据 wx.startAccelerometer()的 interval 参数设置频率，当调用接口后会自动开始监听。function listener 参数为加速度数据事件的监听回调函数，其 Object res 参数的属性为 x、y、z，分别表示加速度在 *X* 轴、*Y* 轴、*Z* 轴上的分量。*X* 轴对应手机屏幕所在平面的水平方向，向右为正方向；*Y* 轴对应手机屏幕所在平面的垂直方向，向上为正方向；*Z* 轴为垂直于手机屏幕所在平面的方向，手机屏幕面向的方向为正方向。加速度数据对应的 *X* 轴、*Y* 轴、Z 轴方向如 4-6 所示。

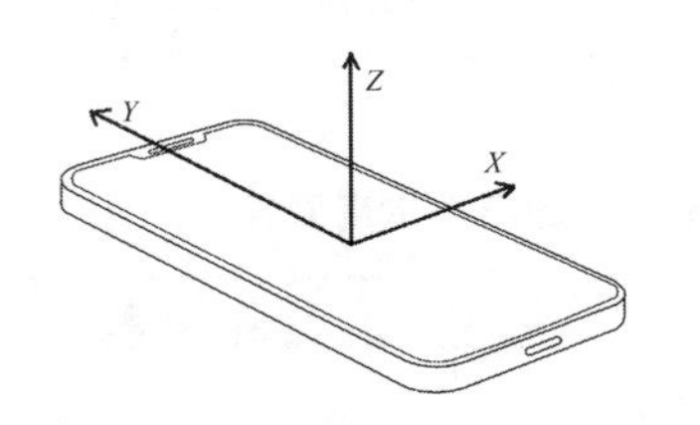

图 4-6　加速度数据对应的 *X* 轴、*Y* 轴、*Z* 轴方向

如果手机水平静止放置，则属性 x、y 的值会在 0 附近轻微变动（由于加速度传感器非常灵敏，且手机很难完全静止，因此读数一般不会完全不变，而是在一个范围内轻微变动），属性 z 的值则在-1 附近轻微变动，表示向下的重力加速度。

同理可知，如果手机竖直向上放置，则属性 x、z 的值在 0 附近变动，属性 y 的值在-1 附近变动；如果手机右边向下垂直侧放，则属性 y、z 的值在 0 附近变动，属性 x 的值在 1 附近变动。如果手机是倾斜放置的，则根据倾斜的角度，重力加速度在 *X* 轴、*Y* 轴、*Z* 轴上都会产生分量，遵循力学中求合力的平行四边形法则。

示例代码如下。

```
1  wx.onAccelerometerChange(function(res){
2    console.log(res.x)
3    console.log(res.y)
4    console.log(res.z)
5  })
```

（4）wx.offAccelerometerChange(function listener)用于移除加速度数据事件的监听函数，function listener 参数为 onAccelerometerChange 传入的监听函数。如果不传入此参数，则移除所有监听函数，代码如下。

```
1  const listener = function (res) { console.log(res) }
2
3  wx.onAccelerometerChange(listener)
4  wx.offAccelerometerChange(listener) //需要传入一个与监听函数相同的函数对象
```

4.5.4 【任务实施】构建坡度计页面并实现功能

扫一扫

微课：实现坡度计功能

打开 pages/sloper/sloper.wxml 文件，编写渲染层的代码，如下所示。

```
1  <!--pages/sloper/sloper.wxml-->
2  <view class="num">{{slope}}°</view>
3  <view class="txt">注意：只能在真机中预览效果，开发者工具中无法演示。</view>
4  <view class="txt">提示：请将手机沿竖直方向放置在斜坡上，静止后可以读数。</view>
```

打开 pages/sloper/sloper.wxss 文件，编写样式表的代码，如下所示。

```
1  page{
2    width: 750rpx;
3    display: flex;
4    flex-direction: column;
5    align-items: center;
6  }
7
8  .num{
9    font-size: 250rpx;
10   color: #f00;
11 }
12
13 .txt{
14   margin-top: 30rpx;
15   width: 600rpx;
16 }
```

打开 pages/sloper/sloper.js 文件，编写实现坡度计功能的代码，如下所示。

```
1  // pages/sloper/sloper.js
2
3    /* 页面的初始化数据 */
4    data: {
5      slope:0
6    },
7
8    /* 生命周期函数用于监听页面加载 */
9    onLoad(options) {
10     wx.startAccelerometer({
11       interval: 'normal'
12     })
13   },
14
15   /* 生命周期函数用于监听页面初次渲染完成 */
16   onReady() {
17     var that = this
```

```
18      wx.onAccelerometerChange(function(res){
19        var y = res.y
20        var z = res.z
21        var slope = Math.atan(y/z) * 180 / Math.PI
22        slope = Math.round(slope)
23        that.setData({
24          slope:slope
25        })
26      })
27    },
```

其中，第 9 至 12 行代码在 onLoad()生命周期函数中调用 wx.startAccelerometer()开始监听加速度数据，当页面加载时就可以开始监听。

第 16 至 18 行代码在 onReady()生命周期函数中，调用 wx.onAccelerometerChange()监听加速度数据的变化。在本任务中，将手机竖直倾斜放置，需要处理的只有 *Y* 轴和 *Z* 轴的分量，因此第 19 行代码、第 20 行代码分别获取属性 y、z 的值。第 21 行代码通过调用反正切函数计算手机相对于水平面倾斜的角度。注意 Math.atan()函数返回的参数是以弧度值表示的，要将其转换为角度值。第 22 行代码对角度值四舍五入将其转换为整数。最终在真机预览中的展示效果如图 4-5（b）所示。

4.6 任务 6：指南针

4.6.1 任务分析

本任务将实现简易的指南针页面功能，主要使用设备信息 API 中监听手机罗盘的相关 API。监听手机罗盘的 API 返回数值是当手机水平放置时，手机顶部指向的方向与正北方向的夹角的值，使用样式表的 2D 转换 transform: rotate()旋转属性，绑定数据，设置渲染层图片中箭头旋转的角度为手机罗盘 API 返回的夹角，图片中箭头一直指向某个特定方向。本书提供了本案例的完整代码，实现效果如图 4-7 所示。

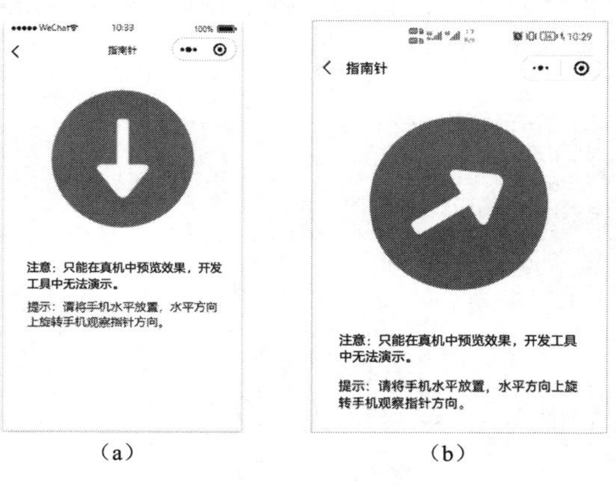

图 4-7　指南针实现效果

其中，图 4-7（a）所示为开发者工具中的效果，图 4-7（b）所示为真机预览的效果。因为开发者工具没有模拟罗盘的数值，监听 API 不起作用，所以显示的是页面初始化的箭头图片，没有发生旋转。由图 4-7（b）可见，在真机预览页面中，水平放置的手机在水平面上旋转的时候，页面图片中的箭头方向也会改变。

4.6.2　罗盘数据 API

与 4.5 节中的监听加速度数据的一系列 API 类似，监听罗盘数据的 API 也有 4 个，分别是开始监听 API、结束监听 API、监听 API、移除监听 API。

（1）wx.startCompass(Object object)用于开始监听罗盘数据。

（2）wx.stopCompass(Object object)用于停止监听罗盘数据。

（3）wx.onCompassChange(function listener)用于监听罗盘数据变化事件。listener()函数的调用频率为 5 次/s，调用接口后会自动开始监听，可以调用 wx.stopCompass()停止监听。listener()函数的参数 Object res 的常用属性为 direction，这是一个角度数字，用于表示水平放置的手机上端指向方向与正北方向的夹角值。

示例代码如下。

```
1  wx.onCompassChange(function(res){
2    console.log(res.direction)
3  })
```

（4）wx.offCompassChange(function listener)用于移除罗盘数据变化事件的监听函数。其参数是一个函数，应该传入调用 wx.onCompassChange()的监听函数对象。如果不传入此函数对象，则将移除所有监听函数。如果要移除某个指定的监听函数，则传入的函数对象应该是不匿名的，先定义一个函数，再调用它。

示例代码如下。

```
1  const listener = function (res) { console.log(res) }
2  wx.onCompassChange(listener)
3  wx.offCompassChange(listener) // 需要传入一个与监听函数相同的函数对象
```

4.6.3　WXSS 的 2D 转换

微信小程序的 WXSS 支持 CSS3 中的绝大部分新特性，因此 CSS3 中的 2D 转换、3D 转换、动画等新特性，在微信小程序中都是可以使用的。

WXSS 可以使用 transform 属性设置渲染层上组件的 2D 转换效果，包括平移、缩放、倾斜、旋转等，如图 4-8 所示。

图 4-8　WXSS 2D 转换效果

translate(x, y)方法是位置平移，根据当前元素的左侧（*X*轴）和顶部（*Y*轴）位置给定的参数，将元素从当前元素位置移动到变换后的位置。如果参数 x 的值为负数则向左移动，如果参数 y 的值为负数则向上移动。

rotate(deg)方法是旋转，根据给定的角度参数，将当前元素顺时针旋转指定角度。如果角度的值是负数，则逆时针旋转。其中的 deg 表示度数，不能省略。

scale(x, y)方法是缩放，根据参数 x、y 的值，调整当前元素的宽度为原来的 x 倍、高度为原来的 y 倍。如果参数 x、y 的值是小于 1 且大于 0 的小数，则表示缩小元素。如果参数 x 为负值，则表示元素在水平方向上左右镜像；如果参数 y 为负值，则表示元素在垂直方向上上下镜像。

skew(deg, deg)方法是倾斜，包含 2 个参数值，分别表示 *X* 轴和 *Y* 轴倾斜的角度。如果第二个参数为空，则默认为 0；如果参数为负值，则表示向相反方向倾斜。

4.6.4 【任务实施】构建指南针页面并实现功能

扫一扫

微课：实现指南针功能

打开 pages/compass/compass.wxml 文件，编写渲染层的代码，如下所示。

```
1  <!--pages/compass/compass.wxml-->
2  <view class="pic">
3    <icon type="download" size="500rpx" style="transform:
   rotate({{direction}}deg);"></icon>
4  </view>
5  <view class="txt">注意：只能在真机中预览效果，开发者工具中无法演示。</view>
6  <view class="txt">提示：请将手机水平放置，水平方向上旋转手机观察指针方向。</view>
```

其中，第 3 行代码使用 type 属性为 download 的一个 icon 组件，其默认外观为绿色背景的白色向下箭头，使用数据绑定设置了 icon 组件的 2D 转换样式为旋转。

打开 pages/compass/compass.wxss 文件，编写样式表的代码，如下所示。

```
1  /* pages/compass/compass.wxss */
2  page{
3    width: 750rpx;
4    display: flex;
5    flex-direction: column;
6    align-items: center;
7  }
8  
9  .pic{
10   width: 700rpx;
11   height: 600rpx;
12   display: flex;
13   justify-content: center;
14   align-items: center;
15 }
```

```
16
17  .txt{
18    margin-top: 30rpx;
19    width: 600rpx;
20  }
```

主要使用 Flex 布局方式，对 icon 组件和文字进行简单的位置布局。

打开 pages/compass/compass.js 文件，编辑实现指南针功能的代码，如下所示。

```
1   // pages/compass/compass.js
2     /* 页面的初始化数据 */
3     data: {
4       direction:0
5     },
6     /* 生命周期函数用于监听页面加载 */
7     onLoad(options) {
8       wx.startCompass()
9     },
10    /* 生命周期函数用于监听页面初次渲染完成 */
11    onReady() {
12      var that = this
13      wx.onCompassChange(function(res){
14        var direction = res.direction
15        direction = 360 - direction
16        that.setData({
17          direction:direction
18        })
19      })
20    },
```

其中，第 4 行代码定义页面的初始化数据为 0。第 8 行代码在 onLoad()生命周期函数中调用 wx.startCompass()开启罗盘数据的监听。第 13 行代码在 onReady()生命周期函数中调用 wx.onCompassChange()监听罗盘数据。第 14 行代码、第 15 行代码获取监听函数返回的角度值并进行处理，使渲染层上的箭头图片旋转到正确的角度。最终实现效果如图 4-7（b）所示。

4.7　任务 7：文章列表页面和文章详情页面

4.7.1　任务分析

在各种微信小程序中，都会用到展示各种列表页面和详情页面的功能，如新闻列表页面和新闻详情页面、商品列表和商品详情页面、文章列表页面和文章详情页面等。本任务将以一个简单的文章列表页面和文章详情页面的功能实现为例，介绍 wx.request()请求服务器数据

API 的基本用法，以及文章列表页面和文章详情页面的基本实现思路。本书提供了本案例的完整代码，文章列表页面和文章详情页面如图 4-9 所示。

（a）　　　　（b）　　　　（c）

图 4-9　文章列表页面和文章详情页面（部分）

由图 4-9（b）、（c）可见，不同内容的文章详情页面的排版布局方式是完全一样的。其实，在微信小程序中并没有为每篇文章都建立一个页面，而是建立一个模板页面，从列表页面获取页面链接携带文章 id 的参数。在模板页面中调用 wx.request()请求服务器数据 API，先根据文章 id 获取文章的详细数据，再将其展示在模板页面中。

4.7.2　请求服务器数据 API

微信小程序开发用于 Web 前端开发，在一个完整的项目中只负责构建用户页面、完成用户交互，在实际开发中，微信小程序需要的所有数据一般由后台服务器提供。后台服务器使用的开发语言与微信小程序无关，只要能通过 URL 地址接口将数据发送到前端即可。

wx.request(Object object)用于发起 HTTPS 请求以获取服务器数据。在微信小程序中，通过 object 对象传入参数，可以获取参数中指定的服务器所返回的结果。object 对象参数常用属性如表 4-22 所示。

表 4-22　wx.request()的 object 对象参数常用属性

属性	类型	默认值	必填	说明
url	String		是	开发者服务器接口地址
data	String/Object/arrayBuffer		否	请求的参数
header	Object		否	设置请求的 header，在 header 中不能设置 Referer。content-type 默认为 application/json
timeout	number		否	超时时间，单位为 ms。默认值为 60 000
method	String	GET	否	HTTP 请求方法
dataType	String	json	否	返回的数据格式
success	function		否	接口调用成功的回调函数
fail	function		否	接口调用失败的回调函数
complete	function		否	接口调用结束的回调函数（无论调用成功、失败都会执行）

其中，success()回调函数的 Object res 参数常用属性如表 4-23 所示。

表 4-23　wx.request()的 success()回调函数的 Object res 参数常用属性

属性	类型	说明
data	String/Object/arraybuffer	开发者服务器返回的数据
statusCode	number	开发者服务器返回的 HTTP 状态码
header	Object	开发者服务器返回的 HTTP Response Header
cookies	array.<string>	开发者服务器返回的 Cookie，格式为字符串数组
profile	Object	在网络请求过程中一些调试信息，查看详细说明

wx.request()的 object 参数的 data 属性，最终发送给服务器的数据是 String 类型，如果传入的 data 属性的值不是 String 类型，则会被转换成 String 类型。

在调用 wx.request()请求服务器数据 API 之前，要对微信小程序开发后台进行设置。每个微信小程序需要事先设置通信域名，微信小程序只可以与指定的域名进行网络通信。使用的 API 包括普通 HTTPS 请求 API（wx.request()）、上传文件 API（wx.uploadFile()）、下载文件 API（wx.downloadFile()）和 WebSocket 通信 API（wx.connectSocket()）。

服务器域名可以选择“小程序后台”→“开发”→“开发设置”→“服务器域名”选项进行配置。在配置时需要注意以下几点。

- 域名只支持 HTTPS(wx.request()、wx.uploadFile()、wx.downloadFile())和 WSS(wx.connectSocket())。
- 域名不能使用 IP 地址（微信小程序的局域网 IP 除外）或 localhost。
- 可以配置端口，如 https://myserver.com:8080，则在配置后只能向 https://myserver.com:8080 发起请求。如果向 https://myserver.com、https://myserver.com:9091 等 URL 发起请求，则会失败。
- 如果不配置端口，如 https://myserver.com，则在请求的 URL 中也不可以包含端口，甚至包含默认的 443 端口也不可以。如果向 https://myserver.com:443 发起请求，则会失败。
- 域名必须经过 ICP 备案。
- 出于安全考虑，api.weixin.qq.com 不能被配置为服务器域名，相关 API 也不能在微信小程序内调用。开发者应将 AppSecret 保存到后台服务器中，并通过服务器调用 getAccessToken()方法获取 access_token，并调用相关 API。
- 不支持配置父域名，应使用子域名。

示例代码如下。

```
1   wx.request({
2     url: 'example.php', //仅用于示例，并非真实的接口地址
3     data: {
4       x: '',
5       y: ''
6     },
7     header: {
8       'content-type': 'application/json' // 默认值
9     },
10    success (res) {
```

```
11        console.log(res.data)
12      }
13    })
```

- 只要成功接收到服务器返回值，无论 statusCode 是多少，都会被传入 success()回调函数。请开发者根据业务逻辑对返回值进行判断。
- 在微信开发者工具中，可以临时选择“开发环境不校验请求域名、TLS 版本及 HTTPS 证书”选项，跳过对服务器域名的校验。此时，在开发者工具中及手机调试模式中，不会进行服务器域名的校验。

4.7.3 交互反馈 API

微课：交互反馈 API

当用户使用微信小程序进行各种操作时，在很多情况下，需要对用户的操作结果进行良好的反馈。例如，用户发起了一个请求，无论请求的结果是成功的还是失败的，最好能以较醒目的方式进行提醒。或者在业务逻辑执行过程中，用户选择逻辑分支，以及输入一些必需的数据。使用表单进行交互可能不够灵活，最好也能以弹窗的方式提醒用户选择或输入。

微信小程序提供了用于交互反馈的 API，常用的有 wx.showToast()用于显示消息提示框；wx.showModal()用于显示模态对话框；wx.showLoading()用于显示 loading 提示框；wx.showActionSheet()用于显示操作菜单等。其中使用 wx.showLoading()显示的 loading 提示框必须调用 wx.hideLoading()进行关闭操作。下面依次介绍这些 API。

（1）wx.showToast(Object object)用于显示一个消息提示框，一般以深色的、半透明的圆角矩形样式显示在页面中央位置，可以根据需要设置提示的文本、图标、显示持续时间，以及是否允许用户点击原来的页面。wx.showToast()一般用于提示用户操作结果，默认在显示 1.5s 后自动关闭，wx.showToast()的常用参数如表 4-24 所示。

表 4-24 wx.showToast()的常用参数

属性	类型	默认值	必填	说明
title	String		是	提示的内容
icon	String	success	否	图标
image	String		否	自定义图标的本地路径，image 的优先级高于 icon
duration	number	1500	否	提示的延迟时间
mask	boolean	False	否	是否显示透明蒙层，防止触摸穿透
success	function		否	接口调用成功的回调函数
fail	function		否	接口调用失败的回调函数
complete	function		否	接口调用结束的回调函数（无论调用成功、失败都会执行）

示例代码如下。

```
1    wx.showToast({
2      title: '成功',
```

```
3     icon: 'success',
4     duration: 2000
5   })
```

（2）wx.showModal(Object object)用于显示一个模态对话框。

模态对话框，又被称为模式对话框，是指在用户想要对除对话框外的应用程序进行操作时，必须先响应该对话框。例如，点击确定按钮或取消按钮等将该对话框关闭。

在模态对话框中，可以根据需要设置提示的标题、文本、按钮的文本、文本颜色等，还可以设置是否显示取消按钮，是否显示文本框等，常用参数如表 4-25 所示。

表 4-25　wx.showModal()的常用参数

属性	类型	默认值	必填	说明
title	String		否	提示的标题
content	String		否	提示的内容
showCancel	boolean	True	否	是否显示取消按钮
cancelText	String	取消	否	取消按钮的文字，最多 4 个字符
cancelColor	String	#000000	否	取消按钮的文字颜色，必须是十六进制格式的颜色字符串
confirmText	String	确定	否	确定按钮的文字，最多 4 个字符
confirmColor	String	#576B95	否	确定按钮的文字颜色，必须是十六进制格式的颜色字符串
editable	boolean	False	否	是否显示文本框
placeholderText	String		否	当显示文本框时的提示文本
success	function		否	接口调用成功的回调函数
fail	function		否	接口调用失败的回调函数
complete	function		否	接口调用结束的回调函数（无论调用成功、失败都会执行）

其中，success()回调函数的 Object res 参数常用属性如表 4-26 所示。

表 4-26　wx.showModal()的 success()回调函数的 Object res 参数常用属性

属性	类型	说明
content	string	当 editable 为 True 时，为用户输入的文本
confirm	boolean	当属性值为 True 时，表示用户点击了确定按钮
cancel	boolean	当属性值为 True 时，表示用户点击了取消按钮（用于在 Android 系统中区分是点击蒙层关闭，还是点击取消按钮关闭）

示例代码如下。

```
1   wx.showModal({
2     title: '提示',
3     content: '这是一个模态对话框',
4     success (res) {
5       if (res.confirm) {
6         console.log('用户点击确定按钮')
7       } else if (res.cancel) {
```

```
8          console.log('用户点击取消按钮')
9        }
10     }
11   })
```

（3）wx.showLoading(Object object)用于显示一个 loading 提示框，用法与消息提示框 wx.showToast()类似，但不需要设置延迟时间和图标，默认使用 loading 图标，不会自动关闭，必须主动调用 wx.hideLoading()才能关闭。wx.showToast()也有对应的关闭方法 wx.hideToast()，可以主动调用关闭 wx.showToast()提示框，wx.showLoading()的常用参数如表 4-27 所示。

表 4-27　wx.showLoading()的常用参数

属性	类型	默认值	必填	说明
title	String		是	提示的内容
mask	boolean	False	否	是否显示透明蒙层，防止触摸穿透
success	function		否	接口调用成功的回调函数
fail	function		否	接口调用失败的回调函数
complete	function		否	接口调用结束的回调函数（无论调用成功、失败都会执行）

示例代码如下。

```
1  wx.showLoading({
2    title: '加载中',
3  })
4
5  setTimeout(function () {
6    wx.hideLoading()
7  }, 2000)
```

- wx.showLoading()不会自动关闭，需要主动调用 wx.hideLoading()执行关闭操作。一般在执行某个需要一定时间的操作之前，或者在开始执行时，需要调用 wx.showLoading()。在执行完毕后一般在 success()回调函数中调用 wx.hideLoading()来关闭 loading 提示框。

（4）wx.showActionSheet(Object object)用于显示一个从底端弹出的操作菜单，与表单组件中 picker 组件的外观类似。可以以数组的方式最多显示 6 个菜单项，并显示一段说明文字。在点击某个菜单项之后，回调函数会返回被点击的菜单项在所有菜单中的序号，常用参数如表 4-28 所示。

表 4-28　wx.showActionSheet()的常用参数

属性	类型	默认值	必填	说明
alertText	String		否	警告的内容
itemList	array.<string>		是	按钮的文字数组，数组长度最大为 6
itemColor	String	#000000	否	按钮的文字颜色
success	function		否	接口调用成功的回调函数

续表

属性	类型	默认值	必填	说明
fail	function		否	接口调用失败的回调函数
complete	function		否	接口调用结束的回调函数（无论调用成功、失败都会执行）

其中，success()回调函数的 Object res 参数会包含一个 tabIndex 属性，用于表示用户点击的菜单项序号（按照从上到下的顺序，从 0 开始）。

示例代码如下。

```
1  wx.showActionSheet({
2    itemList: ['A', 'B', 'C'],
3    success (res) {
4      console.log(res.tapIndex)
5    },
6    fail (res) {
7      console.log(res.errMsg)
8    }
9  })
```

4.7.4　【任务实施】获取服务器数据

扫一扫

微课：实现文章列表和详情页面功能

在本任务中需要用到服务器数据，为了方便读者操作，本书在配套的源码中提供了一个模拟服务器数据的 JAR 包，可以在安装了 JDK 的电脑上直接运行。运行后会在本地建立一个提供模拟数据的 Web 服务器，地址为 http://127.0.0.1:8080，或者为 http://localhost:8080。服务器首页如图 4-10 所示。

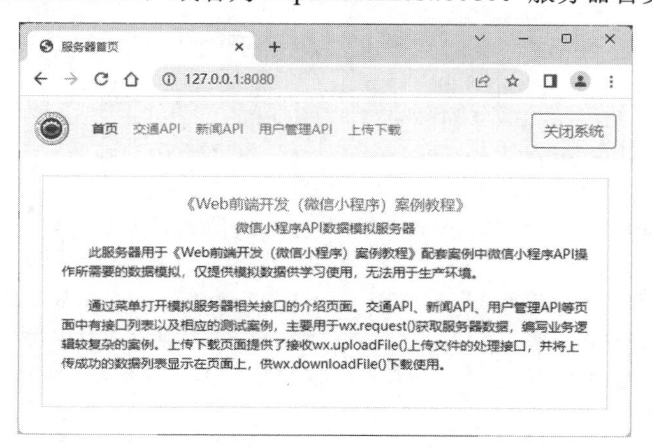

图 4-10　服务器首页

访问子菜单，可以显示相应的 API 的列表和说明，页面底端有每个 API 调用的实例，读者可以自行查看，此处不再赘述。另外，模拟服务器提供的能够获取数据的网址，又被称为 API，它与微信小程序 API 之间有什么区别和联系呢？读者可以结合前面学过的知识进行辨析。

本任务使用的获取文章列表和获取文章详情的 API 在服务器首页的“新闻 API”菜单中，

使用了 REST 风格的访问方式，其访问地址分别是/api/article 和/api/article/uuid，其中 uuid 是文章的 id。返回的结果为 json 对象，包含文章列表和详情的具体信息。

文章列表页面返回结果为 json 对象，代码如下。

```
1  {
2      "msg": "获取成功",
3      "code": 200,
4      "data": [
5          {
6              "createTime": 1674694818471,
7              "articleType": {
8                  "typeId": "597f5a1d-0ec4-4f91-82fa-9222fcb737d1",
9                  "typeName": "Web 前端"
10             },
11             "typeid": "597f5a1d-0ec4-4f91-82fa-9222fcb737d1",
12             "id": "471dd1e3-ee65-4acd-b8be-d321b9c3d685",
13             "title": "CSS 选择器"
14         },
15         ……
16     ]
17 }
```

文章详情页面返回结果为 json 对象，代码如下。

```
1  {
2      "msg": "获取成功",
3      "code": 200,
4      "data": {
5          "id": "471dd1e3-ee65-4acd-b8be-d321b9c3d685",
6          "title": "CSS 选择器",
7          "createTime": 1674694818471,
8          "typeId": "597f5a1d-0ec4-4f91-82fa-9222fcb737d1",
9          "author": "W3School",
10         "content": "<h2>CSS 选择器</h2><p>CSS 选择器用于“<mark>查找</mark>”（或选取）要设置样式的 HTML 元素。</p><p>我们可以将 CSS 选择器分为 5 类：</p><ul><li>简单选择器（根据名称、id、类来选取元素）</li><li><strong>组合器选择器</strong>（根据它们之间的特定关系来选取元素）</li><li><strong>伪类选择器</strong>（根据特定状态选取元素）</li><li><striong>伪元素选择器</strong>（选取元素的一部分并设置其样式）/li><li><strong>属性选择器</strong>（根据属性或属性值来选取元素）</li></ul><p>此页面会讲解最基本的 CSS 选择器。</p>",
11         "articleType": {
12             "typeId": "597f5a1d-0ec4-4f91-82fa-9222fcb737d1",
13             "typeName": "Web 前端"
14         }
15     }
16 }
```

可以在微信小程序中，通过使用 wx.request()请求服务器数据 API，来请求并获取这些 json 对象，并将其展示在页面上。

首先，获取服务器数据，打开 pages/article/article.js 文件，编写请求并获取服务器数据的代码，如下所示。

```
1  // pages/article/article.js
2  Page({
3    /**
4     * 页面的初始化数据
5     */
6    data: {
7      list:[],
8    },
9     /**
10    * 生命周期函数用于监听页面加载
11    */
12   onLoad: function (options) {
13     var that = this
14     var url = 'http://localhost:8080/api/article'
15     wx.request({
16       url: url,
17       method: 'GET',
18       success: function(res){
19         //console.log(res)
20         var list = res.data.data
21         that.setData({
22           list:list
23         })
24       }
25     })
26   },
```

其中，第 7 行代码定义本地的文章列表数组。第 12 至 26 行代码在页面的 onLoad()生命周期函数中，调用 wx.request()请求服务器数据。第 20 行代码将获取的数据中的文章列表单独取出来。第 21 行代码通过 setData()设值函数将获取的数据更新到页面的初始化数据 list 变量中。

观察前面的 json 对象示例可知，文章列表就是 json 对象的 data 属性的值，那为什么当第 20 行代码获取文章列表数组时使用的是 res.data.data？因为 wx.request()对请求成功后返回的服务器数据也进行了封装。

把第 19 行代码的注释取消，可以将获取的 res 参数展示在 Console 控制台区域，如图 4-11 所示。由图 4-11 可见，wx.request()返回结果也是一个 json 对象，有 data、header、statusCode、cookies、errMsg 等属性。其中的 data 属性，才是数据模拟服务器数据返回的数据。将其展开可以看出，res.data 的属性有 code、data、msg，其中 data 属性的值即 res.data.data，它是一个对象数组，具体内容可以参考文章列表 json 对象。

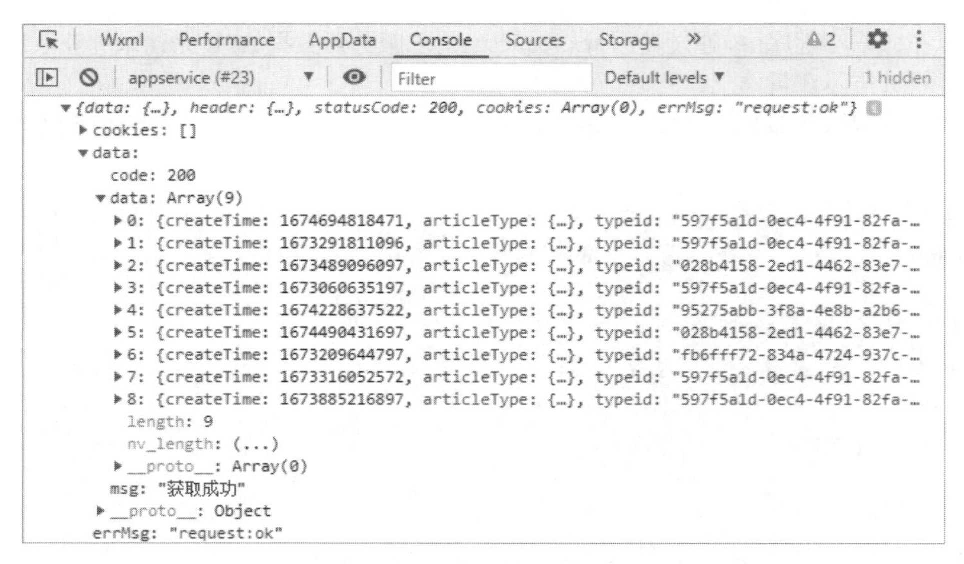

图 4-11　获取的 res 参数

因为请求服务器数据的操作被放在了页面的 onLoad()生命周期函数中，所以在页面加载成功后，文章列表的数据也就被更新到了页面的初始化数据 list 数组中。

4.7.5 【任务实施】构建菜单和选项卡

因为 4.8 节中的文章收藏管理功能将在本任务的基础上操作，所以在本任务中先进行一些相应的准备工作，将收藏功能的菜单项、选项卡等区域先预留出来。

在/pages/article/目录下，新建 2 个 wxml 页面：list.wxml 和 collect.wxml，分别用于展示文章列表和收藏列表。

打开 pages/article/article.wxml 文件，编写文章列表页面渲染层的代码，如下所示。

```
1  <!--pages/article/article.wxml-->
2  <wxs src="../../utils/format.wxs" module="fmt"></wxs>
3  <!-- 菜单区域 -->
4  <view class="menu">
5    <view class="{{current==0?'select':'default'}}" data-current="0"
   bindtap="chBtn">文章列表</view>
6    <view class="{{current==1?'select':'default'}}" data-current="1"
   bindtap="chBtn">我的收藏</view>
7  </view>
8  <!-- swiper 选项卡区域 -->
9  <swiper current="{{current}}" bindchange="chSwiper">
10   <swiper-item>
11     <scroll-view class="scroll" scroll-y>
12       <include src="./list.wxml" />
13     </scroll-view>
14   </swiper-item>
```

```
15    <swiper-item>
16      <scroll-view class="scroll" scroll-y>
17        <include src="./collect.wxml" />
18      </scroll-view>
19    </swiper-item>
20  </swiper>
```

其中，第 2 行代码使用 wxs 标签导入 utils/format.wxs 文件，用于对服务器获取的数据中的某些数值进行格式化。例如，文章列表 json 中的时间值，使用的是长整型的时间戳，不适合直接展示给用户，需要将其格式化为常用的年月日格式。

第 5 至 6 行代码设置 2 个菜单项，在 class 属性中使用数据绑定中的三元运算符，根据 current 变量的值决定 view 组件的 class 类名，使用这种方法可以动态地设置组件的样式。使用 data-current 属性即 dataset 数据集的方式将参数传到逻辑层，在 bindtap 属性指定的事件处理函数中获取这些数据，判断哪个菜单项被点击了。

第 9 至 20 行代码使用 swiper 组件实现选项卡效果，在第 9 行代码中通过 current 属性指定要展示的选项卡（即 swiper-item 元素）的序号。第 11 至 16 行代码在 swiper-item 组件中分别放置一个 scroll-view 组件。第 12 至 17 行代码分别通过 include 语句导入 list.wxml 子页面和 collect.wxml 子页面，作为选项卡要展示的数据内容。

需要注意的是，当一个页面（如 list.wxml）作为子页面被另一页面（如 article.wxml）全部导入时，子页面 list.wxml 中的 wxs 标签和 template 标签的内容是不会被导入的，即只能导入可渲染的组件或元素。因此如果要在 list.wxml 文件中使用 wxs 标签对数据进行格式化，wxs 标签要放在主页面中，如以上代码的第 2 行所示。

在以上代码中出现了多次 current 标识符，其中有的是页面初始化变量，有的是 dataset 数据集的变量，有的是某组件的属性，读者不妨辨析每个 current 表示的含义，以及这样使用的原因。

打开 pages/article/article.wxss 文件，编辑菜单项和选项卡样式表代码，具体代码参见本书附带的源码。

打开 pages/article/article.js 文件，编辑菜单项和选项卡的切换操作的代码，如下所示。

```
1     /**
2      * 菜单切换
3      */
4     chBtn:function(e){
5       var current = e.target.dataset.current
6       this.setData({
7         current:current
8       })
9     },
10    /**
11     * swiper 组件
12     */
13    chSwiper:function(e){
14      var current = e.detail.current
```

```
15      this.setData({
16        current:current
17      })
18    },
```

上述代码实现的功能非常简单，点击菜单项能够切换到对应的选项卡；当通过左、右拖动 swiper 组件切换选项卡时，能够把当前选项卡对应的菜单项标记为当前菜单项。对应的代码也非常简单，无论什么操作，只要先获取一个序号，再通过 setData()设值函数将这个序号更新到页面上就可以了。

第 4 至 9 行代码实现点击菜单切换选项卡的操作（当然也会同时切换当前菜单）。第 5 行代码获取点击事件设置的 dataset 数据集中的 current 值（即 data-current 属性的值）。第 13 至 18 行代码实现拖动 swiper 组件切换当前菜单的操作。第 14 行代码获取 swiper 组件的 current 属性（即当前显示的 swiper-item 组件的序号）。

在 pages/article/article.wxml 文件的代码中可以看到，菜单项通过对 class 属性的值进行数据绑定中的三元运算符操作，根据 current 变量的值动态决定菜单项的样式类名；而 swiper 组件可以直接对 current 属性数据绑定来设置为 current 变量。这样就实现了菜单项和选项卡之间的同步。

4.7.6 【任务实施】构建文章列表页面

在前面的任务实施的步骤中，已经获取了文章列表的数据，接下来对其进行展示。由于文章列表数据中有些数值无法直接展示，需要进行格式化，因此在展示文章列表数据之前，首先打开 utils/format.wxs 文件，编写对时间值进行格式化的代码，如下所示。

```
1    // utils/format.wxs
2    //格式化时间值
3    var fmtDate = function(timeStamp){
4      var date = getDate(timeStamp)
5      var d = []
6      d.push(date.getFullYear())
7      d.push(fmtNum(date.getMonth()+1))
8      d.push(fmtNum(date.getDate()))
9      var t = []
10     t.push(fmtNum(date.getHours()))
11     t.push(fmtNum(date.getMinutes()))
12     t.push(fmtNum(date.getSeconds()))
13     return d.join('-')+' '+t.join(':')
14   }
15   //格式化个位数的数值为两位数
16   var fmtNum = function(num){
17     return num<10?'0'+num:num
18   }
19   //对外暴露共用的方法或属性
```

```
20  module.exports = {
21    fmtDate:fmtDate
22  }
```

其中，第 4 行代码调用 getDate()方法生成 date 对象，在 WXS 中，不支持 newDate()用法。第 5 行代码定义一个数组。第 6 至 8 行代码分别获取 date 对象的年、月、日的数值并保存到数组中。第 9 行代码定义一个数组。第 10 至 12 行代码分别获取 date 对象的时、分、秒的数值存放到数组中。第 13 行代码使用数组的 join()方法得到格式为“年-月-日 时:分:秒”的字符串并返回。

第 7 至 8 行代码和第 10 至 12 行代码调用第 16 行代码的 fmtNum()函数，这个函数的作用很简单，就是利用的 JavaScript 弱类型的特性，把一位数的数字转换为前面加上一个“0”的两位字符串。例如，“5:12:3”看上去不太美观，将其转换成“05:12:03”就好一些。

第 20 行代码使用模块的 module.exports 对象，将指定的函数或变量暴露给外部使用。例如，当前的 format.wxs 模块中，fmtNum()是一个内部的函数，不需要暴露给外部使用，就不必写在 module.exports 的属性列表中。

打开 pages/article/list.wxml 文件，编写展示文章列表的渲染层的代码，如下所示。

```
1  <!--pages/article/list.wxml-->
2  <view wx:for="{{list}}" class="line">
3      <view data-id="{{item.id}}" class="title"
   bindtap="showdetail">{{item.title}}</view>
4      <view class="info">
5        <view class="type"><image src='../../images/icon/tag.png'
   />{{item.articleType.typeName}}</view>
6        <view class="time"><image src='../../images/icon/time.png'
   />{{fmt.fmtDate(item.createTime)}}</view>
7      </view>
8    </view>
```

其中，第 2 行代码使用 wx:for 列表渲染，展示指定的属性值 list 变量对应的数组的内容；第 3 行代码设置文章的 title，使用 dataset 数据集的方式绑定 data-id 为文章 id，并在标题对应的 view 组件上通过 bindtap 属性指定点击操作的事件处理函数为 showdetail()，用于展示详情页面。

第 5 至 6 行代码分别展示文章的类型名和文章的发表时间，在类型名和发表时间之间使用 image 组件放置了一个用于美化的小图标。第 5 行代码中用于获取文章类型名的表达式比较长，这是因为服务器返回文章列表的 json 对象中，文章类型名是放在文章对象的一个子对象中的。第 6 行代码通过 WXS 组件指定的 module 名称为“fmt”，调用 format.wxs 文件中的 fmtDate()函数对文章的发表时间（createTime）进行格式化，将其从一个 13 位的长整型数字格式化为“yyyy-MM-dd HH:mm:ss”的日期时间格式数字。

打开 pages/article/article.wxss 文件，添加文章列表区域的样式，具体代码参见本书附带的源码。保存文件并运行后，显示效果如图 4-9（a）所示。

4.7.7 【任务实施】构建文章详情页面

在本任务中，文章详情页面所要展示的文章数据，也是通过使用 wx.request()请求服务器数据 API 从服务器获取数据的。在 pages/article/list.wxml 文件中，展示文章标题 item.title 的 view 组件使用 data-id 属性绑定文章的 id 为属性值，通过 bindtap 属性设置点击事件处理函数为 showDetail()。

打开 pages/article/article.js 文件，编写 showDetail()函数的代码，如下所示。

```
1    /**
2     * 查看文章详情
3     */
4    showdetail:function(e){
5      var id = e.target.dataset.id
6      wx.navigateTo({
7        url: '../articledetail/articledetail?id='+id,
8      })
9    },
```

其中，第 5 行代码获取 data-id 携带的文章 id 的数据。第 6 行代码使用 wx.navigateTo()页面链接 API 链接到目标页面 pages/articledetail/articledetail，并以“?id=id”的方式携带文章 id 作为参数。

打开 pages/articledetail/articledetail.js 文件，编写代码，在文章详情页面获取文章 id，并使用 id 作为参数，通过 wx.request()获取服务器上的文章详情数据，代码如下。

```
1  // pages/articledetail/articledetail.js
2    /**
3     * 生命周期函数用于监听页面加载
4     */
5    onLoad: function (options) {
6      var id = options.id
7      var that = this
8      var url = 'http://localhost:8080/api/article/'+id
9      wx.request({
10       url: url,
11       success:function(res){
12         that.setData({
13           article:res.data.data
14         })
15       }
16     })
17   },
```

其中，第 6 行代码通过 onLoad()生命周期函数的 options 参数对象的 id 属性，获取跳转到当前页面时所携带的 id 参数。第 8 行代码拼接完整的 URL。第 9 至 16 行代码使用 wx.request()获取文章详情数据。第 12 行代码使用 setData()设值函数将获取的文章详情数据（参考文章详情数据json对象）保存到页面的初始化数据中的变量article。

文章详情数据一般存放在服务器的数据库中，因此返回的数据对象的属性名一般对应着数据库的字段名，且都是固定的。如果想在不同的页面上使用同样的排版布局方式来显示文章详情页面，则可以在单独的文件中定义对应的模板。

在pages目录下新建template子目录，在子目录下新建article.wxml文件作为文章模板文件，打开pages/template/article.wxml文件，编写文章详情页面的模板代码，如下所示。

```
1   <!-- pages/template/article.wxml -->
2   <wxs src='../../utils/format.wxs' module="fmt"></wxs>
3   <template name="article">
4     <view class="main">
5       <view class="title">{{title}}</view>
6       <view class="time"><image src="../../images/icon/time.png" class="icon"
    />{{fmt.fmtDate(createTime)}}</view>
7       <view class="info">
8         <view class="author"><image src="../../images/icon/edit.png" class="icon"
    />{{author}}</view>
9         <view class="type"><image src="../../images/icon/tag.png" class="icon"
    />{{articleType.typeName}}</view>
10        <view class="save" bindtap="save"><image class="icon"
    src="../../images/icon/star.png" />收藏</view>
11      </view>
12      <view class="content">
13        <rich-text nodes="{{content}}"></rich-text>
14      </view>
15    </view>
16  </template>
```

其中，第2行代码使用wxs标签导入format.wxs文件，设置模块名称为“fmt”。需要注意的是，如果要在模板中使用WXS函数进行数据的格式化，则wxs文件应该在模板页面中导入，而不是在调用模板的页面中导入。读者可以自行尝试操作，以加深理解。

第3行代码定义一个名为“article”的模板。第4至15行代码使用各种组件所对应的对象进行逻辑布局。第6行代码调用format.wxs文件中的fmtDate()函数对时间日期数据进行格式化操作。第10行代码提供一个“收藏”按钮，在下一任务中将详细介绍其功能实现的方法。

从文章详情数据json对象代码中可以看出，文章详情对象的content属性即文章内容，使用的是HTML代码。如果直接在微信小程序页面上解析和显示，需要使用rich-text组件。第13行代码使用rich-text组件，设置nodes属性的值为content文章内容的HTML字符串。

打开pages/articledetail/articledetail.wxml文件，编写文章详情页面的渲染层代码，如下所示。

```
1   <!--pages/articledetail/articledetail.wxml-->
2   <import src="../template/article.wxml"></import>
3   <template is="article" data="{{...article}}"></template>
```

因为使用了模板，所以渲染层的代码量非常少。其中，第2行代码使用import语句导入模板；第3行代码使用template组件调用模板，指定调用的模板为article（即在模板页面中使用 name 属性设置的模板名称），指定模板数据为页面初始化数据中的 article 对象（即在页面 js 文件的 onLoad()生命周期函数中获取并设值的文章详情对象数据）。

打开 pages/articledetail/articledetail.wxss 文件，编写样式表代码，具体代码参见本书附带的源码。

保存文件，重新编译后，文章详情页面的显示效果如图 4-9（b）、（c）所示。

4.8 任务 8：文章收藏、管理

4.8.1 任务分析

本任务将实现简单的文章收藏功能，以及收藏内容的查看和管理功能，主要使用微信小程序数据缓存有关的 API，实现写入缓存、读取缓存、删除缓存等操作。本书提供了本案例的完整代码，文章收藏、管理功能如图 4-12 所示。

需要注意的是，缓存是保存在手机本地存储器中的，如果清理微信数据、重新安装微信、恢复出厂设置，或者更换手机，则缓存数据会被清理。因此在一般情况下，缓存中应该保存程序运行需要用到的且不会经常更新的数据。在首次加载之后，再次访问时可以判断如果已经有缓存数据了，则不再从服务器加载，从而加快页面的加载速度。一般，缓存数据对用户来说是不可见的。

（a）

（b）

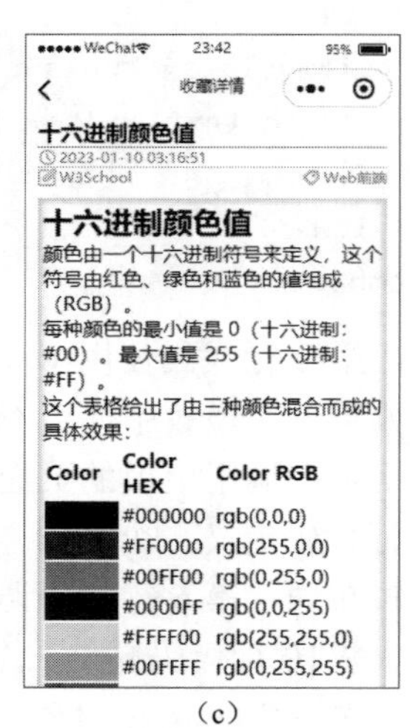

（c）

图 4-12　文章收藏、管理功能（部分）

在本任务中，通过实现可视化的文章收藏、管理功能，读者可以更直观地了解缓存的作用和用法。在实际项目中，文章收藏的功能一般应该在服务端实现。

4.8.2 剪贴板数据 API

在微信小程序页面中展示的文本，除了可编辑的表单组件中的文字，以及设置 user-select 属性为 True 的 text 组件中的文字，其他文字一般无法通过长按选择。如果有一些文字需要设置为允许用户复制，如自动生成的验证码等，则可以通过剪贴板数据 API 来调用系统剪贴板，将文本数据直接写入用户的系统剪贴板中，这样用户可以在需要的地方直接粘贴获得文本数据。同样，也可以调用剪贴板数据 API 获取用户剪贴板中的文本数据，从而完成自动填表之类的操作。

wx.setClipboardData(Object object)用于设置剪贴板中的文本数据，即将指定的文本数据写入设备的剪贴板。调用成功后，会弹出提示框提示“内容已复制”，持续 1.5s，常用参数如表 4-29 所示。

表 4-29　wx.setClipboardData()的常用参数

属性	类型	默认值	必填	说明
data	String		是	要写入剪贴板的内容
success	function		否	接口调用成功的回调函数
fail	function		否	接口调用失败的回调函数
complete	function		否	接口调用结束的回调函数（无论调用成功、失败都会执行）

示例代码如下。

```
1   wx.setClipboardData({
2     data: 'data',
3     success (res) {
4       wx.getClipboardData({
5         success (res) {
6           console.log(res.data) // data
7         }
8       })
9     }
10  })
```

wx.getClipboardData(Object object)用于获取剪贴板中的文本数据，通过 success()回调函数的 Object res 参数的 res.data 属性返回获取的文本数据，代码如下。

```
1   wx.getClipboardData({
2     success (res){
3       console.log(res.data)
4     }
5   })
```

4.8.3　数据缓存 API

微课：数据缓存 API

微信小程序在用户手机端的微信安装目录下，会给每个访问过的微信小程序分配 10MB 的存储空间，用于缓存一些微信小程序所需的数据。数据缓存以键值对（k:v，key:value）的方式进行存储。除非用户主动删除，或者因存储空间被系统清理，否则数据都一直可用。单个 key 允许存储的最大数据长度为 1MB，所有数据存储上限为 10MB。

微信小程序提供了操作数据缓存的 API，wx.setStorage()用于设置缓存（即写入缓存），wx.getStorageInfo()用于获取缓存 key 列表，wx.getStorage()用于获取指定 key 的缓存，wx.removeStorage()用于移除指定 key 的缓存，wx.clearStorage()用于清空所有缓存等。

wx.setStorage(Object object)用于将数据存储在本地缓存指定的 key 中，会覆盖原来该 key 对应的内容。存放的数据类型只支持 JavaScript 的原生类型、date 对象，以及能够通过 JSON.stringify()序列化的对象，常用参数如表 4-30 所示。

表 4-30 wx.setStorage()的常用参数

属性	类型	默认值	必填	说明
key	String		是	本地缓存中指定的 key
data	any		是	需要存储的内容。只支持原生类型、date 对象，以及能够通过 JSON.stringify()序列化的对象
success	function		否	接口调用成功的回调函数
fail	function		否	接口调用失败的回调函数
complete	function		否	接口调用结束的回调函数（无论调用成功、失败都会执行）

示例代码如下。

```
1  wx.setStorage({
2    key:"key",
3    data:"value"
4  })
```

wx.getStorageInfo(Object object)用于异步获取当前缓存（storage）的相关信息，包括 keys 列表、当前已使用的空间大小、最大可用的空间大小。这些信息由 success()回调函数的 Object res 参数的属性携带返回。其 object 参数对象除了 success()、fail()、complete()回调函数，没有其他属性，代码如下。

```
1  wx.getStorageInfo({
2    success (res) {
3      console.log(res.keys)
4      console.log(res.currentSize)
5      console.log(res.limitSize)
6    }
7  })
```

wx.getStorage(Object object)用于从本地缓存中异步获取指定 key 的内容。其参数对象 object 除了 success()、fail()、complete()回调函数，常用的属性还有 key，用于传递要查询的 key 值。在 success()回调函数中，Object res 参数的 data 属性返回 key 对应的缓存数据，代码如下。

```
1  wx.getStorage({
2    key: 'key',
3    success (res) {
4      console.log(res.data)
```

```
5      }
6    })
```

wx.removeStorage(Object object)用于在缓存中移除指定 key 的对应缓存，用法和 wx.getStorage()相似，区别是在 success()回调函数中返回的不是具体数据，而是操作执行成功的提示，代码如下。

```
1    wx.removeStorage({
2      key: 'key',
3      success (res) {
4        console.log(res)
5      }
6    })
```

wx.clearStorage(Object object)用于清空所有缓存的数据，其 object 参数对象除了 success()、fail()、complete()回调函数，没有其他属性。一般在调用时不传递任何参数，代码如下。

```
1    wx.clearStorage()
```

- 数据缓存应该只用于数据的持久化存储，不应该用于运行时的数据传递或全局状态管理。在启动过程中，过多的同步读写存储，会显著影响启动耗时。
- 运行时的数据传递或全局状态管理，一般可以放在微信小程序全局的 app.js 文件中定义的 globalData 对象中。

4.8.4　API 的同步调用

在大多情况下，微信小程序的 API 调用都是异步调用。可以理解为在函数中调用 API 时，会另开一个线程来执行 API 调用，函数中的其他代码则继续执行。API 调用结果以回调函数的方式返回，在回调函数中进一步处理。此时 API 调用代码和函数中的其他代码是分别执行的，两者完成的先后顺序取决于各自的运行时间，因此被称为异步调用。

在某些情况下，函数中的代码需要按照线性顺序执行，即在调用 API 时，函数中的后续代码可能会用到 API 调用结果返回的数据，不能再继续执行，必须等到 API 调用结果返回后才能继续执行。执行顺序是固定的，因此被称为同步调用。

微信小程序为部分 API（一般是涉及 I/O 操作的 API）提供了同步调用的版本。数据缓存 API 基本上都有同步调用的版本。例如，wx.setStorage(Object object)设置缓存数据的同步版本为 wx.setStorageSync(string key, any data)。从参数格式可以看出，API 的同步版本不通过 Object 类型的对象传递参数，而直接通过普通函数的参数列表传递参数。

因为同步调用的 API 一般会涉及 I/O 操作，并且又没有 success()和 fail()回调函数对调用成功或失败结果进行分流，因此一般建议将同步调用的代码放在异常处理的 try/catch 代码体中。

示例代码如下。

```
1    try {
```

```
2     wx.setStorageSync('key', 'value')
3   } catch (e) { }
```

4.8.5 【任务实施】实现文章收藏功能

扫一扫

微课：实现文章收藏功能

在 4.7 节展示文章详情页面时，pages/articledetail/articledetail.wxml 文件的代码中，有一个 view 组件被用作“收藏”按钮，并且使用 bindtap 属性指定点击事件处理函数 save()。打开 pages/articledetail/articledetail.js 文件，编写文章收藏功能的代码，如下所示。

```
1    /**
2     * 收藏文章
3     */
4    save: function () {
5      var article = this.data.article
6      var node = {}
7      node.title = article.title
8      node.article = article
9      node.time = new Date().getTime()
10     var list = []
11     wx.getStorage({
12       key: 'articles',
13       success: function (res) {
14         list = res.data
15         var flag = true
16         for (let i = 0; i < list.length; i++) {
17           if (list[i].title == node.title) {
18             flag = false
19             wx.showToast({
20               title: '此前已收藏过',
21             })
22             break
23           }
24         }
25         if (flag) {
26           list.push(node)
27           wx.setStorage({
28             data: list,
29             key: 'articles',
30             success: function () {
31               wx.showToast({
32                 title: '收藏成功',
33               })
34             }
```

```
35            })
36          }
37        },
38        fail: function () {
39          list.push(node)
40          wx.setStorage({
41            data: list,
42            key: 'articles',
43            success: function () {
44              wx.showToast({
45                title: '收藏成功',
46              })
47            }
48          })
49        }
50      })
51    },
```

其中，第 5 行代码获取当前页面展示文章内容的 json 对象，并将其赋值给 article 变量。第 6 行代码定义一个空对象 node。第 7 行代码设置 node 对象的 title 属性值为文章标题。第 8 行代码设置 node 对象的 article 属性值为整个文章对象。第 9 行代码设置 node 对象的 time 属性值为当前时间。

第 11 至 12 行代码调用 wx.getStorage()获取缓存内容，获取 key 为 articles 的缓存数据 data。在本任务中，data 是一个对象数组，数组中每个对象的结构与 node 对象的结构相同。

第 13 至 15 行代码在 success()回调函数中，遍历获取的 list 数组，判断当前文章是否已经被缓存。如果此文章未被缓存，则先在第 26 行代码中将 node 节点添加到数组 list，再在第 27 至 29 行代码中调用 wx.setStorage()将 list 数组作为数据重新写入 key 为 articles 的缓存数据中。

第 38 行代码在 fail()回调函数中，因为未获取 key 为 articles 的缓存数据，说明此 key 不存在，则在第 39 行代码中直接将 node 对象添加到 list 空数组中，在第 40 行代码中调用 wx.setStorage()，将 list 数组作为数据重新写入 key 为 articles 的缓存数据中。

其中，在第 19 行代码、第 31 行代码、第 44 行代码中分别调用 wx.showToast()给用户显示一个消息提示框，以反馈操作完成的情况。

保存文件，重新编译后，点击文章详情页面的“收藏”按钮，显示效果如图 4-12（a）所示。

4.8.6 【任务实施】构建我的收藏页面

接下来实现我的收藏页面的列表展示功能。我的收藏页面和 4.7 节中的文章列表页面在同一个页面的不同的位置上。

首先，在页面加载时，不仅要加载文章列表，同时也要加载我的收藏的文章列表。打开 pages/article/article.js 文件，在 onLoad()生命周期函数中添加获取我的收藏的文章列表的代码如下。

```
1    // pages/article/article.js
```

```
2   Page({
3
4     /**
5      * 页面的初始化数据
6      */
7     data: {
8       current:0,
9       isNull:true,
10      list:[],
11      articles:[]
12    },
13     /**
14     * 生命周期函数用于监听页面加载
15     */
16    onLoad: function (options) {
17      var that = this
18      var url = 'http://localhost:8080/api/article'
19      wx.request({
20        url: url,
21        method: 'GET',
22        success: function(res){
23          console.log(res)
24          var list = res.data.data
25          that.setData({
26            list:list
27          })
28        }
29      })
30      wx.getStorage({
31        key: 'articles',
32        success:function(res){
33          that.setData({
34            articles:res.data,
35            isNull:false
36          })
37        },
38      })
39    },
```

其中，第 9 行代码、第 11 行代码在页面的初始化数据中定义用于存放我的收藏的文章列表的 articles 数组变量，以及存放判断 articles 数组是否为空的 isNull 变量，并赋初始值为 True。

第 18 至 26 行代码，通过调用 wx.getStorage()获取缓存内容，获取 key 为 articles 的缓存数据，如果获取成功，则将获取的已收藏的文章列表通过 setData()设值函数保存到 articles 数组，同时设置 isNull 变量值为 False。

接下来，打开 pages/article/collect.wxml 文件，编写展示我的收藏文章列表渲染层的代码，如下所示。

```
1  <!--pages/article/collect.wxml-->
2  <view wx:if="{{isNull}}" class="isnull">-- 还没有收藏内容 --</view>
3  <view else>
4    <view wx:for="{{articles}}" class="co-line">
5      <view class="co-title" data-index="{{index}}"
   bindtap="showCollect">{{item.title}}</view>
6      <view class="co-time">{{fmt.fmtDate(item.time)}}</view>
7      <icon type="cancel" data-index="{{item.index}}"
   bindtap="rmCollect"></icon>
8    </view>
9  </view>
```

其中，第 2 行代码使用 wx:if 条件渲染，当 isNull 变量值为 True 时，即我的收藏文章列表为空时，在页面上展示一行语句用来提示用户。

第 3 行代码使用 wx:else 条件渲染，当 isNull 变量值为 False 时，即我的收藏文章列表不为空。在第 4 至 8 行代码中使用 wx:for 列表渲染展示我的收藏文章列表中的部分信息。第 5 行代码用于显示文章标题，并通过 bindtap 属性设置点击标题时的事件处理函数。第 6 行代码用于显示文章的收藏时间。第 7 行代码通过 icon 组件添加一个“删除”图标，并通过 bindtap 属性设置了点击事件的处理函数。

打开 pages/article/article.wxss 文件，添加我的收藏文章列表的样式表代码，具体代码参见本书附带的源码。保存文件，重新编译后，显示效果如图 4-12（b）所示。

此时，如果打开一篇未收藏过的文章，点击“收藏”按钮，则会提示“收藏成功”。返回我的收藏页面却发现列表中并没有增加新的文章。重新编译后，新收藏的文章就可以展示出来了。请读者思考一下，问题出在哪里呢？

其实很简单，加载我的收藏文章列表的操作是在页面 onLoad()生命周期函数中实现的，而打开文章详情页面是使用 wx.navigateTo()进行跳转的。此时文章列表页面只是被隐藏了，只触发了 onHide()生命周期函数，没有触发 onUnload()生命周期函数。当从文章详情页面返回时，文章列表页面只触发了 onShow()生命周期函数，没有触发 onLoad()生命周期函数。这一问题的简单处理方法就是直接在 onShow()生命周期函数中重新读取缓存数据。

打开 pages/article/article.js 文件，修改 onShow()生命周期函数的代码，添加读取缓存数据的功能，同时编写查看收藏详情页面及删除收藏的事件处理函数，代码如下。

```
1  // pages/article/article.js
2    /**
3     * 查看收藏详情页面
4     */
5    showCollect:function(e){
6      var index = e.target.dataset.index
7      wx.navigateTo({
8        url: '../collectdetail/collectdetail?index='+index,
9      })
```

```
10  },
11  /**
12   * 删除收藏
13   */
14  rmCollect:function(e){
15    var that = this
16    var index = e.target.dataset.index
17    var coList = this.data.articles
18    wx.showModal({
19      title:'删除收藏',
20      content:'确定要删除这条收藏吗？',
21      cancelColor: '#f00',
22      success:function(res){
23        console.log(res)
24        if(res.confirm){
25          coList.splice(index,1)
26          wx.setStorage({
27            data: coList,
28            key: 'articles',
29            success:function(){
30              that.setData({
31                articles:coList
32              })
33            }
34          })
35        }
36      }
37    })
38  },
39  /**
40   * 生命周期函数用于监听页面显示
41   */
42  onShow: function () {
43    var that = this
44    wx.getStorage({
45      key: 'articles',
46      success:function(res){
47        that.setData({
48          articles:res.data,
49          isNull:false
50        })
51      },
52    })
53  },
```

其中，第 5 至 10 行代码实现收藏详情页面的跳转操作。第 6 行代码获取以 dataset 数据集方式携带的 index 参数，含义是收藏列表数组的索引值（下标值），把该值传给收藏详情页面，在收藏列表数组中取出对应索引值（下标值）的收藏文章对象即可进行展示。

第 14 至 38 行代码实现删除收藏的操作。第 16 行代码获取被删除的收藏文章在收藏数组中的下标值。第 17 行代码获取收藏数组。第 18 行代码通过交互反馈 API 让用户选择并确认操作。第 25 行代码使用数组的 splice()方法移除指定位置、指定数量的元素。第 26 行代码调用数据缓存 API 将新的数组写入缓存，并使用 setData()设值函数将新数组更新到页面的初始化数据中。

第 42 至 53 行代码在 onShow()生命周期函数中，实现了在重新展示隐藏页面时获取收藏文章列表的功能。其实这段代码和 onLoad()生命周期函数中的代码是基本相同的。在实际项目开发中，一般会把重复的代码封装成单独的函数，在需要的时候调用即可。

4.8.7 【任务实施】构建收藏详情页面

收藏详情页面的实现过程与文章详情页面的实现过程基本相同，只是数据来源有所不同。文章详情页面在加载时接收一个文章 id 参数，通过 wx.request()从服务器中加载数据。收藏详情页面在加载时接收一个数组下标值 index 参数，先通过 wx.getStorage()获取缓存中的收藏文章列表，再从列表中按照 index 下标值获取数据。

打开 pages/collectdetail/collectdetail.js 文件，编写如下代码。

```
1   // pages/collectdetail/collectdetail.js
2   Page({
3     /**
4      * 页面的初始化数据
5      */
6     data: {
7       collect:{}
8     },
9     /**
10     * 生命周期函数用于监听页面加载
11     */
12    onLoad: function (options) {
13      var index = options.index
14      var that = this
15      wx.getStorage({
16        key: 'articles',
17        success:function(res){
18          var coList = res.data
19          that.setData({
20            collect:coList[index].article
21          })
22        }
```

```
23      })
24    },
```

其中，第 12 至 24 行代码在 onLoad()生命周期函数中添加获取收藏详情数据的代码。第 13 行代码获取从列表页面跳转到当前页面时携带的 index 参数。第 15 行代码调用获取缓存 API 获取缓存文章列表。第 20 行代码将收藏文章列表中的文章内容的 json 对象读取出来，并通过 setData()设值函数设置到页面的初始化数据中。

打开 pages/template/article.wxml，编写收藏文章的展示模板，代码如下。

```
1   <template name="collect">
2     <view class="main">
3       <view class="title">{{title}}</view>
4       <view class="time"><image src="../../images/icon/time.png" class="icon"
    />{{fmt.fmtDate(createTime)}}</view>
5       <view class="info">
6         <view class="author"><image src="../../images/icon/edit.png" class="icon"
    />{{author}}</view>
7         <view class="type"><image src="../../images/icon/tag.png" class="icon"
    />{{articleType.typeName}}</view>
8       </view>
9       <view class="content">
10        <rich-text nodes="{{content}}"></rich-text>
11      </view>
12    </view>
13  </template>
```

由于文章数据的 json 对象其实与文章详情页面的数据相同，因此模板也基本相同，只是少了一个“收藏”按钮。

打开 pages/collectdetail/collectdetail.wxss 文件，编写样式表代码，具体代码参见本书附带的源码。

保存文件，重新编译之后，显示效果如图 4-12（c）所示。

4.9 任务 9：音乐涂鸦板

4.9.1 任务分析

本任务将实现一个简单的带背景音乐的涂鸦板。微信小程序提供了 canvas 组件，并提供了与其对应的 API，可以利用 canvas 组件动态绘制各种复杂的图案，也可以响应用户操作，绘制规则或不规则的图案、线条。另外，微信小程序通过内置的内部音频上下文对象，可以对音频资源进行播放、暂停、寻址播放等，以及对播放过程进行监听。本书提供了本案例的完整代码，音乐涂鸦板功能如图 4-13 所示。

由图 4-13 可见，页面主要部分为涂鸦区域，页面底部为工具栏区域，可以实现选择粗细笔触功能、选择画笔颜色功能、橡皮擦功能及清空功能，页面右上角的两个按钮可以实现下载涂鸦图片的功能，以及控制播放背景音乐的功能。

(a)

(b)

(c)

图 4-13　音乐涂鸦板功能

4.9.2　canvas 组件和相关 API

canvas（画布）组件可以用于绘制直线、弧线及矩形。通过设置边框和填充色，可以得到折线、多边形、扇形、圆形、矩形等图形，还可以用于绘制一些简单的示意图，以及绘制折线图、饼图、柱形图等常见图表。

canvas 组件相关的 API 为 wx.createCanvasContext()，canvas 组件的常用属性如表 4-31 所示。

表 4-31　canvas 组件的常用属性

属性	类型	默认值	说明
type	String		指定 canvas 组件类型，当前仅支持 webgl
canvas-id	String		canvas 组件的唯一标识符。如果指定了 type，则无须再指定该属性
disable-scroll	boolean	False	当手指在 canvas 组件中移动且有绑定手势事件时，禁止屏幕滚动，以及下拉刷新
bindtouchstart	eventhandle		手指触摸动作开始
bindtouchmove	eventhandle		手指触摸移动动作
bindtouchend	eventhandle		手指触摸动作结束
bindtouchcancel	eventhandle		手指触摸动作被打断，如来电提醒、弹窗
bindlongtap	eventhandle		被手指长按 500ms 之后触发，触发了长按事件后，在进行手指移动不会触发屏幕的滚动
binderror	eventhandle		当发生错误时，触发 error 事件，detail = {errMsg}

canvas 组件在页面中的默认宽度为 300px，高度为 150px，可以在 wxss 文件中设置其宽度和高度。同一页面中的 canvas-id 不可重复，如果使用一个已经出现过的 canvas-id，则该 canvas 标签对应的画布将被隐藏，不再正常工作。在开发者工具中默认关闭了 GPU 硬件加

速，可以在开发者工具的设置中选择“硬件加速”选项，提高 WebGL 的渲染性能。另外，避免对 canvas 组件设置过大的宽度和高度，否则在安卓系统下会出现应用崩溃的问题。

4.9.3 音频播放 API

InnerAudioContext 即内部音频上下文，是微信小程序官方推荐使用的音频播放的类，可以通过调用 wx.createInnerAudioContext()获取实例。

常用属性如下。

- string src：音频资源的地址，用于直接播放。从基础库 2.2.3 版本起开始支持云文件 ID。
- number startTime：开始播放的位置（单位为 s），默认为 0。
- boolean autoplay：是否自动开始播放，默认为 False。
- boolean loop：是否循环播放，默认为 False。
- number duration：当前音频的长度（单位为 s）。只有在当前有合法的 src 时返回（只读）。
- number currentTime：当前音频的播放位置（单位为 s）。只有在当前有合法的 src 时返回，时间保留小数点后 6 位（只读）。
- boolean paused：当前是否为暂停或停止状态（只读）。

常用方法如下。

- InnerAudioContext.play()用于播放。
- InnerAudioContext.pause()用于暂停。当再次播放被暂停后的音频时会从暂停处开始播放。
- InnerAudioContext.stop()用于停止。当再次播放被停止后的音频时会从头开始播放。
- InnerAudioContext.seek(number position)用于跳转到指定位置。
- InnerAudioContext.destroy()用于销毁当前实例。
- InnerAudioContext.onCanplay(function listener)用于监听音频进入可以播放状态的事件。但不保证后面可以流畅播放。
- InnerAudioContext.onPlay(function listener)用于监听音频播放事件。
- InnerAudioContext.onPause(function listener)用于监听音频暂停事件。
- InnerAudioContext.onStop(function listener)用于监听音频停止事件。
- InnerAudioContext.onEnded(function listener)用于监听音频自然播放至结束的事件。
- InnerAudioContext.onTimeUpdate(function listener)用于监听音频播放进度更新事件。
- InnerAudioContext.onError(function listener)用于监听音频播放错误事件。
- InnerAudioContext.onWaiting(function listener)用于监听音频加载中事件。当音频因为数据不足，需要停下来加载时会触发。

更多属性和方法，请查阅微信小程序开发的官方文档。微信小程序内部音频中的上下文对象支持的音频格式很多，但安卓系统与苹果系统不同，两个系统平台同时支持的音频格式有 MP3、M4A、WAV、AAC，为了提高程序的兼容性，建议在实现微信小程序的音频播放功能时，只使用以上几种音频格式。

InnerAudioContext（内部音频上下文）对象的属性和方法用法都比较简单，在获取对象实例并将其赋值给一个变量之后，可以直接通过设置“变量.属性”“变量.方法()”调用。接下来介绍如何获取内部音频上下文实例。

wx.createInnerAudioContext(Object object)用于创建内部音频上下文对象，即获取一个 InnerAudioContext 实例，此实例不用和页面上的某个组件绑定，直接调用实例的属性、方法即可实现在当前页面对音频播放、暂停、停止、指定位置播放等，因此操作页面完全可以使用各种组件自行设计，一般将 slider 组件作为进度条使用。

wx.createInnerAudioContext(Object object) 常用的参数只有一个 boolean 型的 useWebAudioImplement 属性，默认值为 False，从基础库 2.19.0 版本之后支持，用于设置是否使用 WebAudio 作为底层音频驱动，默认为关闭此选项。对于短音频、播放频繁的音频，建议开启此选项，开启后将获得更优秀的性能表现。由于开启此选项后会带来一定的内存增长，因此建议长音频关闭此选项。

示例代码如下。

```
1   const innerAudioContext = wx.createInnerAudioContext()
2   innerAudioContext.autoplay = true
3   innerAudioContext.src = 'http://localhost:8080/1.mp3'
4   innerAudioContext.onPlay(() => {
5     console.log('开始播放')
6   })
7   innerAudioContext.onError((res) => {
8     console.log(res.errMsg)
9     console.log(res.errCode)
10  })
```

4.9.4　音频播放过程的监听

音频在微信小程序中的使用一般可以分为两种，一种可作为音效或背景音乐，另一种可作为播放器模式。作为音效或背景音乐时，只要给用户提供打开或关闭的选项即可。当其作为播放器模式使用时，一般需要给用户提供“开始播放”“暂停”“停止”“换曲”等按钮，音频总时长、当前播放时长等信息，并提供一个图形化的实时进度条。其中，当前播放时长及实时进度条的实现都需要对音频的播放过程进行实时监听。

InnerAudioContext 对象提供了 onTimeUpdate(function listener)方法，用于监听音频播放进度更新事件，在 listener()回调函数中，可以获取音频总时长、当前已播放的时长。

示例代码如下。

```
1   const audioCtx = wx.createInnerAudioContext()
2   audioCtx.onTimeUpdate(function () {
3     var currentTime = parseInt(audioCtx.currentTime)
4     var totalTime = parseInt(audioCtx.duration)
      var percent = parseInt(audioCtx.currentTime / audioCtx.duration * 100)
5     //console.log(currentTime + " / " + totalTime)
6     that.setData({
7       'play.currentTime': currentTime,
8       'play.duration': totalTime,
9       'play.percent': percent
```

```
10    })
11  })
12
```

4.9.5 【任务实施】构建音乐涂鸦板页面

扫一扫

微课：实现音乐涂鸦板功能

打开 pages/doodle/doodle.wxml 文件，编写音乐涂鸦板渲染层的代码，如下所示。

```
1  <!--pages/doodle/doodle.wxml-->
2  <view class="container">
3    <view class="icon-area">
4      <image src="../../images/btn/download.png" class="down abs"
   bindtap="down"></image>
5      <image src="../../images/btn/{{paused?'mute':'audio'}}.png" class="audio
   abs" bindtap='musicstat'></image>
6    </view>
7    <view class='canvas-area'>
8      <canvas canvas-id='myCanvas' class='myCanvas' disable-scroll='false'
   bindtouchstart='touchstart'
         bindtouchmove='touchmove'></canvas>
9    </view>
10   <view class='canvas-tools'>
11     <view class='box box1' bindtap='penselect' data-param="5">
12       <image src="../../images/btn/pencel.png"></image>
13     </view>
14     <view class='box box2' bindtap='penselect' data-param="15">
15       <image src="../../images/btn/brush.png"></image>
16     </view>
17     <view bindtap='colorselect' data-param="#cc0033" class='box box3'></view>
18     <view bindtap='colorselect' data-param="#ff9900" class='box box4'></view>
19     <view bindtap='colorselect' data-param="#eeeeee" class='box box5'>
20       <image src="../../images/btn/eraser.png"></image>
21     </view>
22     <view class='box box6' bindtap='clearCanvas'>
23       <image src="../../images/btn/clear.png"></image>
24     </view>
25   </view>
26 </view>
```

其中，第 4 行代码添加“下载”按钮。第 5 行代码添加背景音乐开关的按钮，通过数据绑定的三元运算符，根据音乐播放状态选择不同的图标。第 8 行代码放置一个 canvas 组件，绑定两个事件处理函数，处理用户在屏幕上画布区域手指开始触摸并移动的事件，即模拟画笔操作的事件。

第 11 至 13 行代码设置铅笔图标。第 14 至 16 行代码设置画刷图标，其中第 11 行代码和第 14 行代码通过 bindtap 属性指定点击事件处理函数为 penselect()，分别设置其 data-param 属性为 5 和 15，用于定义笔触的粗细。

第 17 至 19 行代码设置橡皮擦图标，从代码可以看出，橡皮擦其实也是一种颜色，即背景色，用背景色涂抹相当于将前景色擦除。同样使用 bindtap 属性指定事件处理函数为 colorselect()，通过 data-param 属性设置颜色值参数。

第 22 至 24 行代码清理画布图标，并指定事件处理函数为 clearCanvas。

打开 pages/doodle/doodle.wxss 文件，编辑样式表代码，具体代码参见本书附带的源码。

保存文件，重新编译之后，显示效果如图 4-13（a）所示。

4.9.6　【任务实施】添加背景音乐

打开 pages/doodle/doodle.js 文件，编写实现背景音乐功能的代码，如下所示。

```
1	// pages/doodle/doodle.js
2	const music = wx.createInnerAudioContext()
3	Page({
4	  /**
5	   * 页面的初始化数据
6	   */
7	  data: {
8	    paused:false,
9	  },
10	  //背景音乐开关
11	  musicstat:function(){
12	    var paused = false
13	    if(music.paused){
14	      music.play()
15	      paused = false
16	    }else{
17	      music.pause()
18	      paused = true
19	    }
20	    this.setData({
21	      paused:paused
22	    })
23	  },
24	  /**
25	   * 生命周期函数用于监听页面初次渲染完成
26	   */
27	  onReady: function () {
28	    music.src = "/audios/bg.mp3"
29	    music.autoplay = true
```

```
30      music.loop = true
31      music.onCanplay(function(){
32        music.play()
33      })
34    },
```

其中，第 2 行代码调用 API 创建内部音频对象，并赋值给 music 常量。第 8 行代码在页面的初始化数据中定义 paused 变量，控制背景音乐的播放和暂停状态，设置默认值为 False。

第 27 至 34 行代码在页面的 onReady()生命周期函数中，设置了音频对象的数据源、自动播放属性、循环属性。第 31 行代码监听音频对象的状态，当加载完毕可以播放时，就调用 play()方法播放音频。

第 11 至 23 行代码实现了背景音乐的暂停和播放功能，即开关功能，通过设置 paused 变量的值来实现。

4.9.7 【任务实施】实现涂鸦功能

打开 pages/doodle/doodle.js 文件，编写涂鸦操作的基本功能代码，以及选择画笔、选择颜色、清空画布、下载涂鸦结果图片等功能代码。

首先，添加新的页面初始化数据，以及定义画布的上下文变量，代码如下。

```
1   // pages/doodle/doodle.js
2   const music = wx.createInnerAudioContext()
3   let ctx;
4   Page({
5     /**
6      * 页面的初始化数据
7      */
8     data: {
9       paused:false,
10      pen:{
11        lineWidth:5,
12        color:"#cc0033"
13      },
14      canvasWidth:0,
15      canvasHeight:0
16    },
17    /**
18     * 生命周期函数用于监听页面初次渲染完成
19     */
20    onReady: function () {
21      var that = this
22      //画布 Context 对象
23      ctx=wx.createCanvasContext('myCanvas');
24      ctx.setStrokeStyle(this.data.pen.color);
```

```
25      ctx.setLineWidth(this.data.pen.lineWidth);
26      ctx.setLineCap('round');
27      ctx.setLineJoin('round');
28      //背景音乐
29      music.src = "/audios/bg.mp3"
30      music.autoplay = true
31      music.loop = true
32      music.onCanplay(function(){
33        music.play()
34      })
35    },
36  })
```

其中，第 3 行代码定义全局变量，用于存放画布上下文对象。第 10 行代码定义画笔对象，包含两个属性：粗细和颜色。第 23 行代码获取 wxml 页面上 id 为 myCanvas 的 canvas 组件的上下文对象，并将其赋值给 ctx 全局变量。第 24 至 27 行代码设置画笔颜色、线宽、线条末端形状及交叉点形状等属性。

然后，实现涂鸦的基本功能，即当手指触碰屏幕并移动时产生笔迹的功能，代码如下。

```
1    //开始触碰屏幕
2    touchstart:function(e) {
3      ctx.setStrokeStyle(this.data.pen.color);
4      ctx.setLineWidth(this.data.pen.lineWidth);
5      ctx.moveTo(e.touches[0].x, e.touches[0].y);
6    },
7    //触碰屏幕并移动
8    touchmove:function(e) {
9      let x = e.touches[0].x;
10     let y = e.touches[0].y;
11     ctx.lineTo(x, y)
12     ctx.stroke();
13     ctx.draw(true);
14     ctx.moveTo(x,y)
15   },
```

其中，第 2 至 6 行代码实现涂鸦线条的起始点。第 3 行代码设置画笔颜色。第 4 行代码设置画笔的线宽。第 5 行代码移动当前绘制位置到触碰点的坐标。

第 8 至 15 行代码实现涂鸦线条绘制的功能。当手指触碰屏幕并移动时，会不断触发 canvas 组件 bindtouchmove 属性指定的事件处理函数 touchmove()，可以粗略地理解为手指在屏幕上移动几个像素就会触发一次此函数。第 9 至 10 行代码分别获取当函数触发时所在的触碰点的最新坐标值。第 11 行代码在上一个坐标点与当前坐标点之间画一段线。第 12 至 13 行代码确认绘制这一小段直线。第 14 行代码将绘制的起点移动到当前坐标点，以便当下一次函数被触发时从当前坐标点开始绘制。

由以上代码可见，涂鸦产生的线条，实际上是由很多较短的线段连接而成的。在画笔线宽较粗、绘制速度较慢的情况下，可以将其看成连续的、较平滑的不规则曲线。

接下来，实现各个按钮的功能，代码如下。

```
1   //选择画笔
2   penselect:function(e) {
3     var lineWeight = e.currentTarget.dataset.param
4     this.setData({'pen.lineWidth': lineWeight})
5   },
6   //选择颜色
7   colorselect:function(e) {
8     var color = e.currentTarget.dataset.param
9     this.setData({ 'pen.color': color })
10  },
11  //清空画布
12  clearCanvas:function(){
13    var width = this.data.canvasWidth
14    var height = this.data.canvasHeight
15    wx.showModal({
16      title:'清空涂鸦',
17      content:'确定要清空所有的涂鸦吗？',
18      success:function(res){
19        if(res.confirm){
20          ctx.clearRect(0,0,width,height)
21          ctx.draw()
22        }
23      }
24    })
25  },
26  //下载涂鸦图片
27  down:function(){
28    wx.canvasToTempFilePath({
29      canvasId:'myCanvas',
30      success:function(res){
31        console.log(res)
32        wx.saveImageToPhotosAlbum({
33          filePath: res.tempFilePath,
34          success:function(res){
35            wx.showToast({
36              title: '已保存至相册',
37            })
38          }
39        })
40      }
41    })
42  },
```

其中，第 2 至 5 行代码实现选择画笔的功能。第 6 至 9 行代码实现选择颜色的功能（包括橡皮擦功能），其中需要注意的是 setData()设值函数的用法。当需要更新的数值是一个对象的属性时，要使用单引号把对象和属性包含起来，如第 9 行代码的'pen.color'。

第 12 至 25 行代码实现清空画布的功能。第 15 行代码使用交互反馈 API 请用户对操作再次确认。第 20 行代码调用画布对象的 clearRect()方法，清空用于指定左上角和右下角坐标范围内的矩形区域，此处提供的坐标是整个画布区域的左上角坐标和右下角坐标，因此清空了整个画布。

第 27 至 42 行代码实现将涂鸦结果作为图片保存到相册的功能。第 28 行代码调用将画布内容保存到临时文件的 API，将画布内容先保存为临时文件。第 32 行代码调用保存文件到系统相册的 API，将临时文件中的画布图片保存到相册中。

保存文件，重新编译之后，显示效果如图 4-13（b）和（c）所示。

4.10　学习成果

本项目通过一个实用工具箱的微信小程序项目，介绍了微信小程序的常用 API 的使用，重点掌握如下内容。

（1）了解微信小程序 API 的基本用法。

（2）掌握微信小程序页面路由 API 的用法。

（3）掌握微信小程序图片处理 API 的用法。

（4）掌握微信小程序文件下载上传 API 的用法，掌握微信小程序文件操作 API 的用法，以及 API 同步调用和异步调用的概念和基本操作。

（5）掌握微信小程序设备信息 API 的用法。

（6）掌握微信小程序请求服务器数据 API 的用法。

（7）掌握微信小程序交互反馈 API 的用法。

（8）掌握微信小程序数据缓存 API 的用法。

（9）了解微信小程序画布绘图 API 的用法。

（10）了解微信小程序音频播放 API 的用法。

4.11　巩固训练与创新探索

一、填空题

1．通过____________API 可以获取用户当前的位置。

2．通过____________API 可以实现从本地相册选择图片或使用照相机拍照。

3．同步获取当前的 storage 的相关信息，使用________________________API。

4．微信小程序通过____________API，向服务器提交数据或从服务器获取数据。

5．微信小程序通过____________API 获取登录凭证 code。

二、判断题

1．openid 是微信小程序的唯一标识。（　　）

2．同步方式会调用 fail()回调函数返回错误，而异步方式则通过 try/catch 捕获异常来获取错误信息。（　　）

3．wx.switchTab()的 URL 后不能带参数。（　　）

4．wx.request()只能发起 HTTPS 请求。（　　）

5．wx.openLocation()是使用微信内置地图查看位置。（　　）

三、选择题

1．（　　）可以用于动态设置当前页面的标题。

A．wx.setNavigationBarTitle()

B．wx.setNavigationBarColor()

C．wx.getSystemInfo()

D．wx.hideNavigationBarLoading()

2．下列选项中不属于 wx.getSystemInfo()的 success()回调函数参数的是（　　）。

A．model

B．windowWidth

C．screenHeight

D．systemInfo

3．下列关于 WXS 说法错误的是（　　）。

A．WXS 可以调用 JavaScript 文件中定义的函数

B．WXS 函数不能作为组件的事件回调

C．WXS 可以在所有版本的微信小程序中运行

D．WXS 是微信小程序的一套脚本语言

4．在 InnerAudioContext 实例的事件中，（　　）代表是播放事件。

A．onCanplay()

B．onPlay()

C．onStop()

D．onPause()

5．关于 wx.request()属性描述正确的是（　　）。

A．只能发起 HTTPS 请求

B．URL 可以带端口号

C．返回的 complete()方法，只有在调用成功之后才会执行

D．header 中可以设置 Referer

四、创新探索

1．一家有音乐工作室拥有《网络文化经营许可证》（经营范围含音乐娱乐产品），委托小张同学开发微信小程序，提供音乐在线播放功能，需要设计一个音乐播放器页面，至少包含以下功能：播放、暂停、停止、进度条、快进、快退，以及通过进度条拖放定位播放。请选择合适的图标，并使用合适的 API 实现这样的音乐播放器页面。

2．在上一题的音乐播放器项目中，此工作室有自己的 Web 服务器，可以提供和歌曲有关

的其他信息的接口，如歌手照片、文本歌词、LRC 歌词等，如果 LRC 格式的歌词数据转换后的 json 数据格式如下，请设计一个歌词显示页面，能够根据播放进度动态显示对应时间点的歌词。

```
1  {
2    "name":"小草",
3    "lyric":[
4      {"lineLyric": "小草", "time": "5.01"},
5      {"lineLyric": "没有花香", "time": "22.61"},
6      {"lineLyric": "没有树高", "time": "25.78"},
7      {"lineLyric": "我是一棵无人知道的小草", "time": "28.74"},
8      {"lineLyric": "从不寂寞", "time": "34.86"},
9      {"lineLyric": "从不烦恼", "time": "37.92"},
10     {"lineLyric": "你看我的伙伴遍迹天涯海角", "time": "41.1"},
11     {"lineLyric": "春风啊春风你把我吹绿", "time": "47.22"},
12     {"lineLyric": "阳光啊阳光你把我照耀", "time": "53.34"},
13     {"lineLyric": "河流啊山川你哺育了我", "time": "59.47"},
14     {"lineLyric": "大地啊母亲把我紧紧拥抱", "time": "66.03"},
15     {"lineLyric": "没有花香", "time": "97.97"},
16     {"lineLyric": "没有树高", "time": "101.03"},
17     {"lineLyric": "我是一棵无人知道的小草", "time": "104.09"},
18     {"lineLyric": "从不寂寞", "time": "110.33"},
19     {"lineLyric": "从不烦恼", "time": "113.39"},
20     {"lineLyric": "你看我的伙伴遍迹天涯海角", "time": "116.45"},
21     {"lineLyric": "春风啊春风你把我吹绿", "time": "122.57"},
22     {"lineLyric": "阳光啊阳光你把我照耀", "time": "128.7"},
23     {"lineLyric": "河流啊山川你哺育了我", "time": "134.83"},
24     {"lineLyric": "大地啊母亲把我紧紧拥抱", "time": "141.07"},
25     {"lineLyric": "春风啊春风你把我吹绿", "time": "147.3"},
26     {"lineLyric": "阳光啊阳光你把我照耀", "time": "153.20999"},
27     {"lineLyric": "河流啊山川你哺育了我", "time": "159.22"},
28     {"lineLyric": "大地啊母亲把我紧紧拥抱", "time": "165.45"},
29     {"lineLyric": "大地啊母亲把我紧紧拥抱", "time": "172.01"}
30   ]
31 }
```

4.12　职业技能等级证书标准

在与本项目内容有关的微信小程序开发“1+X”职业技能等级证书标准中，中级和高级微信小程序开发职业技能等级要求节选如表 4-32 和表 4-33 所示。

表 4-32　微信小程序开发职业技能等级要求（中级）节选

工作领域	工作任务	职业技能要求
3. 微信小程序开发	3.3 微信小程序宿主环境 API 管理	3.3.1 能熟练掌握常见的基础 API 功能及调用 3.3.2 能熟练掌握常见的界面 API 功能及调用 3.3.3 能熟练掌握常见的网络 API 功能及调用 3.3.4 能熟练掌握常见的媒体 API 功能及调用 3.3.5 能熟练掌握常见的转发 API 功能及调用 3.3.6 能熟练掌握常见的位置 API 功能及调用 3.3.7 能熟练掌握常见的文件 API 功能及调用 3.3.8 能熟练掌握常见的开放接口 API 功能及调用

表 4-33　微信小程序开发职业技能等级要求（高级）节选

工作领域	工作任务	职业技能要求
2. 微信小程序开发	2.2 微信小程序设计	2.2.1 能掌握微信小程序人机交互设计原则 2.2.2 能掌握微信小程序视觉规范设计原则 2.2.3 能掌握微信小程序适配设计原则 2.2.4 能掌握微信小程序平台运营规范，合规要求及微信小程序开放的服务类目 2.2.5 能独立分析微信小程序开发需求，完成多种类型的复杂的微信小程序项目设计，包括电商小程序、游戏小程序、客户管理小程序等

项目 5 智慧校园项目综合实践

经过对前面项目的学习，我们已经基本掌握微信小程序的各组件、API 的使用方法。接下来，将根据已经掌握的技能，完成一个可以互动的新闻项目：智慧校园。

在具体的项目中，如果使用原生的组件，就需要在 UI 布局及 WXSS 样式设计与实现上花费大量的时间。现在网络上有一些优秀的开源框架，它们已经在原生组件的基础上，再次进行了封装，并且提供了一些常用的组件。这样，我们只需要调用这些组件，就可以高效地完成 UI 的实现，并可以保证 UI 页面风格的美观、统一，极大地提升了开发效率。

在本项目实训中，主要使用 vant 框架。通过对本项目的学习，学生可以掌握 vant 框架的导入与使用，同时在学习中，掌握项目的基础封装技术。

【教学导航】

学习目标	1．掌握 vant 框架的导入与引用 2．掌握 vant 组件的使用 3．掌握 vant 插槽的使用 4．掌握微信小程序的基本封装
学习重点	1．vant 组件的使用 2．微信小程序基本封装
学习难点	1．vant 组件的使用 2．微信小程序的基础封装
关键词	vant 框架，vant 组件，封装

5.1 需求描述

扫一扫

微课：需求描述

智慧校园项目是一个用于展示校园新闻、校园服务、个人信息管理的微信小程序。通过该微信小程序，可以查看、搜索校园头条、热点、专题新闻，展示校园的服务，还可以进行个人信息的管理。下面介绍智慧校园项目的微信小程序页面。

5.1.1 引导页面

在微信小程序启动后进入引导页面，如图 5-1 所示，在引导页面显示轮播图。当轮播到最后一页时，底部显示“立即体验”按钮。点击“立即体验”按钮，进入主页。

（a）

（b）

图 5-1 引导页面

5.1.2 主页

主页内容从上至下为新闻搜索框、轮播新闻、服务入口、热点新闻、新闻列表、底部导航条，如图 5-2、图 5-3 所示。

图 5-2 主页 1（部分）

图 5-3 主页 2（部分）

5.1.3　新闻搜索页面

在主页的新闻搜索框中输入新闻关键词（如输入“兵”），点击键盘的“确认”按钮，进入新闻搜索结果页面。如果搜索到内容，则显示新闻列表，如图 5-4 所示；否则显示“没有符合条件的新闻”的提示，如图 5-5 所示。点击新闻列表中的新闻封面图片，可以跳转到相应的新闻详情页面。

图 5-4　新闻搜索页面 1

图 5-5　新闻搜索页面 2

5.1.4　新闻详情页面

点击主页轮播新闻、热点新闻、专题新闻列表或新闻搜索页面的新闻封面图片，可以跳转到新闻详情页面，如图 5-6 所示。

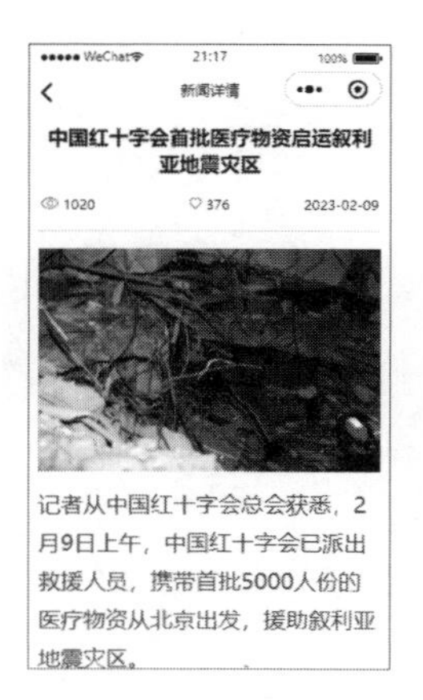

图 5-6　新闻详情页面（部分）

5.1.5　服务页面

点击主页中的“全部服务”图标或底部导航条中的“服务”图标，进入服务页面，如图 5-7 所示。服务页面分两栏，左侧为服务类别栏，右侧为选定服务类别下的服务九宫格列表栏。每个服务应用的入口布局样式为“圆形图标+名称”，点击圆形图标可进入对应的服务应用页面。如果该服务应用页面尚未实现，则提示该模块正在开发中。

图 5-7　服务页面

5.1.6　我的页面

点击页面底部“我的”图标，进入我的页面。如果用户未登录，则提示登录，如图 5-8 所示，点击“确认”按钮，进入登录页面；如果已经登录，则显示个人信息，如图 5-9 所示。

图 5-8　我的页面提示登录

图 5-9　我的页面已经登录

5.1.7　个人设置页面

进入个人设置页面，如图 5-10 所示。可以重新上传个人头像、修改昵称、修改证件、重选性别、修改手机号码和邮箱，点击“确认”按钮即可提交修改信息。

图 5-10　个人设置页面

5.1.8　修改密码页面

进入修改密码页面，先输入原密码，再输入新密码，并在“确认密码”输入框中输入新密码，最后点击“确认”按钮，即可修改密码，如图 5-11 所示。

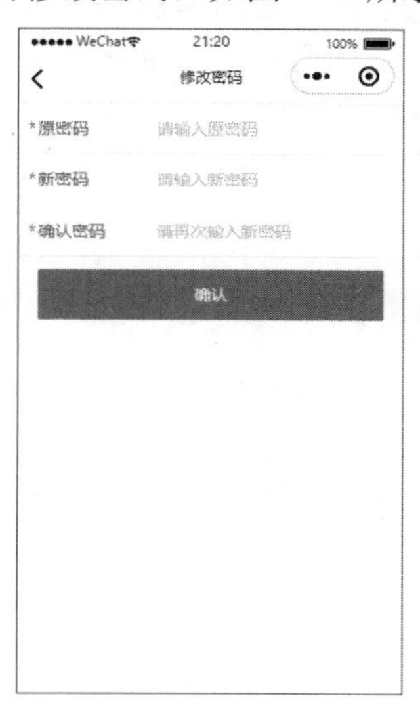

图 5-11　修改密码页面

密码修改成功后，会跳转到登录页面。

5.1.9　意见反馈页面

进入意见反馈页面，输入标题与内容，点击“提交”按钮，即可提交意见反馈，如图 5-12 所示。

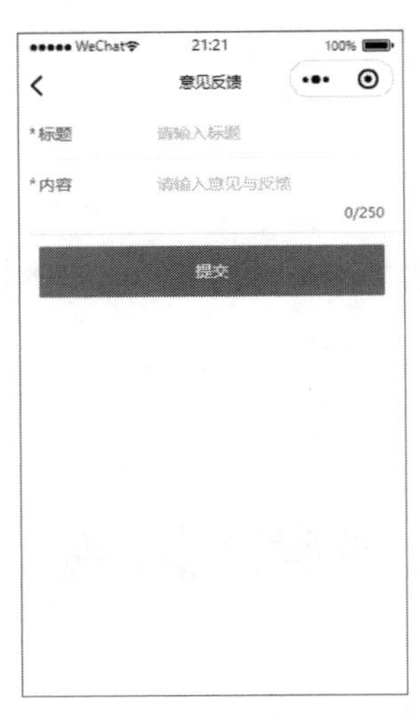

图 5-12 意见反馈页面

5.1.10 登录页面

进入登录页面，输入账号与密码，点击“登录”按钮，即可登录，如图 5-13 所示。

如果登录成功，则跳转到主页，并记住账号与密码，当下次进入微信小程序时，可以自动登录；如果登录失败，则提示失败原因，如图 5-14 所示。

如果没有账号，可以点击“没有账号？立即注册！”链接，进入注册页面。

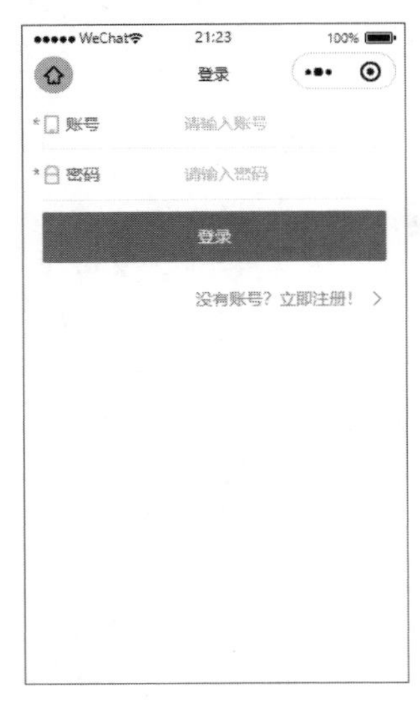

图 5-13 登录页面

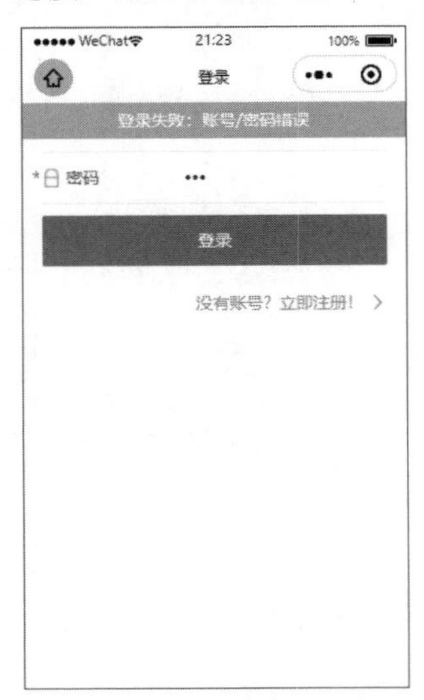

图 5-14 登录失败

5.1.11 注册页面

进入注册页面，填写各项内容，点击“注册”按钮，进行注册，如图 5-15 所示。如果注册成功，则自动跳转到登录页面。如果注册失败，则显示失败原因，如图 5-16 所示。

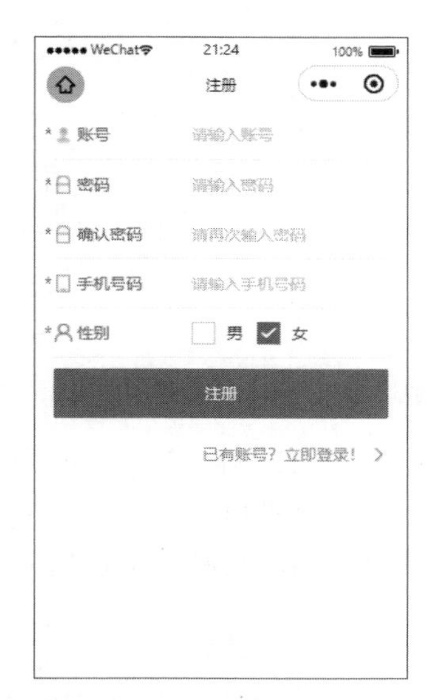

图 5-15　注册页面

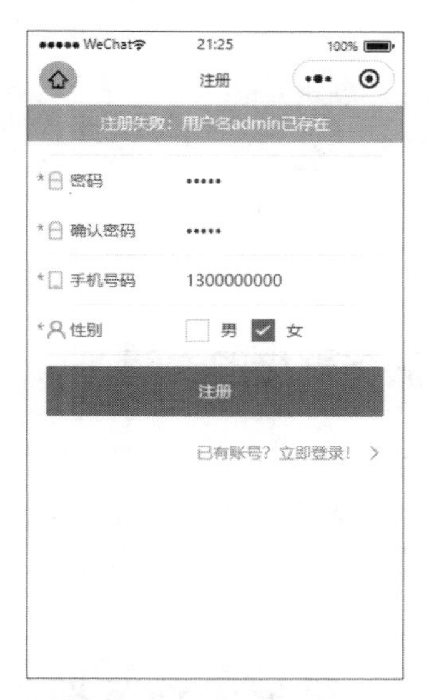

图 5-16　注册失败

如果已有账号，则点击“已有账号？立即登录！”链接，进入登录页面。

5.2　服务器说明

扫一扫

微课：服务器说明

智慧校园项目所需要的后台服务器在本书的配套源码包中，将其解压缩到单独的文件夹，文件夹的路径不宜过深，建议直接在根目录新建文件夹（如 F:\sim\）。

5.2.1　服务器启动

双击 run_server.bat 文件，即可运行该后台服务器。服务器正确启动后，浏览器自动打开，跳转到服务器首页，如图 5-17 所示。

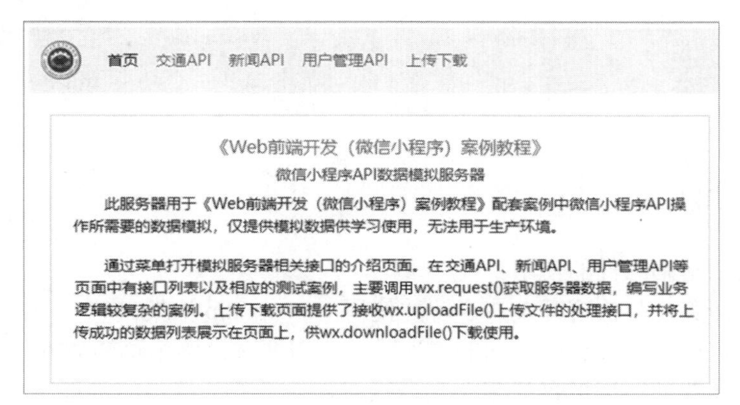

图 5-17　服务器首页

- 服务器需要在 JDK1.8 以上环境中运行。
- 本服务器数据均为临时模拟数据，不可用于真实项目。

5.2.2 服务器接口说明

在服务器首页，对服务器能够提供的接口和数据进行简要的说明，各子页面中展示服务器提供的接口列表、接口说明、接口调用示例。限于篇幅，本书不再赘述各接口的名称、参数、调用方法及返回结果，读者可以通过服务器的各 API 页面阅读及测试了解相关内容。

5.3 设计思路及相关知识点

扫一扫

微课：设计思路及相关知识点

5.3.1 页面地图

经过分析项目的需求，可知该微信小程序项目所需页面，以及各页面之间的跳转关系（即页面地图），如图 5-18 所示，并约定页面的名称与路径。

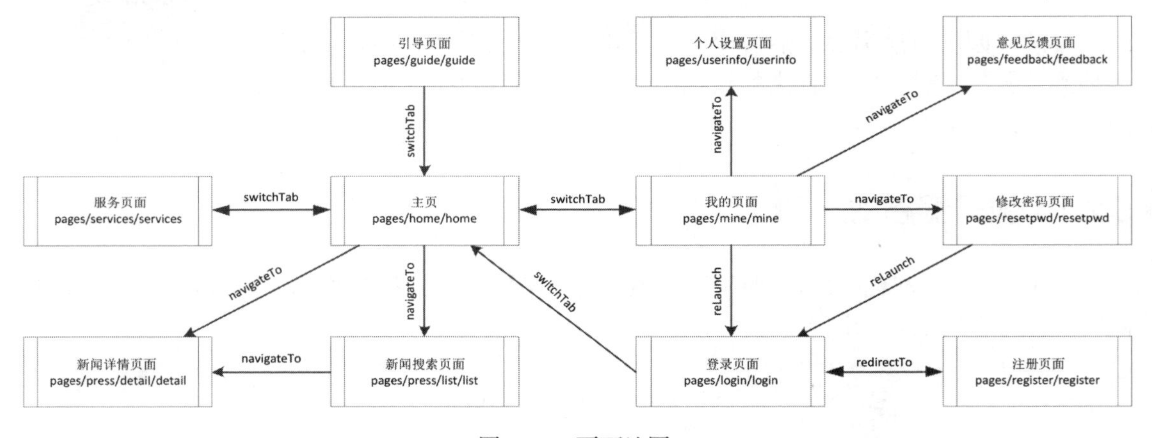

图 5-18　页面地图

5.3.2 所需知识

（1）了解页面基础组件的使用。

（2）为了页面美化与快速开发，了解并使用 vant-weapp 框架。

（3）本项目需要实现各页面之间的多次跳转，需要掌握路由跳转 API。

（4）本项目需要使用服务器的多个数据接口，为了方便接口的管理与后期维护，需要掌握接口的简单封装方法。

（5）本项目需要多次访问服务器，需要掌握 wx.request()的调用方法。由于不同的服务器 API 的访问方式、参数不同，为了方便管理维护、减少编码错误，需要掌握网络请求的封装方法。

5.4　任务 1：项目准备

扫一扫

微课：任务 1：项目准备

5.4.1　项目创建

创建项目 SmartCampus，注意使用测试号，不使用云服务，选择“JavaScript 基础模板”选项，点击“确定”按钮，生成项目。创建项目后，为了测试方便，设置项目为“不校验合法域名”状态。

5.4.2　页面配置

在项目创建完成后，完成如下步骤：

①复制资源文件夹 images 到项目的根目录下；

②设置 app.json 里的 window 属性的 navigationBarTitleText 的值为智慧校园；

③删除原有的所有页面；

④根据图 5-18 的描述，创建如表 5-1 所示的页面信息的页面；

⑤设置 home、services、mine 为 tabBar 页面，并为页面分配相应的图标；

⑥设置 tabBar 的 color 属性值为#666，selectedColor 属性值为#13227a。

页面信息如表 5-1 所示。

表 5-1　页面信息

页面名称	页面路径	标题
引导页面	pages/guide/guide	智慧校园
主页面	pages/home/home	主页
服务页面	pages/services/services	全部服务
我的页面	pages/mine/mine	我的
新闻详情页面	pages/press/detail/detail	新闻详情
新闻搜索页面	pages/press/list/list	新闻搜索
登录页面	pages/login/login	登录
注册页面	pages/register/register	注册
个人设置页面	pages/userinfo/userinfo	个人设置
修改密码页面	pages/resetpwd/resetpwd	修改密码
意见反馈页面	pages/feedback/feedback	意见反馈

修改后的 app.json 文件，代码如下。

```
1  {
2    "pages":[
```

```
3      "pages/guide/guide",
4      "pages/home/home",
5      "pages/services/services",
6      "pages/mine/mine",
7      "pages/press/detail/detail",
8      "pages/press/list/list",
9      "pages/login/login",
10     "pages/register/register",
11     "pages/userinfo/userinfo",
12     "pages/resetpwd/resetpwd",
13     "pages/feedback/feedback"
14   ],
15   "window":{
16     "backgroundTextStyle":"light",
17     "navigationBarBackgroundColor": "#fff",
18     "navigationBarTitleText": "智慧校园",
19     "navigationBarTextStyle":"black",
20     "tabBar": {
21       "color": "#666666",
22       "selectedColor": "#06bd04",
23       "list": [{
24         "pagePath": "pages/home/index",
25         "text": "主页",
26         "iconPath": "images/tabs/home.png",
27         "selectedIconPath": "images/tabs/home-1.png"
28       },
29       {
30         "pagePath": "pages/serv/index",
31         "text": "服务",
32         "iconPath": "images/tabs/serv.png",
33         "selectedIconPath": "images/tabs/serv-1.png"
34       },
35       {
36         "pagePath": "pages/mine/index",
37         "text": "我的",
38         "iconPath": "images/tabs/mine.png",
39         "selectedIconPath": "images/tabs/mine-1.png"
40       }
41     ]
42    }
43   },
44   "style": "v2",
45   "sitemapLocation": "sitemap.json"
46 }
```

其中，第 3 至 13 行代码定义所有微信小程序的页面，并以 pages/guide/guide 为引导页面。

打开根目录下的 app.wxss 文件，插入如下代码。

```
1  page {
2    width: 100%;
3    height: 100%;
4  }
```

以上代码设置全局页面的 page 容器全部占满整个屏幕。

打开根目录下的 app.js 文件，修改代码，代码如下。

```
1  // app.js
2  App({
3      onLaunch() {},
4  })
```

5.4.3 引入 vant 框架

vant 框架由于篇幅有限，本书不再赘述，读者可以自行参阅 vant-app 官网主页进行了解。

引入 vant 框架有两种方法，一种是通过 npm 引入，另一种是通过 vant 发布的编译过的插件引入。为了方便学习，本项目采用第二种方法。操作步骤如下。

（1）解压缩资源文件@vant.zip 到项目根目录下的 components 文件夹，引入 vant 框架后的项目目录结构如图 5-19 所示。

图 5-19　引入 vant 框架后的项目目录结构

（2）在 app.json 文件中，引入本项目所需的 vant 组件。

（3）删除 app.json 文件中的"style": "v2"。

完成后，app.json 文件中原第 44 行之后的代码如下。

```
1     "usingComponents": {
2       "van-notify": "/components/@vant/weapp/notify/index",
3       "van-dialog": "/components/@vant/weapp/dialog/index",
4       "van-toast": "/components/@vant/weapp/toast/index",
5       "van-divider": "/components/@vant/weapp/divider/index",
6       "van-empty": "/components/@vant/weapp/empty/index",
7       "van-button": "/components/@vant/weapp/button/index",
8       "van-cell": "/components/@vant/weapp/cell/index",
9       "van-cell-group": "/components/@vant/weapp/cell-group/index",
10      "van-field": "/components/@vant/weapp/field/index",
11      "van-radio": "/components/@vant/weapp/radio/index",
12      "van-radio-group": "/components/@vant/weapp/radio-group/index",
        "van-search": "/components/@vant/weapp/search/index",
```

```
13      "van-image": "/components/@vant/weapp/image/index",
14      "van-grid": "/components/@vant/weapp/grid/index",
15      "van-grid-item": "/components/@vant/weapp/grid-item/index",
16      "van-tab": "/components/@vant/weapp/tab/index",
17      "van-tabs": "/components/@vant/weapp/tabs/index",
18      "van-card": "/components/@vant/weapp/card/index",
19      "van-row": "/components/@vant/weapp/row/index",
20      "van-col": "/components/@vant/weapp/col/index",
21      "van-sidebar": "/components/@vant/weapp/sidebar/index",
22      "van-sidebar-item": "/components/@vant/weapp/sidebar-item/index",
23      "van-uploader": "/components/@vant/weapp/uploader/index"
24    },
25    "sitemapLocation": "sitemap.json"
26  }
```

5.5 任务 2：服务器接口管理与封装

5.5.1 服务器接口集中管理

扫一扫

微课：服务器接口集中管理

为了方便服务器接口的管理与维护，先创建/comm/api.js 文件（即在项目的根目录下建立 comm 文件夹，在 comm 文件夹下创建 api.js 文件。为表述方便起见，此后未特别注明，都以这种方式标识文件名），再打开该文件，插入如下代码。

```
1   //  /comm/api.js
2   // 服务器地址
3   const HOST = "http://10.113.12.58:8080"
4   // 安全认证接口需要在请求头中设置认证信息
5   const AUTH = "Authorization"
6   // 登录注册接口列表
7   const User = {
8     Login: { // 用户登录 // 登录返回 token
9       PATH: HOST + "/api/sys/user",
10      PARAMS: ["username", "password"]
11    },
12    Update: { // 用户信息修改 // 需要 token
13      PATH: HOST + "/api/sys/user",
14      PARAMS: ["nickName", "avatar", "phonenumber", "sex", "email", "idCard"]
15    },
16    Info: { // 获取用户信息 // 需要 token
17      PATH: HOST + "/api/sys/user/info",
```

```
18    },
19    Register: { // 用户注册
20      PATH: HOST + "/api/sys/user/register",
21      PARAMS: ["username", "password", "phonenumber", "sex"]
22    },
23    ChangePsw: { // 用户修改密码
24      PATH: HOST + "/api/sys/user/changePwd",
25      PARAMS: ["newPassword", "oldPassword", ]
26    },
27  }
28  const LoginRegister = {
29    UserLogin: { // 用户登录接口
30      PATH: HOST + "/api/login",
31      PARAMS: ["username", "password"]
32    },
33    UserRegister: { // 用户注册接口
34      PATH: HOST + "/api/register",
35      PARAMS: ["userName", "password", "phonenumber", "sex"]
36    },
37    Logout: { // 用户注销
38      PATH: HOST + "/logout"
39    }
40  }
41  // 个人信息组接口，本组接口均需要安全认证
42  const UserInfo = {
43    GetInfo: { // 查询个人信息
44      PATH: HOST + "/api/common/user/getInfo"
45    },
46    UpdateInfo: { // 修改个人信息
47      PATH: HOST + "/api/common/user",
48      PARAMS: ["email", "idCard", "nickName", "phonenumber", "sex", "avatar"]
49    },
50    ResetPwd: { // 修改个人密码
51      PATH: HOST + "/api/common/user/resetPwd",
52      PARAMS: ["newPassword", "oldPassword"]
53    },
54  }
55  // 意见反馈接口组，本组接口均需要安全认证
56  const Feedback = {
57    Add: {
58      PATH: HOST + "/api/sys/user/feedback",
59      PARAMS: ["title", "content"]
60    }
61  }
```

```
62  // 新闻资讯组接口
63  const Press = {
64    Category: { // 获取新闻分类
65      List: { // 获取新闻分类列表
66        PATH: HOST + "/api/press/category"
67      }
68    },
69    List: { // 获取新闻列表
70      PATH: HOST + "/api/press",
71      PARAMS: ["hot", "publishDate", "title", "top", "type"]
72    },
73    Detail: { // 获取新闻详情
74      PATH: HOST + "/api/press/",
75      PARAMS: ["id"]
76    }
77  }
78  // 广告轮播接口组
79  const AdRotation = {
80    Guide: { // 引导页面轮播
81      PATH: HOST + "/api/press/guide"
82    },
83    Rotation: { // 查询主页轮播
84      PATH: HOST + "/api/press/rotation"
85    }
86  }
87  // 获取全部服务接口
88  const Service = {
89    List: {
90      PATH: HOST + "/api/press/fuwu"
91    }
92  }
93  // 文件上传接口
94  const Upload = {
95    PATH: HOST + "/file/upload"
96  }
97  // 导出接口：将上述接口列表导出，以便其他页面调用
98  module.exports = {
99    HOST,
100   AUTH,
101   User,
102   LoginRegister,
103   UserInfo,
104   Press,
105   Feedback,
```

```
106    AdRotation,
107    Service,
108    Upload,
109  }
```

在以上代码中，封装了服务器主机地址、令牌头标识（token），以及服务器提供的 API 列表，并导出为模块，以便其他页面调用。经过这样的封装，更有利于服务器 IP 的变更与维护；当各页面调用访问服务器接口时，只需要引用，不需要再次输入接口地址，实现接口集中管理。

扫一扫

微课：接口访问封装

5.5.2　接口访问封装

经过对服务器接口列表进行统计，可以看到该项目中对服务器的访问主要有如下几种。

（1）POST 请求，application/json 参数，不需要安全认证，共 2 个接口。

（2）POST 请求，application/json 参数，需要安全认证，共 2 个接口。

（3）POST 请求，multipart/form-data 参数（文件上传接口），不需要安全认证，共 1 个接口。

（4）GET 请求，不需要安全认证，共 8 个接口。

（5）GET 请求，需要安全认证，共 1 个接口。

（6）PUT 请求，application/json 参数，需要安全认证，共 1 个接口。

因此在本实训项目中，需要频繁地调用 wx.request()来访问服务器，根据返回的 code 值进行成功或失败处理。

为了让代码更加有效、项目运行得更加稳健，通常需要对访问过程进行封装。下面以第（1）种访问中的用户登录为例进行封装。

1．POST 请求，application/json 参数，不需要安全认证的封装

使用默认用户（账号：admin，密码：admin）登录，并使用无封装的服务器访问，代码如下。

```
1   wx.request({
2     url: 'http://10.113.12.58:8080/api/sys/user',
3     data: {
4       username: 'admin',
5       password: 'admin'
6     },
7     method: 'POST',
8     success: (res) => {
9       const pojo = res.data
10      if (pojo.code === 200) {
11        console.log(pojo.token) // 在此对返回结果进行成功逻辑处理
12      } else {
13        console.log(pojo.msg)   // 在此对调用失败进行失败逻辑处理
14      }
15    },
16    fail: (err) => {
```

```
17      console.log(err.errMsg)  // 在此对网络访问失败进行逻辑处理
18    },
19    complete: (res) => {
20      console.log('访问结束')  // 在此对网络访问结束进行逻辑处理
21    }
22  })
```

如果网络访问成功，且账号和密码正确，则第 11 行代码将在 Console 端输出 token；如果账号或密码错误，则执行第 13 行代码，输出错误提示信息（pojo.msg）；如果网络错误，则执行第 17 行代码；如果网络访问结束，则执行第 20 行代码。

可以想象，如果没有经过封装，则每次处理该种类型的请求都需要编写大量重复性代码，因此有必要进行封装，以减少重复性代码。接下来，对该种类型访问进行封装。

（1）根据协议，由于 POST 请求过程的逻辑与判断是否访问成功的逻辑相同，都是调用者根据返回的结果完成业务处理。因此，在封装时可以将 POST 请求过程及判断是否访问成功的代码统一封装，将访问结果返回交由调用者自行处理。

（2）考虑到微信小程序对网络的访问，不管是何种访问，都是通过 RequestTask wx.request (Object object)进行的，不同的访问可以通过定制相应的 object 进行。详情参考官方文档，本节不再赘述。

因此封装的第一步，就是定制一个能满足调用者要求的网络请求 object 对象，代码如下。

```
1   /**
2    * 创建网络请求所需的 option 对象
3    * @param {*} option 网络访问基本参数
4    * @param {*} successed 服务器获取数据成功后的回调函数
5    * @param {*} failed 服务器获取数据失败后的回调函数
6    * @param {*} completed 网络访问结束后的回调函数
7    */
8   const createOption = function (option, successed, failed, completed) {
9     // 先判断 successed  是否为空
10    //  如果为空，则不必响应 success()回调函数
11    //  如果不为空，则执行网络访问成功后的逻辑处理
12    if (!!successed) {
13      option.success = (res) => {
14        // 先获取网络访问成功后的 pojo
15        const pojo = res.data
16        // 如果返回结果是 String 类型，则将其格式化成 json 对象
17        if (typeof (pojo) === 'string') {
18          pojo = JSON.parse(pojo)
19        }
20        // 判断 pojo.code 是否为 200
21        if (pojo.code === 200) {
22          // 取数据成功，则调用获取数据成功的回调函数
23          // 返回调用者获取的有效数据
24          successed(pojo)
```

```
25        } else if (!!failed) {
26          // 如果 code 不为 200，且失败回调函数不为空
27          // 则调用回调函数，通知调用者错误
28          failed(pojo)
29        }
30      }
31    }
32    // 先判断 failed 是否为空
33    //  如果为空，则不必响应 fail()回调函数
34    //  如果不为空，则执行网络访问成功后的逻辑处理
35    if (!!failed) {
36      option.fail = (err) => {
37        // 则调用回调函数，通知调用者错误
38        failed({
39          code: err.errno,
40          msg: err.errMsg
41        })
42      }
43    }
44    // 先判断 completed 是否为空
45    //  如果为空，则不必响应 complete()回调函数
46    //  如果不为空，则执行网络访问成功后的逻辑处理
47    if (!!completed) {
48      option.complete = (res) => {
49        completed()
50      }
51    }
52    return option
53  }
```

其中，第 1 至 7 行代码为注释，用于说明第 8 行代码括号中各参数的作用。第 15 行代码的 pojo 是返回的数据。第 17 至 19 行代码用于检查返回的结果是否为字符串，如果是字符串则必须转换为 JSON 格式。第 21 至 29 行代码用于判断 pojo.code 是否为 200，如果为 200，则表示操作成功，执行 successed()回调函数，返回成功的访问结果，否则执行第 25 行代码；如果 failed()回调函数存在，则通过 failed()回调函数，通知调用者错误。

第 35 至 43 行代码与前面的代码逻辑相同，先判断是否存在 failed()回调函数，如果存在则调用，并通知调用者错误。

第 47 至 51 行代码先判断是否存在 completed()回调函数，如果存在则调用，并通知调用者访问结束。

需要注意的是，successed()、failed()、completed()回调函数均可缺省。

封装的第二步，开始编写 POST 访问方法，代码如下。

```
1  /**
2   * POST 请求
```

```
3     * @param {*} path 接口路径
4     * @param {*} params 提交的参数 JSON 格式
5     * @param {*} successed 服务器访问成功，且返回 code==200 后的回调函数
6     * @param {*} failed 访问失败后的回调函数
7     * @param {*} completed 访问结束后的回调函数
8     */
9    const postJSON = function (path, params, successed, failed, completed) {
10     const option = {
11       url: path,
12       data: params,
13       method: "POST",
14     }
15     const requestOption = createOption(option, successed, failed, completed)
16
17     wx.request(requestOption)
```

其中，第 10 至 14 行代码用于生成一个 POST 请求对象。第 15 行代码用于调用第一步编写的方法，定制一个能用于 wx.request()请求的 object。第 17 行代码用于提交 request 请求。以上代码中的第 10 至 16 行代码可以压缩如下。

```
1    const postJSON = function (path, params, successed, failed, completed) {
2      wx.request(createOption({
3        url: path,
4        data: params,
5        method: "POST",
6      }, successed, failed, completed))
7    }
```

封装的第三步，开始调用 postJSON()方法，进行登录验证，代码如下。

```
1    postJSON('http://10.113.12.58:8080/api/sys/user', {
2      "userName": "admin",
3      "password": "admin"
4    }, pojo => {
5      console.log(pojo.token)
6    }, err => {
7      console.log("登录失败：" + err.msg)
8    })
```

其中，第 4 至 5 行代码中的 pojo=>{...}为登录访问成功打印返回的登录令牌。第 6 至 7 行代码中的 err=>{...}为访问失败后的回调函数，为该函数打印登录失败提示消息。

需要注意的是，在上述调用中，默认访问结束回调方法（即 postJSON()函数中的 completed）。

从上述代码可以看出，调用经过封装后的方法，这种访问要简洁很多。

2．POST 请求，application/json 参数，需要安全认证的封装

根据服务器安全认证描述，这种访问与第一种的区别在于，需要在请求头设置认证信息，因此封装代码如下。

```
1   /**
2    * 带安全认证的 POST 请求
3    * @param {*} path 接口路径
4    * @param {*} token 令牌
5    * @param {*} params 提交的参数 JSON 格式
6    * @param {*} successed 服务器访问成功，且返回 code==200 后的回调函数
7    * @param {*} failed 访问失败后的回调函数
8    * @param {*} completed 访问结束后的回调函数
9    */
10  const postJSONWithToken = function (path, token, params, successed, failed,
    completed) {
11    wx.request(createOption({
12      url: path,
13      data: params,
14      method: "POST",
15      header: {
16        'Authorization': token
17      },
18    }, successed, failed, completed))
19  }
```

与无安全认证的代码相比，有安全认证的代码增加了第 15 至 17 行代码。

3．POST 请求，multipart/form-data 参数，不需要安全认证

此请求通过特定接口，用于上传文件，封装代码如下。

```
1   /**
2    * 文件上传接口
3    * @param {*} path 上传接口地址
4    * @param {*} filePath 图片路径
5    * @param {*} successed 上传成功，且返回 code==200 后的回调函数
6    * @param {*} failed 上传失败后的回调函数
7    * @param {*} completed 上传结束后的回调函数
8    */
9   const uploadFile = function (path, filePath, successed, failed, completed) {
10    wx.uploadFile(createOption({
11      url: path,
12      filePath: filePath,
13      name: 'file',
14    }, successed, failed, completed))
15  }
```

其中，第 10 行代码为调用 wx.uploadFile()接口上传。第 11 至 13 行代码设置文件上传所需要的属性。

4．GET 请求，不需要安全认证

根据 wx.request()参数属性，封装代码如下。

```
1   /**
2    * GET 请求
3    * @param {*} path 接口路径
4    * @param {*} successed 服务器访问成功，且返回 code==200 后的回调函数
5    * @param {*} failed 访问失败后的回调函数
6    * @param {*} completed 访问结束后的回调函数
7    */
8   const getJSON = function (path, successed, failed, completed) {
9     wx.request(createOption({
10        url: path,
11        method: "GET"
12      },
13      successed,
14      failed,
15      completed
16    ))
17  }
```

5．GET 请求，需要安全认证，共 1 个接口

封装代码如下。

```
1   /**
2    * 带安全认证的 GET 请求
3    * @param {*} path 接口路径
4    * @param {*} token 令牌
5    * @param {*} successed 服务器访问成功，且返回 code==200 后的回调函数
6    * @param {*} failed 访问失败后的回调函数
7    * @param {*} completed 访问结束后的回调函数
8    */
9   const getJSONWithToken = function (path, token, successed, failed, completed)
    {
10    wx.request(createOption({
11      url: path,
12      method: "GET",
13      header: {
14        'Authorization': token
15      },
16    }, successed, failed, completed))
17  }
```

6．PUT 请求，application/json 参数，需要安全认证

封装代码如下。

```
1   /**
2    * 带安全认证的 PUT 请求
3    * @param {*} path 接口路径
```

```
4    * @param {*} token 令牌
5    * @param {*} params 提交的参数 JSON 格式
6    * @param {*} successed 服务器访问成功，且返回 code==200 后的回调函数
7    * @param {*} failed 访问失败后的回调函数
8    * @param {*} completed 访问结束后的回调函数
9    */
10  const putJSONWithToken = function (path, token, params, successed, failed,
    completed) {
11    wx.request(createOption({
12      url: path,
13      data: params,
14      method: "PUT",
15      header: {
16        'Authorization': token
17      },
18    }, successed, failed, completed))
19  }
```

为了使用方便，本项目将上述 6 种访问的封装函数统一封装到 http.js 文件的模块中。封装过程如下。

（1）在项目根目录下创建文件/utils/http.js。

（2）在/utils/http.js 文件中输入 6 个请求方式的代码。

这样，当需要访问服务器时，仅需在 js 页面头部引入 api 和 http 模块，代码如下。

```
1  const api = require("../../comm/api")
2  const http = require("../../utils/http")
```

5.5.3　常用工具封装

扫一扫

微课：常用工具封装

微信小程序在运行过程中，经常需要在不同的页面重复缓存读写、数据预处理等操作。为了方便维护和管理，最好通过统一的公共工具类对这些操作进行统一的集中管理。本书将这些操作统一封装在文件/utils/util.js 文件中。

1．将用户信息保存到缓存

封装代码如下。

```
1  const saveUser = user => {
2    wx.setStorage({
3      key: "user",
4      data: user
5    })
6  }
```

该代码将 user 对象写入 key 为 user 的缓存中。

2. 从缓存中读取用户信息

封装代码如下。

```
const readUser = () => {
  return wx.getStorageSync('user')
}
```

如果用户信息不存在，则返回 null。

3. 将令牌保存到缓存

封装代码如下。

```
const saveToken = token => {
  wx.setStorage({
    key: "token",
    data: token
  })
}
```

该代码将 token 写入到 key 为 token 的缓存中。

4. 从缓存中读取令牌

封装代码如下。

```
const readToken = () => {
  return wx.getStorageSync('token')
}
```

如果令牌不存在，则返回 null。

5. 清除缓存内容

封装代码如下。

```
const clean = () => {
  wx.clearStorageSync()
}
```

该代码可以全部清空缓存信息。

6. 获取富文本的缩略内容

在项目的新闻列表中，需要显示新闻内容的缩略内容。该缩略内容取富文本文字内容的前两行进行显示，如图 5-3 和图 5-4 所示。为完成该操作，编写如下代码。

```
const abbr = content => {
  if (!!content) {
    return content
      .replace(/<[^<>]+>| /gi, "")
      .slice(0, 100);
  }
  return null
}
```

该代码先利用正则表达式替换掉富文本标签，再截取前 100 个字符返回。

7．对富文本预处理

在显示新闻详情页面时，需要使用 rich-text 组件显示格式为富文本的新闻详情。有些新闻详情页面中的图片资源的路径是本服务器相对路径，rich-text 组件的 img 标签如图 5-20 所示。这样的图片因为没有服务器地址，rich-text 组件中的内容是无法正常显示的。因此在提交给 nodes 属性渲染之前，需要加上服务器地址，使之格式如“http://10.113.12.58:8080/upload/image/2022/06/20/693bfed0-d5b9-487a-9853-720f359d3e86.jpeg”，这样才能正常显示。

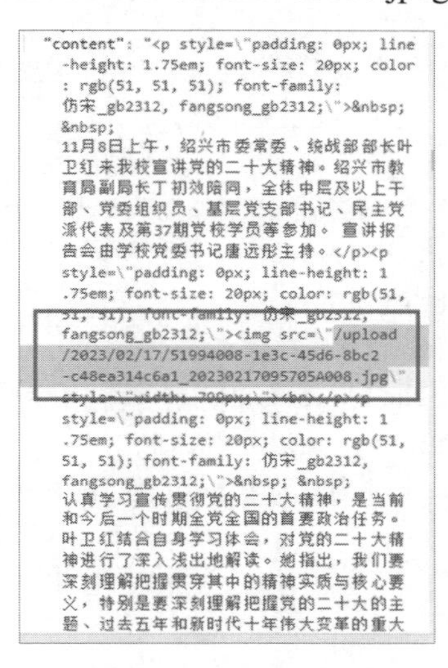

```
"content": "<p style=\"padding: 0px; line
  -height: 1.75em; font-size: 20px; color
  : rgb(51, 51, 51); font-family:
  仿宋_gb2312, fangsong_gb2312;\"> 
   
  11月8日上午，绍兴市委常委、统战部部长叶
  卫红来我校宣讲党的二十大精神。绍兴市教
  育局副局长丁初效陪同，全体中层及以上干
  部、党委组织员、基层党支部书记、民主党
  派代表及第37期党校学员等参加。 宣讲报
  告会由学校党委书记唐远彤主持。</p><p
  style=\"padding: 0px; line-height: 1
  .75em; font-size: 20px; color: rgb(51,
  51, 51); font-family: 仿宋_gb2312,
  fangsong_gb2312;\"><img src=\"/upload
  /2023/02/17/51994008-1e3c-45d6-8bc2
  -c48ea314c6a1_20230217095705A008.jpg\"
  style=\"width: 700px;\"><br></p><p
  style=\"padding: 0px; line-height: 1
  .75em; font-size: 20px; color: rgb(51,
  51, 51); font-family: 仿宋_gb2312,
  fangsong_gb2312;\">   
  认真学习宣传贯彻党的二十大精神，是当前
  和今后一个时期全党全国的首要政治任务。
  叶卫红结合自身学习体会，对党的二十大精
  神进行了深入浅出地解读。她指出，我们要
  深刻理解把握贯穿其中的精神实质与核心要
  义，特别是要深刻理解把握党的二十大的主
  题、过去五年和新时代十年伟大变革的重大
```

图 5-20　新闻详情页面 rich-text 组件的 img 标签

另外，为了美观，在显示富文本时，最好保持 img 标签的宽高比不变，设置图片可以水平充满整个屏幕，即设置 img 标签 style 的属性为“width:100%;height:auto;”，效果如图 5-21 所示。但这里的 img 标签没有指定宽度和高度，会导致 img 标签显示不规范。

图 5-21　图片以合适的宽度显示

因此，为了让新闻详情页面中的图片资源能正常显示，并且自动适合屏幕宽度，必须先进行预处理，编写预处理的代码，如下所示。

```
1   /**
2    * 格式化富文本内容，该函数通过使用正则表达式：
3    * 1.将富文本中 img 标签的 src 路径设置为相对路径，并加上服务器地址
4    * 2.将 img 标签设置为适合宽度的等比例显示样式
5    * @param {*} html 富文本内容
6    * @param {*} host 服务器的主机地址
7    */
8   const fmtHTML = function (content, host) {
9     if (!!content) {
10      // src 属性的值为相对路径，路径前需要加上服务器地址
11      content = content.replace(/<img src="\//g,
12        '<img src="' + host + '/');
13      // 将所有 img 标签设置为适合宽度样式
14      content = content.replace(/<img /g,
15        '<img style="width:100%; height:auto;" ');
16      return content
17    }
18    return ""
19  }
```

其中，第 11 至 12 行代码使用正则表达式，为 img 标签的 src 属性的相对路径加上服务器地址。第 14 至 15 行代码将 img 标签设置为适合宽度的样式。

完成上述封装后，在/utils/util.js 文件中导出该方法，以便其他页面调用，代码如下。

```
1   module.exports = {
2     saveUser,
3     readUser,
4     saveToken,
5     readToken,
6     clean,
7     abbr,
8     fmtHTML,
9   }
```

这样，其他页面就可以通过 require()方法引入本文件调用中的方法了。

5.5.4 页面工具封装

扫一扫

微课：页面工具封装

在除新闻详情以外图片路径中，如新闻封面图片（cover，如图 5-22 所示）路径、个人信息头像图片（avatar，如图 5-23 所示）路径，都是没有服务器地址的相对路径，这样在当前端页面显示这些图片时，必须加上服务器地址，否则无法显示。为了提升页面效率，这些路径补全工作可以交由 WXS 来实现。

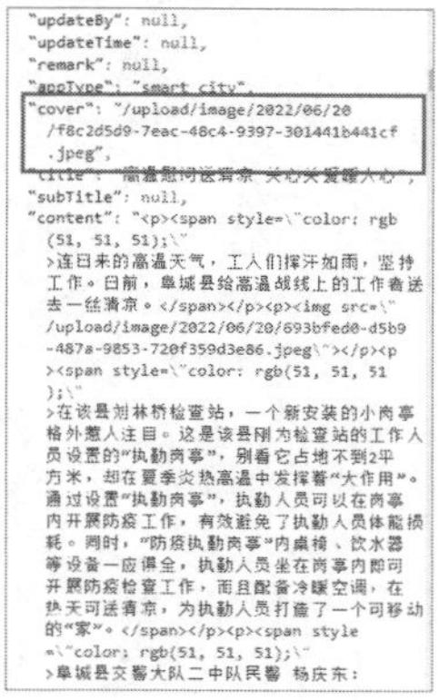

```
"updateBy": null,
"updateTime": null,
"remark": null,
"appType": "smart city",
"cover": "/upload/image/2022/06/20
  /f8c2d5d9-7eac-48c4-9397-301441b441cf
  .jpeg",
"subTitle": null,
"content": "<p><span style=\"color: rgb
  (51, 51, 51);\"
  >连日来的高温天气，工人们挥汗如雨，坚持
  工作。日前，阜城县给高温战线上的工作者送
  去一丝清凉。</span></p><p><img src=\"
  /upload/image/2022/06/20/693bfed0-d5b9
  -487a-9853-720f359d3e86.jpeg\"></p><p
  ><span style=\"color: rgb(51, 51, 51
  );\"
  >在该县刘林桥检查站，一个新安装的小岗亭
  格外惹人注目。这是该县刚为检查站的工作人
  员设置的“执勤岗亭”，别看它占地不到2平
  方米，却在夏季炎热高温中发挥着“大作用”。
  通过设置“执勤岗亭”，执勤人员可以在岗亭
  内开展防疫工作，有效避免了执勤人员体能损
  耗。同时，“防疫执勤岗亭”内桌椅、饮水器
  等设备一应俱全，执勤人员坐在岗亭内即可
  开展防疫检查工作，而且配备冷暖空调，在
  热天可送清凉，为执勤人员打造了一个可移动
  的“家”。</span></p><p><span style
  =\"color: rgb(51, 51, 51);\"
  >阜城县交警大队二中队民警 杨庆东：
```


图 5-22　新闻封面图片路径

```
{
    "msg": "操作成功",
    "code": 200,
    "data": {
        "userId": 1,
        "userName": "admin",
        "password": "admin",
        "nickName": "管理员",
        "email": "admin@zjipc.com",
        "phonenumber": "13000000000",
        "sex": "1",
        "avatar": "/upload/image/2022/03/12
          /792b1950-bf09-42ae-b14a-b8ab76d1878a
          .png",
    }
}
```


图 5-23　个人信息头像图片路径

创建/wxs/tool.wxs 文件，在文件中插入如下代码。

```
1  var HOST = "http://10.113.12.58:8080"
2
3  var fixPath = function (src) {
4    return HOST + src;
5  }
6
7  module.exports = {
8    fixPath: fixPath,
9  }
```

其中，第 1 行代码定义图片服务器地址。第 3 至 5 行代码定义补全路径的方法。第 7 至 9 行代码将该方法导出，以便其他前端页面调用。这样，当其他前端页面需要时，输入与如下代码类似的代码，即可调用 tool.fixPath()方法。

```
1  <wxs src="../../wxs/tool.wxs" module="tool" />
```

5.6　任务 3：完成项目编码

扫一扫

微课：引导页面

5.6.1　引导页面

1．任务分析

根据 5.1.1 节中对引导页面的要求，如图 5-1 所示，引导页面需要使用 swiper 组件及 button 组件。引导页面图片需要通过服务器提供的引导页面接口获取；如果缓存了已有用户登录信息，则尝试自动登录；如果没有登录信息，则由用户点击“开始体验”按钮进入主页。

2．UI 实现

根据图 5-1 所示，本 wxml 页面需要用的组件有 swiper 组件、button 组件，以及 vant 框架的 van-empty 组件。

清除 pages/guide/guide.wxml 文件中所有内容，插入如下代码。

```
1   <wxs src="../../wxs/tool.wxs" module="tool" />
2   <van-empty wx:if="{{!guides}}"
3     description="加载引导图片失败，请联系服务器管理员" />
4   <swiper autoplay="{{autoplay}}" indicator-dots="true"
5     indicator-color="#444" indicator-active-color="#999"
6     interval="{{interval}}" bindchange="onChange">
7     <block wx:for="{{guides}}" wx:key="key">
8       <swiper-item>
9         <image src="{{tool.fixPath(item)}}" />
10      </swiper-item>
11    </block>
12  </swiper>
13  <button style="width: fit-content; border-radius: 50rpx;"
14    hidden="{{autoplay}}" bindtap="onTrail"> 立即体验 </button>
```

其中，第 1 行代码表示引用/wxs/tool.wxs 文件，并将模块命名为“tool”。

第 2 行代码表示使用 vant 框架的 van-empty 组件，该组件在 guides 为 null 时显示，以提示连接服务器失败。

第 3 至 11 行代码表示使用 swiper 组件，并设置 autoplay、interval 等由 data 节点控制的属性；bindchange 属性表示当 swiper 组件在页面变化时，将触发事件调用 onChange()方法。

第 5 至 10 行代码表示根据属性值 guides，生成若干个 swiper-item。

第 8 行代码中 swiper-item 有一个 image 组件，用于显示图片。其图片的 src 属性值先由前端脚本模块 tool 的 fixPath 处理，再交由前端渲染。

第 12 至 13 行代码表示使用一个按钮，hidden="{{autoplay}}"表示根据属性 autoplay 的值判断是否显示该按钮；bindtap="onTrail"表示点击按钮时，调用 onTrail()方法。

pages/guide/guide.wxss 样式文件参考本书附带的源码。

3．功能实现

根据引导页面的功能，以及微信小程序的生命周期，得出 guide.js 页面需要完成的内容如图 5-24 所示。

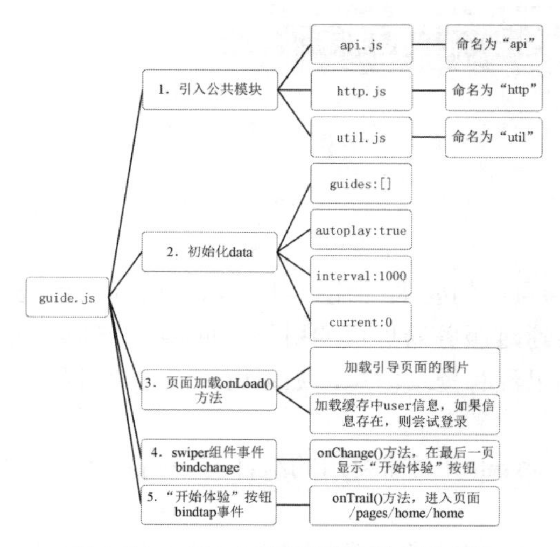

图 5-24　guide.js 页面需要完成的内容

本页面需要访问服务器以获取引导轮播图，并使用户登录，需要用到的服务器接口与接口的封装名称如表 5-2 所示。

表 5-2　需要用到的服务器接口与接口的封装名称

序号	接口路径	作用	提交方式	封装名称
1	/api/press/guide	查询引导轮播图片	GET	api.AdRotation.Guide.PATH
2	/api/sys/user	用户登录	POST	api.User.Login.PATH

各接口的详细调用方式与返回结果参看服务器接口说明。

打开 pages/guide/guide.js 文件，清除原有代码，仅保留代码如下。以后各页面的 js 文件在编码前，都要先执行此操作。

```
1  Page({
2
3  })
```

再依次输入代码完成图 5-24 中的各项内容。

（1）引入公共模块。

在 pages/guide/guide.js 页面顶部，即 Page 对象之前插入如下代码。

```
1  const api = require("../../comm/api")
2  const util = require("../../utils/util")
3  const http = require("../../utils/http")
```

（2）初始化 data。

在 pages/guide/guide.js 的 Page({})中插入如下代码，对引导页面的 swiper 属性进行初始化。

```
1    data: {
2      // 引导页面图片数组
3      guides: [],
4      // 是否轮播
5      autoplay: true,
6      // 页面切换时间间隔
7      interval: 1000,
8      // 轮播组件显示的当前页面序号
9      current: 0,
10   },
```

（3）页面加载 onLoad()方法。

在 pages/guide/guide.js 的 Page{{}}中的 data 属性后，插入如下代码。

```
1    onLoad: function (options) {
2      // 从服务器获取轮播图片数组
3      http.getJSON(api.AdRotation.Guide.PATH, pojo => {
4        this.setData({
5          guides: pojo.data
6        })
```

```
7      }, err => {
8        this.setData({
9          guides: null
10       })
11     })
12     // 从数据缓存中读取上一次登录的账号和密码信息
13     const user = util.readUser()
14     // 如果上一次登录的账号和密码信息不为空
15     if (!!user) {
16       // 开始尝试登录
17       http.postJSON(api.User.Login.PATH, user, pojo => {
18         // 登录成功，保存用户令牌信息
19         util.saveToken(pojo.token)
20         // 调用“开始体验”按钮的点击事件，进入主页
21         this.onTrail()
22       })
23     }
24   },
```

其中，第 3 至 7 行代码调用 http 模块的 getJSON()方法从服务器获取引导页面的轮播图片，并放入 data 进行渲染。第 7 至 10 行代码为当获取引导页面的轮播图片失败时，则设置 guides 为 null，以显示 van-empty 组件，提示出错。第 13 行代码调用 util 模块的 readUser()方法读取缓存中的用户信息。第 15 行代码判断用户信息是否存在，如果存在，则开始尝试登录。第 17 至 22 行代码调用 http 模块的 postJSON()方法进行登录。第 19 行代码为在登录成功时，先将获取的 token 保存到系统缓存，再执行第 21 行代码，调用本页面的 onTrail()方法开始体验。

（4）swiper 组件 bindchange 事件。

在 pages/guide/guide.js 页面的 onLoad()方法后，插入如下代码。

```
1    onChange: function (e) {
2      const current = e.detail.current
3      const endPageNo = this.data.guides.length - 1
4      this.setData({
5        autoplay: current != endPageNo
6      })
7    },
```

其中，第 2 行代码为获取 swiper 组件当前页面序号。第 3 行代码为计算 swiper 组件在最后一页的编号。第 4 至 6 行代码设置是否继续轮播。规则为：如果当前页面没有到最后一页，则继续轮播；如果到最后一页，则停止轮播，并显示“开始体验”按钮。

（5）“开始体验”按钮 bindtap 事件。

在 pages/guide/guide.js 页面的 onChange()方法后，插入如下代码。

```
1    onTrail: function (e) {
2      wx.switchTab({
```

```
3        url: '/pages/home/home',
4      })
5    },
```

以上代码，调用 wx.switchTab()，跳转到/pages/home/home 页面。

编译运行项目，待引导页面切换至最后一页，点击“立即体验”按钮，即可进入主页。

5.6.2　主页

扫一扫

微课：主页

1．任务分析

根据页面内容、UI 分析，主页需要使用 vant 框架。主页的效果及组件结构分析如图 5-25、图 5-26 所示。

图 5-25　主页的效果及组件结构分析 1（部分）

图 5-26　主页的效果及组件结构分析 2（部分）

2．UI 实现

打开/pages/home/home.json 文件，设置标题为“主页”，允许下拉刷新，代码如下。

```
1  {
2    "navigationBarTitleText": "主页",
3    "enablePullDownRefresh": true
4  }
```

其中，第 2 行代码用于设置页面标题。第 3 行代码用于设置允许页面下拉刷新。

根据页面内容的需求，主页从上到下为搜索框、轮播图、5×2 网格图标服务入口、2×1 专题新闻、新闻分类列表，使用 vant 组件，完成 UI 实现。

打开/pages/home/home.wxml 文件，插入如下代码。各部分内容的作用见注释。

```
1  <!-- /pages/home/home.wxml -->
2  <wxs src="../../wxs/tool.wxs" module="tool" />
3  <van-cell-group>
```

```
4   <!-- 搜索 UI 开始 -->
5     <van-search
6       value="{{ value }}"
7       placeholder="请输入新闻关键词"
8       bind:search="onNewsSearch"/>
9   <!-- 搜索 UI 结束 -->
10
11  <!-- 轮播 UI 开始 -->
12    <swiper
13      autoplay="true"
14      interval="3000"
15      class="rotation">
16      <block wx:for="{{rotations}}" wx:key="id">
17        <swiper-item class="rotation">
18          <image
19            data-id="{{item.id}}"
20            bindtap="showNews"
21            class="rotation"
22            mode="scaleToFill"
23            src="{{tool.fixPath(item.advImg)}}" />
24        </swiper-item>
25      </block>
26    </swiper>
27  <!-- 轮播 UI 结束 -->
28
29  <!-- 推荐应用服务入口 UI 开始 -->
30    <van-grid column-num="5">
31      <block wx:for="{{services}}" wx:key="id">
32  <!-- 显示服务入口 UI 组件开始 -->
33        <van-grid-item
34          text-class="text"
35          data-name="{{item.serviceName}}"
36          icon="{{tool.fixPath(item.imgURL)}}"
37          text="{{item.serviceName}}"
38          bind:click="onService" />
39  <!-- 显示服务入口 UI 组件结束 -->
40      </block>
41  <!-- 显示全部服务 UI 组件开始 -->
42      <van-grid-item
43          text-class="text"
44          data-name="全部服务"
45          icon="/images/tabs/servics-1.png"
46          text="全部服务"
47          bind:click="showAllServices" />
```

```
48  <!-- 显示全部服务 UI 组件结束 -->
49    </van-grid>
50  <!-- 推荐应用服务入口 UI 结束 -->
51
52  <!-- 热门新闻 UI 开始 -->
53    <van-grid clickable column-num="2">
54      <block wx:for="{{hots}}" wx:key="id">
55  <!-- 显示热门新闻 UI 组件开始 -->
56        <van-grid-item
57          data-id="{{item.id}}"
58          bind:click="showNews"
59          use-slot
60        >
61  <!-- 使用插槽扩展显示大图标新闻封面与标题 UI 开始 -->
62          <van-image
63            src="{{tool.fixPath(item.cover)}}"
64            width="350rpx"
65            height="200rpx" />
66          <view class="title">
67            {{item.title}}
68          </view>
69  <!-- 使用插槽扩展显示大图标新闻封面与标题 UI 结束 -->
70        </van-grid-item>
71  <!-- 显示热门新闻 UI 组件结束 -->
72      </block>
73    </van-grid>
74  <!-- 热门新闻 UI 结束 -->
75
76  <!-- 新闻专栏新闻类别 UI 开始 -->
77    <van-tabs
78      ellipsis="{{ false }}"
79      active="0"
80      bind:change="loadNewses">
81  <!-- 循环显示新闻类别开始 -->
82      <block wx:for="{{categorys}}" wx:key="id">
83  <!-- 显示新闻类别 UI 开始 -->
84        <van-tab
85          name="{{item.id}}"
86          title="{{item.name}}"/>
87  <!-- 显示新闻类别 UI 结束 -->
88      </block>
89  <!-- 循环显示新闻类别开始 -->
90    </van-tabs>
91  <!-- 新闻专栏新闻类别 UI 结束 -->
```

```
92
93  <!-- 新闻专栏新闻列表 UI 开始 -->
94    <van-cell-group>
95  <!-- 空数据提示 UI 开始 -->
96  <!-- 当 newses 为空时，显示该组件 -->
97      <van-empty
98        wx:if="{{ !newses || newses.length == 0 }}"
99        description="没有符合条件的新闻" />
100 <!-- 空数据提示 UI 结束 -->
101
102     <block wx:for="{{newses}}" wx:key="id">
103 <!-- 新闻条目 UI 开始 -->
104       <van-card
105         thumb-link="/pages/press/detail/detail?id={{item.id}}"
106         title-class="van-ellipsis"
107         title="{{item.title}}"
108         desc-class="van-multi-ellipsis--l2"
109         desc="{{item.content}}"
110         thumb="{{tool.fixPath(item.cover)}}">
111
112 <!-- 通过 price 插槽自定义显示新闻阅读数、收藏数、发布时间 UI 开始 -->
113         <view
114           slot="price"
115           class="price">
116 <!-- 显示新闻阅读数 UI 开始 -->
117           <view>
118             <image
119               class="readnum"
120               src="/images/icons/ic_read.png"/>
121             {{item.readNum}}
122           </view>
123 <!-- 显示新闻阅读数 UI 结束 -->
124
125 <!-- 显示新闻收藏数 UI 开始 -->
126           <view>
127             <image
128               class="likenum"
129               src="/images/icons/ic_like.png"/>
130             {{item.likeNum}}
131           </view>
132 <!-- 显示新闻收藏 UI 结束 -->
133
134 <!-- 显示新闻发布时间 UI 开始 -->
135           <view>
```

```
136                {{item.publishDate}}
137              </view>
138 <!-- 显示新闻发布时间 UI 结束 -->
139            </view>
140 <!-- 通过 price 插槽自定义显示新闻阅读数、收藏数、发布时间 UI 结束 -->
141          </van-card>
142 <!-- 新闻条目 UI 结束 -->
143        </block>
144      </van-cell-group>
145 <!-- 新闻专栏新闻列表 UI 结束 -->
146 </van-cell-group>
147 <!-- vant-notify 提示 UI 组件开始 -->
148 <van-notify id="van-notify" />
149 <!-- vant-notify 提示 UI 组件结束 -->
```

由于 vant 组件并不能完成全部的 UI 效果，还需要自定义样式。打开 pages/home/home.wxss 文件，编写样式代码，具体代码参见本书附带的源码。

3．功能实现

页面布局完成后，需要在根目录下的 pages/home/home.js 文件中完成搜索、加载轮播图、应用服务入口列表、热门新闻、新闻类别及新闻列表功能。因此 home.js 页面需要完成的内容如图 5-27 所示。

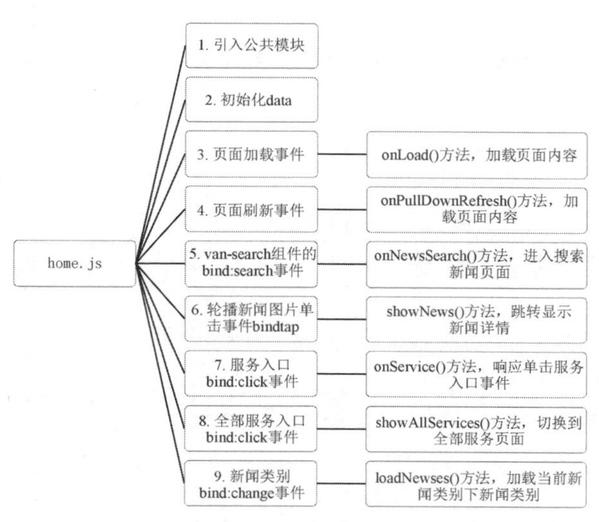

图 5-27　home.js 页面需要完成的内容

打开 pages/home/home.js 文件，先清除原有内容，仅保留 Page({})；再依次输入代码，完成如图 5-27 所列内容。

（1）引入公共模块。

在 Page 对象前，插入如下代码，实现引入公共模块。

```
1  // pages/home/home.js
2  const http = require("../../utils/http")
3  const util = require("../../utils/util")
```

```
4    const api = require("../../comm/api")
5    import Notify from "../../components/@vant/weapp/notify/notify"
```

其中，第 2 至 3 行代码引入 http、util、api 模块；第 5 行代码引入 vant 框架的 Notify 模块。该 Notify 模块要结合前端 wxml 页面中的 van-notify id="van-notify"组件才能使用。

（2）初始化 data。

在 Page 对象中，插入如下代码，以完成 data 数据的初始化。

```
1      data: {
2        rotations: [], // 轮播内容
3        services: [], // 服务列表
4        hots: [], // 热门主题
5        categorys: [], // 新闻类别
6        newses: [] // 新闻内容
7      },
```

（3）页面加载 onLoad()方法。

在 data 属性后，插入如下代码，以完成页面数据加载。

```
1      onLoad(options) {
2        // 调用下拉刷新方法
3        this.onPullDownRefresh()
4      },
```

页面加载完毕后需要加载页面内容，因为这部分工作与页面刷新工作的内容相同，所以此处直接调用页面的 onPullDownRefresh()方法，如第 3 行代码所示。

（4）页面刷新事件。

在 onLoad()方法后，插入如下代码，以完成页面各项内容从服务器获取并提交渲染。

```
1      onPullDownRefresh: function () {
2        // 调用加载轮播新闻方法
3        this.loadRotations()
4        // 调用加载推荐应用服务列表
5        this.loadServices()
6        // 加载热门新闻
7        this.loadHots()
8        // 加载新闻类别列表
9        this.loadCategorys()
10       // 结束下拉刷新动画
11       wx.hideNavigationBarLoading()
12       wx.stopPullDownRefresh()
13     },
```

以上各行代码的功能参见代码中的注释。为了使代码清晰且便于管理维护，下面将进行各子模块的模块化封装。

（5）加载轮播新闻。

在 onPullDownRefresh()方法后，插入如下代码。

```
1    loadRotations: function () {
2      http.getJSON(api.AdRotation.Rotation.PATH,
3        pojo => {
4          this.setData({
5            rotations: pojo.data
6          })
7        }, err => {
8          Notify({
9            type: 'warning',
10           message: "加载轮播新闻失败: " + err.msg
11         });
12       })
13   },
```

其中，第 2 行代码开始加载轮播新闻列表。第 4 至 6 行代码把获取的轮播新闻提交给 data 进行渲染。第 7 至 12 行代码用于在获取轮播新闻失败后，使用 vant 框架的 Notify 组件通知用户失败信息。

（6）加载推荐应用服务列表。

在 loadRotations()方法后，插入如下代码。

```
1    loadServices: function () {
2      http.getJSON(api.Service.List.PATH, pojo => {
3        const services = pojo.data.slice(0, 9)
4        this.setData({
5          services: services
6        })
7      }, err => {
8        Notify({
9          type: 'warning',
10         message: "加载服务列表失败: " + err.msg
11       });
12     })
13   },
```

其中，第 2 行代码开始加载全部服务列表。第 3 至 6 行代码调用 slice()方法截取获取的服务列表数组中的前 9 项，并将其提交给 data 进行渲染。第 7 至 12 行代码为获取服务列表失败后，使用 vant 框架的 Notify 组件通知用户失败信息。

（7）加载热门新闻。

在 loadServices()方法后，插入如下代码。

```
1    loadHots: function () {
2      const path = api.Press.List.PATH + "?hot=Y"
3      http.getJSON(path, pojo => {
4        const hots = pojo.data.slice(0, 2)
5        this.setData({
```

```
6          hots: hots
7        })
8      }, err => {
9        Notify({
10         type: 'warning',
11         message: "加载热点新闻失败: " + err.msg
12       });
13     })
14   },
```

上述代码中，第 2 行代码为拼接获取热门新闻的路径，其中的“?hot=Y”为热门新闻参数。第 3 行代码开始加载全部热门新闻列表。第 4 至 7 行代码调用 slice()方法截取获取的新闻列表数组中的前 2 项，并将其提交给 data 进行渲染。第 8 至 13 行代码为获取热门新闻失败后，使用 vant 框架的 Notify 组件通知用户失败信息。

（8）加载新闻类别列表。

在 loadHots()方法后，插入如下代码。

```
1    loadCategorys: function () {
2      http.getJSON(api.Press.Category.List.PATH, pojo => {
3        const categorys = pojo.data
4        this.setData({
5          categorys: categorys
6        })
7        const cid = categorys[0].id
8        this.loadNewses({
9          detail: {
10           name: cid
11         }
12       })
13     }, err => {
14       Notify({
15         type: 'warning',
16         message: "加载新闻分类失败: " + err.msg
17       });
18     })
19   },
```

其中，第 2 行代码开始加载新闻类别列表。第 3 行代码获取新闻列表。第 4 至 6 行代码把新闻类别列表提交给 data 进行渲染。第 7 行代码获取第 1 个（下标是 0）新闻类别的 id。第 8 至 12 行代码用于加载该新闻类别下的新闻列表。此处为了提高代码重用，复用了新闻类别 bind:change 事件的响应代码。第 13 至 18 行代码为当获取新闻类别列表失败后，使用 vant 框架的 Notify 组件通知用户失败信息。

（9）van-search 组件的 bind:search 事件。

本事件的响应方法为 onNewsSearch()，用于显示搜索到的新闻详情列表信息。在

loadCategorys()方法后，插入如下代码。

```
1  onNewsSearch: function (e) {
2    const keyword = e.detail
3    wx.navigateTo({
4      url: '/pages/press/list/list?keyword=' + keyword,
5    })
6  },
```

其中，第 2 行代码为获取 van-search 组件输入的内容。第 3 至 5 行代码跳转到/pages/press/list/list 页面以显示搜索结果。在跳转时，携带名为“keyword”的查询关键词参数。

（10）轮播新闻图片点击事件 bindtap。

本事件的响应方法为 showNews()，用于打开/pages/press/detail/detail 页面，以显示指定新闻的详情。在 onNewsSearch()方法后，插入如下代码。

```
1  showNews: function (e) {
2    const id = e.currentTarget.dataset.id
3    const url = '/pages/press/detail/detail?id=' + id
4    wx.navigateTo({
5      url: url,
6    })
7  },
```

其中，第 2 行代码用于获取要显示的新闻 id。第 3 行代码用于拼接带新闻 id 参数的页面路径。第 4 至 6 行代码用于跳转到指定的页面以显示新闻详情。

（11）服务入口 bind:click 事件。

本事件的响应方法为 onService()，用于跳转到指定服务页面。因为服务页面尚在开发中，所以此处使用 Notify 组件提示用户模块在开发中。在 showNews()方法后，插入如下代码。

```
1  onService: function (e) {
2    const serviceName = e.currentTarget.dataset.name
3    Notify({
4      type: 'primary',
5      message: serviceName + "模块正在开发中..."
6    });
7  },
```

其中，第 2 行代码用于获取服务名称。因为本案例中的各服务均暂未开发，所以第 3 至 6 行代码使用 vant 框架的 Notify 组件提示用户相应的模块正在开发中。

（12）全部服务入口 bind:click 事件。

本事件的响应方法为 showAllServices()，用于跳转到全部服务页面。在 onService()方法后，插入如下代码。

```
1  showAllServices: function (e) {
2    wx.switchTab({
3      url: '/pages/services/services',
```

```
4       })
5     }
```

第 2 至 4 行代码通过微信路由 API，将页面切换到/pages/services/services 页面。

（13）新闻类别 bind:change 事件。

本事件的响应方法为 loadNewses()，用于加载指定新闻类别下的新闻列表。在 loadCategorys()方法后，插入如下代码。

```
1     loadNewses: function (e) {
2       const cid = e.detail.name
3       const path = api.Press.List.PATH + "?type=" + cid
4       http.getJSON(path, pojo => {
5         const newses = pojo.data
6         newses.forEach(news => {
7           news.content = util.abbr(news.content)
8         });
9         this.setData({
10          newses: newses
11        })
12      }, err => {
13        Notify({
14          type: 'warning',
15          message: "新闻列表加载失败：" + err.msg
16        });
17      })
18    },
```

其中，第 2 行代码获取新闻类别 id。第 3 行代码拼接指定新闻类别的新闻列表路径。第 4 行代码开始调用 http 模块的 getJSON()方法获取新闻列表。第 5 行代码获取新闻列表。第 6 至 8 行代码遍历每条新闻，通过 util 模块的 abbr()方法，获取新闻内容的简略信息，并返回到新闻的 content 属性。第 9 至 11 行代码提交新闻列表到 data 并进行渲染。第 12 至 17 行代码为获取失败后，使用 vant 框架的 Notify 组件通知用户失败信息。

完成以上各阶段代码后，保存项目进行编译，即可看到主页效果。

扫一扫

微课：新闻搜索页面

5.6.3 新闻搜索页面

1. 任务分析

本页面用于新闻搜索及新闻搜索结果展示，当点击新闻封面图片时，能跳转到新闻详情页面。本页面的功能与主页新闻列表类似。本页面实现的效果如图 5-4、图 5-5 所示。本页面的内容与主页/pages/home/home 的内容有类似之处。

2. UI 实现

经过分析，本页面主要使用 van-search、van-cell-group、van-empty、rich-text、van-card、van-notify 等组件，新闻搜索页面分析如图 5-28 所示。

图 5-28　新闻搜索页面分析

打开 pages/press/list/list.json 文件，插入如下代码。

```
1  {
2    "navigationBarTitleText": "新闻搜索",
3    "enablePullDownRefresh": true
4  }
```

以上代码设置了页面的标题，并开启了下拉刷新功能。

打开 pages/press/list/list.wxml 文件，插入如下代码。

```
1   <van-cell-group>
2     <van-search
3       value="{{ keyword }}"
4       placeholder="请输入新闻关键词"
5       bind:search=" startSearch"
6       show-action
7       bind:cancel="exitSearch" />
8     <van-cell-group>
9       <van-empty
10        wx:if="{{ !newses || newses.length == 0 }}"
11        description="没有符合条件的新闻" />
12      <block wx:for="{{newses}}" wx:key="id">
13        <van-card
14          thumb-link="/pages/press/detail/detail?id={{item.id}}"
15          title-class="van-ellipsis"
16          title="{{item.title}}"
17          thumb="{{item.cover}}">
18          <rich-text
```

```
19            slot="desc"
20            class="van-multi-ellipsis--l2"
21            nodes="{{item.content}}" />
22          <view slot="price" class="price">
23            <view>
24              <image
25                class="readnum"
26                src="/images/icons/ic_read.png" />
27              {{item.readNum}}
28            </view>
29            <view>
30              <image
31                class="likenum"
32                src="/images/icons/ic_like.png" />
33              {{item.likeNum}}
34            </view>
35            <view>
36              {{item.publishDate}}
37            </view>
38          </view>
39        </van-card>
40      </block>
41    </van-cell-group>
42  </van-cell-group>
43  <van-notify id="van-notify" />
```

由于 vant 组件并不能完成全部的 UI 效果，还需要自定义样式。在 pages/press/list/list.wxss 文件中，编写样式代码，具体代码参见本书附带的源码。

3．功能实现

页面布局完成后，需要在根目录下的 pages/press/list/list.js 文件中完成搜索、加载新闻列表功能。因此 list.js 页面需要完成的内容如图 5-29 所示。

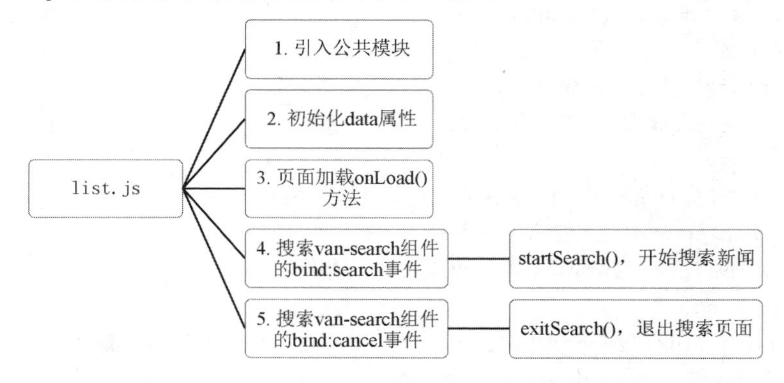

图 5-29　list.js 页面需要完成的内容

先打开 pages/press/list/list.js 文件，仅保留 Page({})；再依次输入代码，完成如图 5-29 所示的内容。

（1）引入公共模块。

在 Page 对象前，插入如下代码，实现引入公共模块。

```
1  // pages/press/list/list.js
2  const http = require("../../../utils/http")
3  const util = require("../../../utils/util")
4  const api = require("../../../comm/api")
5  import Notify from "../../../components/@vant/weapp/notify/notify"
```

其中，第 2 至 3 行代码用于引入 http、util、api 模块。第 5 行代码用于引入 vant 框架的 Notify 模块。该 Notify 模块要结合前端 wxml 页面中的 van-notify id="van-notify" 组件才能使用。

（2）初始化 data。

在 Page 对象中，插入如下代码，以完成 data 数据的初始化。

```
1    data: {
2      keyword: '', // 新闻类别
3      newses: [],  // 新闻内容
4    },
```

（3）页面加载 onLoad()方法。

在 data 属性后，插入如下代码，以完成页面数据加载。

```
1    onLoad(options) {
2      const keyword = options.keyword
3      if (!!keyword) {
4        this.setData({
5          keyword: keyword
6        })
7        this.startSearch({
8          detail: keyword
9        })
10     }
11   },
```

其中，第 2 行代码为获取主页传递过来的名为“keyword”的参数内容。第 3 至 10 行代码用于检测 keyword 是否为空。如果不为空，则通过第 4 至 6 行代码将 keyword 的参数内容提交到 data 并进行渲染，并显示到 van-search 组件。第 7 至 9 行代码调用 startSearch()方法，开始根据关键词搜索新闻列表。

（4）搜索 van-search 组件的 bind:search 事件。

本事件的响应方法为 startSearch()。在 onLoad()方法后，插入如下代码，以完成新闻搜索功能。

```
1    startSearch: function (e) {
2      const keyword = e.detail
3      const path = api.Press.List.PATH + "?title=" + keyword
```

```
4       http.getJSON(path, pojo => {
5         const newses = pojo.data
6         newses.forEach(news => {
7           news.content = util.abbr(news.content)
8         });
9         this.setData({
10          newses: newses
11        })
12        Notify({
13          type: 'success',
14          message: '新闻搜索成功'
15        });
16      }, err => {
17        Notify({
18          type: 'warning',
19          message: '新闻搜索失败：' + err.msg
20        });
21      })
22    },
```

其中，第 2 行代码用于获取搜索关键词。第 3 行代码拼接查询链接。第 4 至 21 行代码开始查询。第 5 行代码获取查询到的新闻列表。第 6 至 8 行代码遍历每条新闻，调用 util 模块的 abbr()方法，获取新闻内容的简略信息，并回填到新闻的 content 属性中。第 9 至 11 行代码将新闻列表提交到 data 属性进行渲染。第 12 至 15 行代码使用 van-notify 组件提示查询结束。第 15 至 20 行代码用于查询失败提示信息。

（5）搜索 van-search 组件的 bind:cancel 事件。

本事件的响应方法为 exitSearch()。在 startSearch()方法后，插入如下代码，退出新闻搜索页面。

```
1    exitSearch: function (e) {
2      wx.navigateBack({
3        delta: 0,
4      })
5    }
```

其中，第 2 至 3 行代码用于回退到上一页，即退出新闻搜索页面。

完成以上各阶段代码后，保存项目进行编译，可看到新闻搜索页面效果。

5.6.4 新闻详情页面

扫一扫

微课：新闻详情页面

1．任务分析

本页面用于展示新闻详情。该页面需要根据上一页传过来的新闻 id 到服务器获取新闻详情，并显示到页面。

实现该页面的主要难点是处理新闻详情的展示。根据新闻详情接口返回数据可知，新闻详情的字段 content 是富文本，包含文字、图片信息。而其中图片可能源于本服务器的相对路径，有可能源于网络服务器，因此需要进行预处理，将图片路径是相对路径的地址补全，加上服务器地址。同时，为了方便显示图片，要设置图片以适合宽度显示。最终实现效果如图 5-6 所示。

2．UI 实现

为了显示新闻各项信息，并合理布局，本页面需要使用 image、rich-text 等原生组件，以及 vant 框架的 van-empty、van-cell-group、van-row、van-col、van-divider、van-notify 等组件。

打开 pages/press/detail/detail.wxml 文件，输入代码实现 UI 布局，具体代码参见本书附带的源码。具体各组件的作用，请参见代码中的注释。

将布局文件中所用的样式，放在 pages/press/detail/detail.wxss 文件中，参见本书附带的源码。

3．功能实现

UI 布局完成后，需要在根目录下的 pages/press/detail/detail.js 文件中完成新闻详情获取、展示功能。因此 detail.js 页面需要完成的内容如图 5-30 所示。

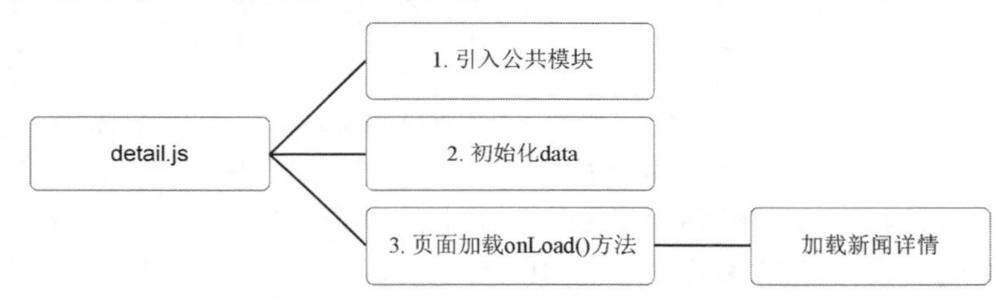

图 5-30　detail.js 页面需要完成的内容

打开 pages/press/detail/detail.js 文件，先清除原有内容，仅保留 Page 对象。再依次输入代码，完成如图 5-30 所示内容。

（1）引入公共模块。

在 Page 对象前，插入如下代码，实现引入公共模块。

```
1  // pages/press/list/list.js
2  const http = require("../../../utils/http")
3  const util = require("../../../utils/util")
4  const api = require("../../../comm/api")
5  import Notify from "../../../components/@vant/weapp/notify/notify"
```

其中，第 2 至 3 行代码用于引入 http、util、api 模块。第 5 行代码用于引入 vant 框架的 Notify 模块。该 Notify 模块要结合前端 wxml 页面中的 van-notify id="van-notify" 组件才能使用。

（2）初始化 data。

在 Page 对象中，插入代码如下，以完成 data 数据的初始化。

```
1    data: {
2      news: null, // 新闻内容
3    },
```

（3）页面加载 onLoad()方法。

在 data 属性后，插入如下代码，以完成页面数据加载。

```
1    onLoad(options) {
```

```
2	    const id = options.id
3	    http.getJSON(api.Press.Detail.PATH + id, pojo => {
4	      const news = pojo.data
5	      if (!!pojo.data) {
6	        news.content = util.fmtHTML(news.content, api.HOST)
7	        this.setData({
8	          news: news
9	        })
10	      }
11	    }, err => {
12	      Notify({
13	        type: 'warning',
14	        message: '获取新闻详情失败：' + err.msg
15	      })
16	    })
17	  },
```

其中，第 2 行代码用于获取其他页面传递过来的新闻 id。第 3 至 16 行代码用于获取指定的新闻详情。第 4 行代码用于获取新闻详情。第 5 行代码用于检测获取的新闻详情是否为空。如果不为空，则第 6 行代码调用 util 模块中的 fmtHTML()方法，先处理 content 中的图片，再将处理结果返回给新闻的 content 属性，处理完毕后将新闻详情提交到 data 属性。第 11 至 16 行代码用于处理新闻详情获取失败的情况，使用 vant 框架的 van-notify 组件通知用户失败信息。

完成以上各阶段代码后，保存项目进行编译，即可看到新闻详情页面效果。

5.6.5 全部服务页面

扫一扫

微课：全部服务页面

1．任务分析

该页面主要用于完成所有服务入口的分类展示。该页面左侧是服务类别列表，右侧是在左侧中的当前被选中的服务类别下的服务列表，点击左侧的服务类别名称，即可在右侧面板中以每行 3 列宫格的方式展示服务入口。

2．UI 实现

考虑到页面结构与布局，整个页面使用 Flex 布局方式；页面左侧使用 van-sidebar 组件、van-sidebar-item 组件显示服务类别列表，右侧使用 van-grid 组件、van-grid-item 组件组合显示服务列表。

打开 pages/services/services.json 文件，插入如下代码，设置页面标题为“全部服务”。

```
1	{
2	  "navigationBarTitleText": "全部服务"
3	}
```

打开 pages/services/services.wxss 文件，插入如下代码，设置页面为 Flex 横向布局。

```
1	/* pages/services/services.wxss */
```

```
2  /* 此样式，设置页面布局为 Flex 横向布局 */
3  page {
4    display: flex;
5    flex-direction: row;
6  }
```

打开 pages/services/services.wxml 文件，插入如下代码，完成页面布局。

```
1   <!--pages/services/services.wxml-->
2   <van-sidebar active-key="0"
3     style="background-color:#f7f8fa;"
4     bind:change="showServices">
5     <block wx:for="{{categorys}}">
6       <van-sidebar-item title="{{item}}"/>
7     </block>
8   </van-sidebar>
9   <van-grid column-num="3" style="flex: 1;">
10    <block wx:for="{{services}}">
11      <van-grid-item
12        data-name="{{item.serviceName}}"
13        icon="{{item.imgUrl}}"
14        text="{{item.serviceName}}"
15        bind:click="onService" />
16    </block>
17  </van-grid>
18  <van-notify id="van-notify" />
```

3．功能实现

完成页面布局后，完成本页面的业务逻辑。结合 wxml 页面，根目录下的 pages/services/services.js 页面需要完成的工作内容如图 5-31 所示。

打开 pages/services/services.js 文件，先清除原有内容，仅保留 Page 对象。再依次输入代码，services.js 页面需要完成的内容如图 5-31 所示。

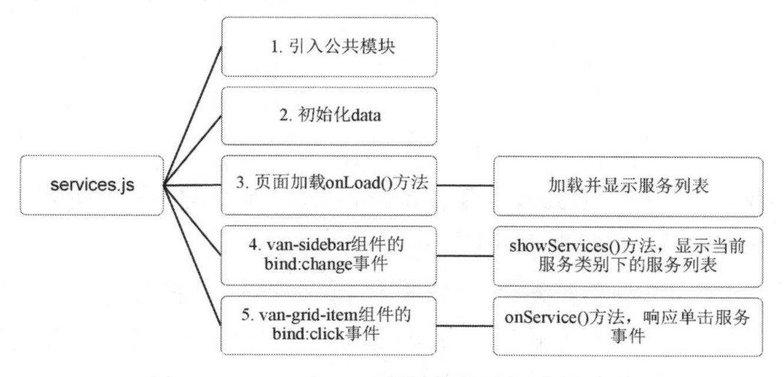

图 5-31　services.js 页面需要完成的内容

（1）引入公共模块。

在 pages/services/services.js 页面顶部，即在 Page 对象前插入如下代码。

```
1  // pages/services/services.js
```

```
2  const api = require("../../comm/api")
3  const http = require("../../utils/http")
4  import Notify from '../../components/@vant/weapp/notify/notify';
```

（2）初始化 data。

在 pages/services/services.js 文件的 Page 对象中，插入如下代码，对页面 data 属性进行初始化。

```
1    data: {
2      categorys: [],     // 新闻分类列表
3      services: [],      // 当前选中的服务类别下的服务名称列表
4    },
```

（3）页面加载 onLoad()方法。

在本方法中要完成从服务器获取并显示服务列表。

考察获取服务列表接口/api/press/fuwu 返回的结果，如图 5-32 所示。（限于篇幅，此处仅展示两条记录。）可知返回的服务列表数据使用 serviceName 属性表示服务名称，使用 serviceType 表示服务类型。因此要实现本页面要求的归类效果，要对从服务器取到的服务列表做如下操作。

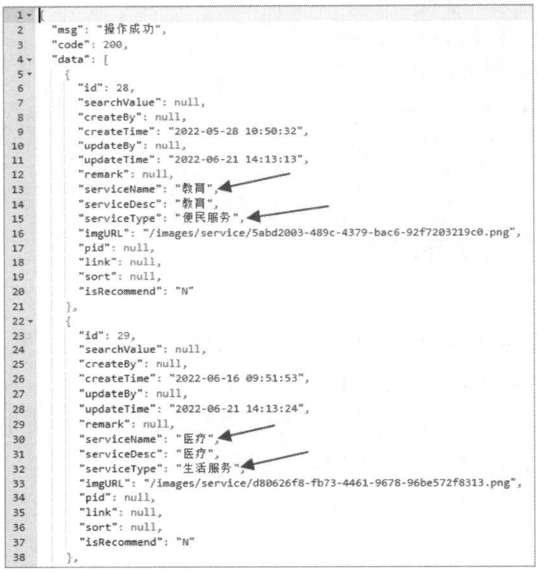

```
1  {
2    "msg": "操作成功",
3    "code": 200,
4    "data": [
5      {
6        "id": 28,
7        "searchValue": null,
8        "createBy": null,
9        "createTime": "2022-05-28 10:50:32",
10       "updateBy": null,
11       "updateTime": "2022-06-21 14:13:13",
12       "remark": null,
13       "serviceName": "教育",
14       "serviceDesc": "教育",
15       "serviceType": "便民服务",
16       "imgURL": "/images/service/5abd2003-489c-4379-bac6-92f7203219c0.png",
17       "pid": null,
18       "link": null,
19       "sort": null,
20       "isRecommend": "N"
21     },
22     {
23       "id": 29,
24       "searchValue": null,
25       "createBy": null,
26       "createTime": "2022-06-16 09:51:53",
27       "updateBy": null,
28       "updateTime": "2022-06-21 14:13:24",
29       "remark": null,
30       "serviceName": "医疗",
31       "serviceDesc": "医疗",
32       "serviceType": "生活服务",
33       "imgURL": "/images/service/d80626f8-fb73-4461-9678-96be572f8313.png",
34       "pid": null,
35       "link": null,
36       "sort": null,
37       "isRecommend": "N"
38     },
```


图 5-32　返回服务列表结果

- 遍历服务列表，获取不同 serviceType 属性值，即为服务类别列表。
- 根据不同的服务类别，对服务列表进行归类。

完成这些操作后，才可以把服务类别列表和指定类别下的服务列表提交给 data 属性。为了完成这些操作，可以建立一个以服务类别为 key，当前服务类别下的服务列表为 value 的哈希表，用于存储服务类别与列表对应关系的字典信息。

在 pages/services/services.js 文件中的 Page 对象前、import Notify 后，插入如下代码。

```
1  var map = {} // 服务字典
```

该代码在当前页面建立一个全局对象 map 来存储服务类别与列表对应关系的字典信息。

接下来在 data 属性后，插入如下代码。

```
1   onLoad(options) {
2     http.getJSON(api.Service.List.PATH, pojo => {
3       const servicesList = pojo.data
4       const categorys = this.parseServices(servicesList)
5       this.setData({
6         categorys: categorys
7       })
8       this.showServices({
9         detail: 0
10      })
11    }, err => {
12      Notify({
13        type: 'warning',
14        message: '获取服务列表失败：' + err.msg
15      });
16    })
17  },
```

其中，第 2 行代码实现到服务器获取服务列表。第 3 行代码获取服务列表信息。第 4 行代码调用本页面的 parseServices()方法，对获取的服务列表进行解析，建立服务类别、服务列表哈希表，并返回服务类别列表。第 5 至 7 行代码将服务类别列表提交到 data 属性。第 8 至 9 行代码调用本页面的 showServices()方法，并显示第一个服务类别下的服务列表。此处使用了服务类别点击事件的响应方法。第 11 至 16 行代码用于获取服务列表失败的提示信息。

接下来，在 onLoad()方法后，插入如下代码，以实现 parseServices()方法。

```
1   parseServices: function (servicesList) {
2     map = {}  // 初始化为空的哈希表
3     var categorys = []
4     servicesList.forEach(service => {    // 遍历服务列表
5       const serviceType = service.serviceType
6       var list = map[serviceType]
7       if (!list) {
8         categorys.push(serviceType)
9         list = [] // 将 list 设置为空的服务列表
10        map[serviceType] = list
11      }
12      list.push(service)
13    })
14    return categorys  // 返回服务类别名称列表
15  },
```

（4）van-sidebar 组件的 bind:change 事件

本事件的响应方法为 showServices。当用户点击左侧服务类别名称时触发，显示当前服务类别下的服务列表。在 parseServices()方法后，插入如下代码。

```
showServices: function (e) {
  const index = e.detail
  const serviceType = this.data.categorys[index]
  this.setData({
    services: map[serviceType]
  })
},
```

其中，第 2 行代码获取左侧 van-sidebar 组件被点击时的 van-sidebar-item（组件序号，从上向下序号依次为 0,1,2,⋯）。第 3 行代码根据序号，在 data.categorys 属性（即服务类别列表）中获取当前选定的服务类别名称。第 4 至 6 行代码根据服务类别名称，在 map 哈希表中查出该类别下的服务列表，并提交给 data 属性，在右侧窗格中显示出相应的服务列表。

（5）van-grid-item 组件的 bind:click 事件。

本事件的响应方法为 onService()，用于响应右侧服务的点击事件。因为服务页面尚在开发中，所以此处使用 Notify 组件提示用户模块正在开发中。在 showServices()方法后，插入如下代码。

```
onService: function (e) {
  const serviceName = e.currentTarget.dataset.name
  Notify({
    type: 'primary',
    message: serviceName + "模块正在开发中..."
  })
}
```

完成以上各阶段代码后，保存项目并进行编译，即可看到服务页面效果。

本页面的难点在于对服务列表进行按服务类别归类。

5.6.6　我的页面

扫一扫

微课：我的页面

1．任务分析

本任务完成登录后的个人信息的展示与修改功能，如果用户没有登录，则跳转到登录页面。效果如图 5-8、图 5-9 所示。

因此进入本页面，首先需要判断当前是否已有登录用户信息。如何判断当前用户是否已经登录呢？可以根据缓存中是否有 token 来判断。如果获取的 token 为空，则说明用户没有登录；如果不为空，则表示用户已经登录。

2．UI 实现

根据上面任务分析，可以通过使用原生组件 view、image，以及 vant 框架提供的 van-cell-group、van-cell、van-button、van-notify、van-dialog 等组件完成 UI 布局。

首先打开 pages/mine/mine.json 文件，设置页面的标题信息，代码如下。

```
{
  "navigationBarTitleText": "我的"
}
```

打开 pages/mine/mine.wxml 文件，插入如下代码。

```
1   <!--pages/mine/mine.wxml-->
2   <wxs src="../../wxs/tool.wxs" module="tool" />
3   <van-cell-group border="{{ false }}">
4     <view id="userinfo">
5       <image id="avatar" src="{{tool.fixPath(user.avatar)}}" />
6       <view id="username">{{user.userName}}</view>
7     </view>
8   </van-cell-group>
9   <van-cell-group>
10    <van-cell title="个人设置"
11      is-link link-type="navigateTo"
12      url="/pages/userinfo/userinfo"/>
13    <van-cell title="修改密码"
14      is-link link-type="navigateTo"
15      url="/pages/resetpwd/resetpwd"/>
16    <van-cell title="意见反馈"
17      is-link link-type="navigateTo"
18      url="/pages/feedback/feedback"/>
19  </van-cell-group>
20  <van-cell border="{{ false }}">
21    <van-button block type="warning"
22      bind:click="logout">退出</van-button>
23  </van-cell>
24  <van-notify id="van-notify" />
25  <van-dialog id="van-dialog" />
```

3．功能实现

根据上述任务描述，并结合微信小程序生命周期，可知根目录下的 pages/mine/mine.js 文件需要完成的内容如图 5-33 所示。

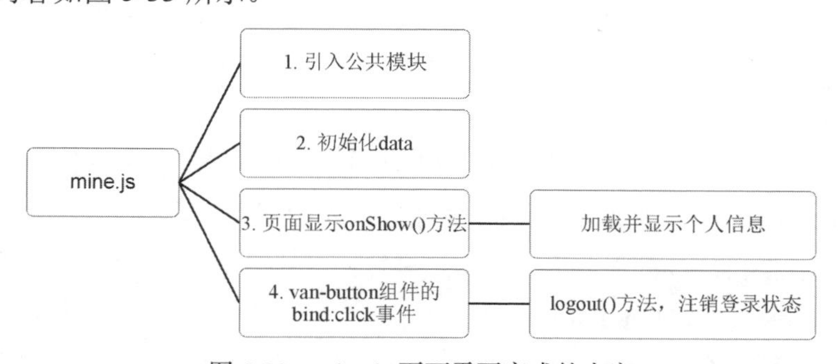

图 5-33　mine.js 页面需要完成的内容

打开 pages/mine/mine.js 文件，先清除原有内容，仅保留 Page 对象；再依次输入代码，完成如图 5-33 所示的内容。

（1）引入公共模块。

在 pages/mine/mine.js 页面顶部，即在 Page 对象前插入如下代码。

```
1   // pages/mine/mine.js
2   const http = require("../../utils/http")
3   const util = require("../../utils/util")
4   const api = require("../../comm/api")
5   import Notify from "../../components/@vant/weapp/notify/notify"
6   import Dialog from "../../components/@vant/weapp/dialog/dialog"
```

其中，第 6 行代码引入 vant 框架的 Dialog（对话框）模块，它需要结合 wxml 页面的 van-dialog id="van-dialog" /组件一起使用。

（2）初始化 data。

在 pages/mine/mine.js 文件的 Page 对象中，插入如下代码，对页面 data 属性进行初始化。

```
1     data: {
2       user: {}
3     },
```

第 2 行代码初始化 token 为 null。

（3）页面加载 onShow()方法。

为了能正确显示与及时刷新用户信息，需要在页面显示 onShow()方法时，读取保存在缓存中的用户令牌信息。如果令牌不存在，则使用 van-dialog 组件提示用户登录；如果令牌存在，则根据令牌在服务器中读取用户信息，并在页面显示用户信息。如果令牌不存在，则根据返回的错误代码判断令牌是否已经失效。如果失效，则提示用户重新登录；如果为其他错误，则提示错误信息。我的页面获取个人信息流程如图 5-34 所示。

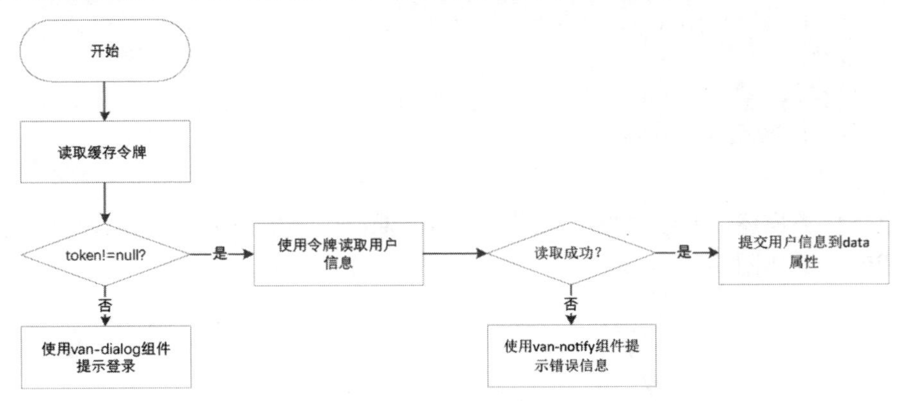

图 5-34　我的页面获取个人信息流程

打开 pages/mine/mine.js 文件，在 data 属性后插入如下代码。

```
1     onShow: function () {
2       this.token = util.readToken()
3       if (!!this.token) {
4         this.loadUserInfo()  // 用户令牌不为空，则读取用户信息
5       } else {
6         this.promotLogin('您尚未登录，现在登录吗？')
7       }
8     },
```

```
9	    loadUserInfo: function () {
10	      http.getJSONWithToken(api.User.Info.PATH, this.token, pojo => {
11	        const user = pojo.data
12	        this.setData({
13	          user: user
14	        })
15	      }, err => {
16	        if (err.code === 401) {
17	          this.promotLogin('登录已失效，现在重新登录吗？')
18	        } else {
19	          Notify({
20	            type: 'warning',
21	            message: '获取用户信息失败：' + err.msg
22	          })
23	        }
24	      })
25	    },
26	
27	    promotLogin: function (msg) {
28	      Dialog.confirm({
29	        title: '信息提示',
30	        message: msg,
31	      }).then(() => {
32	        wx.reLaunch({
33	          url: '/pages/login/login',
34	        })
35	      }).catch(() => {
36	        wx.switchTab({
37	          url: '/pages/home/home',
38	        })
39	      });
40	    },
```

为了代码的复用、结构清晰与便于维护，以上代码进行了模块化封装。其中，第 15 至 17 行代码为使用令牌加载个人信息。第 19 至 34 行代码在获取用户信息失败后重新登录提示或错误提醒。

完成以上各阶段代码后，保存项目进行编译，即可看到我的页面的效果。

5.6.7　个人设置页面

扫一扫

微课：个人设置页面

1．任务分析

本页面用于显示、修改注册用户的个人信息。在本任务中，可以显示或修改头像、昵称、证件、性别、手机号码、邮箱等信息，其中昵称必填，效果如图 5-10 所示。

2．UI 实现

根据上述任务需求，可以使用 form、van-cell-group、van-cell、van-uploader、van-field、van-radio-group、van-radio、van-button 等组件，再使用 van-notify 组件提示信息。其中 van-uploader 组件用于上传头像。接下来完成页面布局。

打开 pages/userinfo/userinfo.wxml 文件，输入页面布局代码，具体代码参见本书附带的源码。

3．功能实现

接下来根据任务及 UI 页面，完成以下业务逻辑。

- 读取用户信息，显示到页面。
- 处理 van-uploader 组件的选择、上传、删除图片事件。
- 完成个人设置表单事件处理。

因此，根目录下的 pages/userinfo/userinfo.js 页面需要完成的内容如图 5-35 所示。

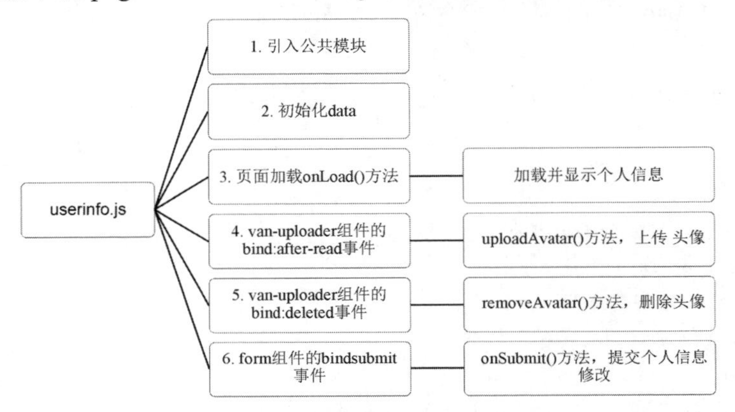

图 5-35　userinfo.js 页面需要完成的内容

打开 pages/userinfo/userinfo.js 文件，先清除原有内容，仅保留 Page 对象。再依次输入代码，完成图 5-35 所列内容。

（1）引入公共模块。

在 pages/userinfo/userinfo.js 页面顶部，即在 Page 对象前插入如下代码。

```
1  // pages/userinfo/userinfo.js
2  const http = require("../../utils/http")
3  const util = require("../../utils/util")
4  const api = require("../../comm/api")
5  import Notify from "../../components/@vant/weapp/notify/notify"
```

（2）初始化 data。

在 pages/userinfo/userinfo.js 的 Page 对象中，插入如下代码，对页面 data 属性进行初始化。

```
1    data: {
2      fileList: [],
3      user: null,
4      isloading: false
5    },
```

（3）页面加载 onLoad()方法。

打开个人设置页面时，需要先显示个人信息。为了能正确显示与及时刷新用户信息，需要在页面加载 onLoad()方法，先根据缓存中的令牌获取用户信息，再在 pages/userinfo/userinfo.js 文件 data 属性后，插入如下代码。

```
1   onLoad(options) {
2     this.token = util.readToken()
3     http.getJSONWithToken(api.User.Info.PATH, this.token, pojo => {
4       const user = pojo.data
5       this.setData({
6         user: user,
7       })
8       if (!!user.avatar) { // 如果头像不为空，则显示头像
9         const image = {
10          url: api.HOST + user.avatar,
11          avatar: user.avatar,
12          name: '头像',
13          isImage: true,
14          deletable: true,
15          status: 'done',
16          message: '',
17        }
18        this.setData({
19          'fileList[0]': image
20        })
21      }
22    }, err => {
23      Notify({
24        type: 'warning',
25        message: '获取个人信息失败：' + err.msg
26      })
27    })
28  },
```

其中，第 2 行代码为获取缓存中的令牌信息，并保存到页面全局变量令牌中。第 3 至 27 行代码根据令牌获取个人信息。第 4 至 7 行代码获取个人信息，并提交到 data 属性中。第 8 至 21 行代码判断用户头像存在与否。如果存在，则通过 van-uploader 组件的属性设置在 van-uploader 组件中显示用户头像信息。第 22 至 27 行代码为获取个人信息失败的提示。

（4）van-uploader 组件的 bind:after-read 事件。

本事件通过 uploadAvatar()方法响应，将选择的图片上传到服务器中。在 pages/userinfo/userinfo.js 文件 onLoad()方法后，插入如下代码。

```
1   uploadAvatar: function (e) {
2     const avatar = e.detail.file.url
3     const image = {
```

```
4        url: avatar,
5        name: '头像',
6        isImage: true,
7        deletable: true,
8        status: 'uploading',
9        message: '上传中',
10     }
11     this.setData({
12       'fileList[0]': image
13     })
14     http.uploadFile(api.Upload.PATH, avatar, pojo => {
15       image.avatar = pojo.data
16       image.status = 'done'
17       image.message = '上传成功'
18       this.setData({
19         'fileList[0]': image
20       })
21     }, err => {
22       image.status = 'failed'
23       image.message = '上传失败'
24       Notify({
25         type: "danger",
26         message: '上传头像失败：' + err.msg
27       })
28     })
29   },
```

上述代码中，第 2 行代码用于获取图片本地路径。第 3 至 13 行代码用于设置 van-uploader 组件显示当前正在上传的图片，且状态为“上传中”。第 14 至 28 行代码开始上传图片到服务器。其中，第 15 至 20 行代码用于在上传成功后，设置 van-uploader 组件显示服务器图片，且提示“上传成功”。第 21 至 28 行代码为上传失败后的提示。

（5）van-uploader 组件的 bind:deleted 事件。

本事件通过 removeAvatar()方法响应清除 van-uploader 组件显示的图片。在 pages/userinfo/userinfo.js 文件的 uploadAvatar()方法后，插入如下代码。

```
1   removeAvatar: function (e) { // 删除头像
2     this.setData({
3       fileList: []
4     })
5   },
```

（6）form 组件的 bindsubmit 事件。

本事件调用 onSubmit()方法响应新提交的个人信息。在 pages/userinfo/userinfo.js 文件的 removeAvatar()方法后，插入如下代码。

```
1   onSubmit: function (e) {
2     const params = e.detail.value
3     if (!params.nickName) {
4       this.setData({
5         error_nickName: '昵称不能为空'
6       })
7       return
8     }
9     const image = this.data.fileList[0]
10    if (!!image && !!image.avatar) {
11      params['avatar'] = image.avatar
12    }
13    delete params["1"]
14    delete params["0"]
15    this.setData({
16      isloading: true
17    })
18    http.putJSONWithToken(api.User.Update.PATH, this.token, params, pojo => {
19
20      Notify({
21        type: 'success',
22        message: '更新成功',
23        duration: 1000,
24        onClose: () => {
25          wx.navigateBack({
26            delta: 0,
27          })
28        }
29      })
30    }, err => {
31      Notify({
32        type: 'warning',
33        message: '修改个人信息失败：' + err.msg,
34      })
35      this.setData({
36        isloading: false
37      })
38    })
39  },
```

其中，第 2 行代码用于获取表单中各组件提交的信息，并提交给 params 对象。第 3 至 8 行代码为确保用户填写昵称信息，如果没有填写，则终止提交并提示“昵称不能为空”。第 13 至 14 行代码删除 params 对象中多余的信息。第 15 至 17 行代码设置“确认”按钮的状态为正在加载，且不可用，以确保不重复提交。第 18 至 37 行代码用于提交修改个人信息。第 19

至 28 行代码提示个人信息“更新成功”，并延迟 1s 跳转到我的页面。第 29 至 36 行代码为个人信息修改失败，通过 van-notify 组件提示“修改个人信息失败”，并恢复“确认”按钮为可用状态。

完成以上各阶段代码后，保存项目进行编译，即可看到个人设置页面效果。

5.6.8 修改密码页面

微课：修改密码页面

1. 任务分析

本页面用于修改已登录用户的密码，页面效果如图 5-11 所示。

2. UI 实现

根据上述任务需求，可以先使用 form、van-cell-group、van-cell、van-field、van-button 等组件，再使用 van-notify 提示信息。接下来根据图 5-11 完成页面布局。

打开 pages/resetpwd/resetpwd.json 文件，插入如下代码，设置页面标题。

```
1  {
2    "navigationBarTitleText": "修改密码"
3  }
```

打开 pages/resetpwd/resetpwd.wxml 文件，插入代码完成页面布局，具体代码详见本书附带的源码。

3. 功能实现

接下来根据任务及 UI 页面，完成如下步骤。

- 读取缓存中的令牌。
- 根据令牌完成修改密码事件处理。

因此，根目录下的 pages/resetpwd/resetpwd.js 页面需要完成的内容如图 5-36 所示。

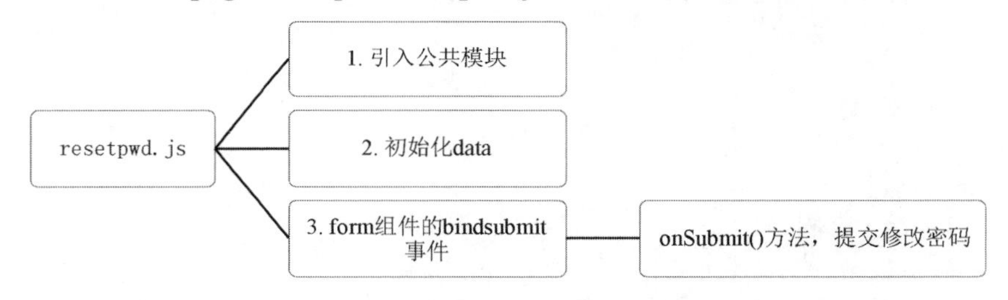

图 5-36 resetpwd.js 页面需要完成的内容

打开 pages/resetpwd/resetpwd.js 文件，先清除原有内容，仅保留 Page 对象；再依次输入代码，完成如图 5-36 所示的内容。

（1）引入公共模块。

在 pages/resetpwd/resetpwd.js 页面顶部，即在 Page 对象前，插入如下代码。

```
1  // pages/resetpwd/resetpwd.js
2  const http = require("../../utils/http")
3  const util = require("../../utils/util")
4  const api = require("../../comm/api")
5  import Notify from "../../components/@vant/weapp/notify/notify"
```

（2）初始化 data。

在 pages/resetpwd/resetpwd.js 文件的 Page 对象中，插入如下代码，对页面 data 属性进行初始化。

```
1   data: {
2     error_oldPassword: '',
3     error_newPassword: '',
4     error_newPassword2: '',
5     isLoading: false
6   },
```

（3）form 组件的 bindsubmit 事件。

本事件调用 onSubmit()方法响应提交的修改密码请求。在 pages/resetpwd/resetpwd.js 文件 data 属性后，插入如下代码。

```
1   onSubmit: function (e) {
2     const token = util.readToken()
3     const params = e.detail.value;
4     const oldPassword_valied = !!params.oldPassword
5     const newPassword_valied = !!params.newPassword
6     const newPassword2_valied = !!params.newPassword2
7       && (params.newPassword == params.newPassword2)
8     this.setData({
9       error_oldPassword: oldPassword_valied ? "" : "原密码不能为空",
10      error_newPassword: newPassword_valied ? "" : "新密码不能为空",
11      error_newPassword2: newPassword2_valied ? "" : "两次密码不一致",
12    })
13    if (oldPassword_valied && newPassword_valied && newPassword2_valied) {
14      this.setData({
15        isLoading: true
16      })
17      http.postJSONWithToken(api.User.ChangePsw.PATH, token, params, pojo => {
18        Notify({
19          type: 'success',
20          message: '修改成功',
21          onClose: () => {
22            util.clean()
23            wx.reLaunch({
24              url: '/pages/login/login',
25            })
26          }
27        })
28      }, err => {
29        Notify({
30          type: 'warning',
```

```
31            message: '修改密码失败：' + err.msg
32          })
33          this.setData({
34            isLoading: false
35          })
36        })
37      }
38    },
```

其中，第 2 行代码用于获取缓存中的令牌信息。第 3 行代码获取表单提交的信息给 params 对象，根据 wxml 文件的内容，这个 params 对象的内容包括 oldPassword（旧密码）、newPassword（新密码）、newPassword2（确认新密码信息）。第 4 至 7 行代码检测 params 的 oldPassword、newPassword、newPassword2 属性是否为空。第 8 至 12 行代码将检测结果提交给 data 属性。第 13 至 37 行代码确认 oldPassword、newPassword、newPassword2 均不为空，则开始向服务器提交修改密码。第 14 至 16 行代码设置“确认”按钮状态为正在加载，且不可用，防止用户重复提交。第 17 至 36 行代码正式向服务器提交修改密码请求。第 18 至 27 行代码为密码修改成功，通过 van-notify 组件提示“修改成功”，并清除缓存，让用户跳转到登录页面重新登录。第 28 至 36 行代码向用户提示修改密码失败，且恢复“确认”按钮可用。

完成以上各阶段代码后，保存项目进行编译，即可看到修改密码页面效果。

5.6.9 意见反馈页面

扫一扫

微课：意见反馈页面

1．任务分析

本页面用于提交意见反馈，需要登录用户的令牌，页面效果如图 5-12 所示。

2．UI 实现

根据上述任务需求，可以先使用 form、van-cell-group、van-cell、van-field、van-button 等组件，再使用 van-notify 组件显示提示信息。接下来根据图 5-12 完成页面布局。

打开 pages/feedback/feedback.json 文件，插入如下代码，设置页面标题。

```
1  {
2    "navigationBarTitleText": "意见反馈"
3  }
```

打开 pages/feedback/feedback.wxml 文件，输入代码完成页面布局，具体代码详见本书附带的源码。

3．功能实现

接下来根据任务及 UI 页面，完成如下步骤。

- 读取缓存中的令牌。
- 根据令牌提交意见反馈信息。

因此，根目录下的 pages/feedback/feedback.js 页面需要完成的内容如图 5-37 所示。

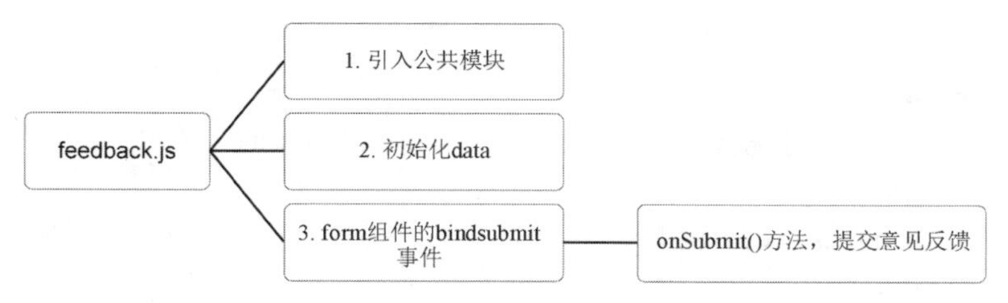

图 5-37　feedback.js 页面需要完成的内容

打开 pages/feedback/feedback.js 文件，先清除原有内容，仅保留 Page({})对象。再依次输入代码，完成图 5-37 所列内容。

（1）引入公共模块

在 pages/feedback/feedback.js 页面顶部，即在 Page 对象前，插入如下代码。

```
1  // pages/feedback/feedback.js
2  const http = require("../../utils/http")
3  const util = require("../../utils/util")
4  const api = require("../../comm/api")
5  import Notify from "../../components/@vant/weapp/notify/notify"
```

（2）初始化 data

在 pages/feedback/feedback.js 文件的 Page 对象中，插入如下代码，对页面 data 属性进行初始化。

```
1    data: {
2      error_title: '',
3      error_content: '',
4      isLoading: false
5    },
```

（3）form 组件的 bindsubmit 事件。

本事件通过调用 onSubmit()方法响应提交的意见反馈请求。在 pages/feedback/feedback.js 文件 data 属性后，插入如下代码。

```
1    onSubmit: function (e) {
2      const token = util.readToken()
3      const params = e.detail.value
4      const title_valied = !!params.title
5      const content_valied = !!params.content
6      this.setData({
7        error_title: title_valied ? "" : "标题不能为空",
8        error_content: content_valied ? "" : "内容不能为空",
9      })
10     if (title_valied && content_valied) {
11       this.setData({
12         isLoading: true
13       })
14       http.postJSONWithToken(api.Feedback.Add.PATH, token, params, pojo => {
```

```
15          Notify({
16            type: 'success',
17            message: '意见反馈提交成功！',
18            onClose: () => {
19              wx.navigateBack({
20                delta: 0,
21              })
22            }
23          })
24        }, err => {
25          Notify({
26            type: 'warning',
27            message: '提交意见反馈失败：' + err.msg
28          })
29          this.setData({
30            isLoading: false
31          })
32        })
33      }
34    },
```

其中，第 2 行代码为读取缓存中的令牌信息。第 3 行代码用于获取表单提交的信息，并提交给 params 对象，根据 wxml 文件内容，这个 params 对象的内容包括 title（标题）、content（内容信息）。第 4 至 5 行代码检测 params 对象的 title、content 属性是否为空。第 5 至 9 行代码将检测结果提交给 data 属性。第 10 至 33 行代码确认如果 title、content 均不为空，则开始向服务器提交意见反馈。第 11 至 13 行代码设置“确认”按钮的状态为正在加载，且不可用，防止用户重复提交。第 14 至 33 行代码正式向服务器提交意见反馈请求。第 15 至 23 行代码为意见反馈提交成功，通过 van-notify 组件提示“意见反馈提交成功”，并返回到上一页。第 25 至 31 行代码向用户提示“提交意见反馈失败”，且恢复“确认”按钮为可用状态。

完成以上各阶段代码后，保存项目进行编译，即可看到意见反馈页面效果。

5.6.10 登录页面

扫一扫

微课：登录页面

1．任务分析

该任务需要完成用户登录。用户输入账号和密码点击“登录”按钮进行登录，如果用户未输入账号或密码，则提示未输入；如果已输入，则开始登录。如果账号和密码不正确，则提示登录失败；如果都正确，则登录成功，并跳转到主页。页面效果如图 5-13 和图 5-14 所示。

2．UI 实现

根据上述任务需求，可以先使用 form、van-cell-group、van-cell、van-field、van-button 等组件，再使用 van-notify 组件提示信息。接下来根据图 5-13 完成页面布局。

根据上述任务分析，打开 pages/login/login.json 文件，插入如下代码，设置页面标题为登录。

```
1   {
2     "navigationBarTitleText": "登录"
3   }
```

打开 pages/login/login.wxml 文件，插入如下代码完成页面布局。

```
1   <!-- pages/login/login.wxml -->
2   <form bindsubmit="onSubmit">
3     <van-cell-group border="{{ false }}">
4       <van-field
5         value="{{ userName }}" clearable required
6         left-icon="/images/icons/ic_account.png"
7         label="账号" name="userName" placeholder="请输入账号"
8         error-message="{{userName_error}}" />
9       <van-field
10        value="{{ password }}" clearable required
11        left-icon="/images/icons/ic_password.png"
12        type="password" label="密码" name="password"
13        placeholder="请输入密码"
14        error-message="{{password_error}}" />
15      <van-cell border="{{ false }}">
16        <van-button
17          block form-type="submit" type="primary"
18          disabled="{{isLoading}}" loading="{{isloading}}"
19          loading-text="正在登录，请稍候..." >登录
20        </van-button>
21      </van-cell>
22      <van-cell
23        is-link link-type="redirectTo" value="没有账号？立即注册！"
24        border="{{ false }}" url="/pages/register/register" />
25    </van-cell-group>
26  </form>
27  <van-notify id="van-notify" />
```

3．功能实现

根据前述任务分析及 UI 页面，分析得知 login.js 页面需完成的内容如图 5-38 所示。

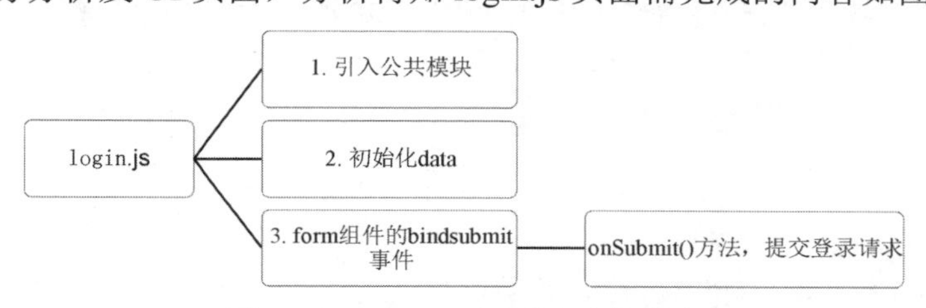

图 5-38　login.js 页面需完成的内容

打开 pages/login/login.js 文件，先清除原有内容，仅保留 Page 对象；再依次输入代码，完成如图 5-38 所示的内容。

（1）引入公共模块。

在 pages/login/login.js 页面顶部，即在 Page 对象前插入如下代码。

```
1  // pages/feedback/feedback.js
2  const http = require("../../utils/http")
3  const util = require("../../utils/util")
4  const api = require("../../comm/api")
5  import Notify from "../../components/@vant/weapp/notify/notify"
```

（2）初始化 data。

在 pages/login/login.js 文件的 Page 对象中，插入如下代码，对页面 data 属性进行初始化。

```
1    data: {
2      userName: '',
3      password: '',
4      userName_error: "",
5      password_error: "",
6      isloading: false
7    },
```

（3）form 组件的 bindsubmit 事件。

本事件调用 onSubmit()方法响应提交的登录请求。在 pages/login/login.js 文件 data 属性后，插入如下代码。

```
1    onSubmit: function (e) {
2      const params = e.detail.value
3      const userName_valied = !!params.userName
4      const password_valied = !!params.password
5      this.setData({
6        userName_error: userName_valied ? "" : "账号不能为空",
7        password_error: password_valied ? "" : "密码不能为空",
8      })
9      if (userName_valied && password_valied) {
10       this.setData({
11         isloading: true
12       })
13       http.postJSON(api.User.Login.PATH, params, (pojo) => {
14         util.saveUser(params)
15         util.saveToken(pojo.token)
16         Notify({
17           type: "success",
18           message: "登录成功",
19           duration: 1000,       // 延时 1s
20           onClose: () => {      // 通知关闭后执行
21             wx.switchTab({
22               url: '/pages/home/home',
```

```
23              })
24            }
25          })
26        }, (err) => {
27          this.setData({
28            isloading: false
29          })
30          Notify({
31            type: "warning",
32            message: "登录失败：" + err.msg
33          })
34        })
35      }
36    },
```

其中，第 2 行代码获取表单提交的信息，并提交给 params 对象，根据 wxml 文件内容，params 对象的内容包括 userName、password。第 3 至 4 行代码检测 params 对象的 userName、password 属性是否为空。第 5 至 8 行代码将检测结果提交给 data 属性。第 9 至 35 行代码确认如果 userName、password 均不为空，则开始向服务器提交登录请求。第 10 至 12 行代码设置"登录"按钮状态为正在加载，且不可用，防止用户重复提交。第 14 至 33 行代码正式向服务器提交意见反馈请求。第 14 至 25 行代码为登录成功，把返回的令牌与用户信息（包含 userName、password）保存到缓存，再通过 van-notify 组件提示"登录成功"，延时 1s 后跳转到主页。第 27 至 34 行代码向用户提示"登录失败"，且恢复"登录"按钮的状态为可用。

完成以上各阶段代码后，保存项目进行编译，即可看到登录页面效果。

5.6.11　注册页面

扫一扫

微课：注册页面

1．任务分析

本页面用于完成用户的注册账号功能，要求根据提供的注册接口完成账号注册。注册时候需要提交的信息有账号、密码、性别、手机号码。完成页面效果如图 5-15 和图 5-16 所示。

2．UI 实现

根据上述任务需求，可以先使用 form、van-cell-group、van-cell、van-field、van-button 等组件，再使用 van-notify 组件提示信息。接下来根据图 5-15 完成页面布局。

打开 pages/register/register.json 文件，插入如下代码，设置页面标题。

```
1  {
2    "navigationBarTitleText": "注册"
3  }
```

打开 pages/register/register.wxml 文件，插入代码完成页面布局，具体代码详见本书附带的源码。

3．功能实现

接下来根据任务及 UI 布局，完成页面逻辑。

打开根目录下的 pages/register/register.js 文件，插入代码完成页面逻辑，具体代码详见本书附带的源码。

根据前述任务分析及 UI 页面，分析得知 register.js 页面需要完成的内容如图 5-39 所示。

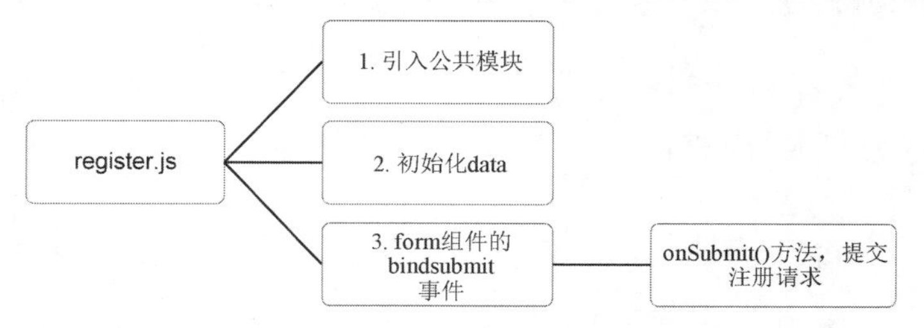

图 5-39　register.js 页面需完成的内容

打开 pages/register/register.js 文件，先清除原有内容，仅保留 Page 对象。再依次插入代码，完成如图 5-39 所示的内容。

（1）引入公共模块。

在 pages/register/register.js 页面顶部，即在 Page 对象前插入如下代码。

```
1   // pages/register/register.js
2   const api = require("../../comm/api")
3   const http = require("../../utils/http")
4   import Notify from '../../components/@vant/weapp/notify/notify';
```

（2）初始化 data。

在 pages/register/register.js 文件的 Page 对象中，插入如下代码，对页面 data 属性进行初始化。

```
1     data: {
2       userName: '', // 注册账号
3       userName_error: '', // 账号输入出错提示
4       password: '', // 密码
5       password_error: '', // 密码输入错误提示
6       password2: '', // 确认密码
7       password2_error: '', // 确认密码错误提示
8       phonenumber: '', // 手机号码
9       phonenumber_error: '', // 手机号码错误提示
10      sex: "0", // 性别，默认为女
11      isLoading: false // 是否正在提交
12    },
```

（3）form 组件的 bindsubmit 事件

本事件调用 onSubmit()方法响应提交的登录请求。在 pages/register/register.js 文件 data 属性后，插入如下代码。

```
1     onSubmit: function (e) {
```

```
2      const params = e.detail.value
3      const userName_valied = !!params.userName
4      const password_valied = !!params.password
5      const password2_valied = params.password == params.password2
6      const phonenumber_valied = !!params.phonenumber
7      this.setData({
8        userName_error: userName_valied ? "" : "账号不能为空",
9        password_error: password_valied ? "" : "密码不能为空",
10       password2_error: password2_valied ? "" : "两次密码不一致",
11       phonenumber_error: phonenumber_valied ? "" : "手机号码不能为空",
12     })
13     if (userName_valied && password_valied &&
14       password2_valied && phonenumber_valied) {
15        this.setData({
16         isLoading: true
17       })
18       http.postJSON(api.User.Register.PATH, params, pojo => {
19           Notify({
20             type: 'success',
21             message: '注册成功',
22             duration: 1000,
23             onClose: () => {
24               wx.redirectTo({
25                 url: '/pages/login/login',
26               })
27             }
28           })
29         }, err => {
30           Notify({
31             type: 'warning',
32             message: "注册失败：" + err.msg,
33           })
34           this.setData({
35             isLoading: false
36           })
37         })
38     }
39   },
```

其中，第 2 行代码获取表单提交的信息，并提交给 params 对象，根据 wxml 文件的内容，params 对象的内容包括 userName、password、password2、phonenumber。第 3 至 12 行代码检测 params 对象的 userName、password、password2、phonenumber 属性是否为空，且把检测结果提交给 data 属性。第 13 至 38 行代码用于确认如果 userName、password、password2、phonenumber 均不为空，则开始向服务器提交注册请求。第 15 至 17 行代码设置“注册”按钮的状态为正在加载，且不可用，防止用户重复提交。第 18 至 38 行代码正式向服务器提交注册请求。第 19 至 28 行代码为通过 van-notify 组件提示“注册成功”，延时 1s 后跳转到主页。第 30 至 37 行代码向用户提示“注册失败”，且恢复“注册”按钮为可用状态。

完成以上各阶段代码后，保存项目进行编译，即可看到注册页面效果。

5.7 学习成果

本项目通过实现一个简单的智慧校园小程序，介绍了微信小程序的常用组件与 vant 框架的使用，重点掌握如下内容。

（1）掌握微信小程序组件的基本用法。

（2）掌握微信小程序 vant 框架组件的使用。

（3）掌握微信小程序 wx.request()的封装。

（4）掌握微信小程序常用工具的封装。

（5）掌握 WXS 的基本语法，了解 WXS 中模块的用法，了解 WXS 和 JavaScript 的异同。